Lukasz Hudak

Die kombinierte targeted Therapie beim Prostatakarzinom

Lukasz Hudak

Die kombinierte targeted Therapie beim Prostatakarzinom

Molekulare Analysen zum Einfluss der kombinierten targeted Therapie beim Prostatakarzinom in-vitro und in-vivo

Südwestdeutscher Verlag für Hochschulschriften

Impressum/Imprint (nur für Deutschland/only for Germany)
Bibliografische Information der Deutschen Nationalbibliothek: Die Deutsche Nationalbibliothek verzeichnet diese Publikation in der Deutschen Nationalbibliografie; detaillierte bibliografische Daten sind im Internet über http://dnb.d-nb.de abrufbar.
Alle in diesem Buch genannten Marken und Produktnamen unterliegen warenzeichen-, marken- oder patentrechtlichem Schutz bzw. sind Warenzeichen oder eingetragene Warenzeichen der jeweiligen Inhaber. Die Wiedergabe von Marken, Produktnamen, Gebrauchsnamen, Handelsnamen, Warenbezeichnungen u.s.w. in diesem Werk berechtigt auch ohne besondere Kennzeichnung nicht zu der Annahme, dass solche Namen im Sinne der Warenzeichen- und Markenschutzgesetzgebung als frei zu betrachten wären und daher von jedermann benutzt werden dürften.

Coverbild: www.ingimage.com

Verlag: Südwestdeutscher Verlag für Hochschulschriften GmbH & Co. KG
Dudweiler Landstr. 99, 66123 Saarbrücken, Deutschland
Telefon +49 681 37 20 271-1, Telefax +49 681 37 20 271-0
Email: info@svh-verlag.de

Zugl.: Frankfurt am Main, Goethe-Universitätsklinik, Dissertation, 2011

Herstellung in Deutschland:
Schaltungsdienst Lange o.H.G., Berlin
Books on Demand GmbH, Norderstedt
Reha GmbH, Saarbrücken
Amazon Distribution GmbH, Leipzig
ISBN: 978-3-8381-2755-2

Imprint (only for USA, GB)
Bibliographic information published by the Deutsche Nationalbibliothek: The Deutsche Nationalbibliothek lists this publication in the Deutsche Nationalbibliografie; detailed bibliographic data are available in the Internet at http://dnb.d-nb.de.
Any brand names and product names mentioned in this book are subject to trademark, brand or patent protection and are trademarks or registered trademarks of their respective holders. The use of brand names, product names, common names, trade names, product descriptions etc. even without a particular marking in this works is in no way to be construed to mean that such names may be regarded as unrestricted in respect of trademark and brand protection legislation and could thus be used by anyone.

Cover image: www.ingimage.com

Publisher: Südwestdeutscher Verlag für Hochschulschriften GmbH & Co. KG
Dudweiler Landstr. 99, 66123 Saarbrücken, Germany
Phone +49 681 37 20 271-1, Fax +49 681 37 20 271-0
Email: info@svh-verlag.de

Printed in the U.S.A.
Printed in the U.K. by (see last page)
ISBN: 978-3-8381-2755-2

Copyright © 2011 by the author and Südwestdeutscher Verlag für Hochschulschriften GmbH & Co. KG and licensors
All rights reserved. Saarbrücken 2011

Gewidmet meiner Ehefrau Christine
und meinen beiden Kindern Jessica und Philipp

I Inhaltsverzeichnis

I	INHALTSVERZEICHNIS	3
II	ABBILDUNGSVERZEICHNIS	8
III	TABELLENVERZEICHNIS	10
IV	ABKÜRZUNGSVERZEICHNIS	11

1 EINLEITUNG ... 15

1.1 Überblick über das PCa ... 15

1.2 Molekulare Grundlagen des PCa ... 16

1.3 Derzeitige Therapiemöglichkeiten ... 17

1.4 Molekulare Therapieformen ... 18

    1.4.1 Inhibition des *mammalian target of rapamycin* (mTOR) ... 18
        1.4.1.1 Funktion von mTOR ... 19
            1.4.1.1.1 mTORC1 ... 19
            1.4.1.1.2 mTORC2 ... 21
        1.4.1.2 mTOR/AKT-Aktivität in malignen Tumoren und PCa ... 21
        1.4.1.3 mTOR-Inhibitoren ... 21
            1.4.1.3.1 RAD001 ... 23

    1.4.2 Rezeptor-Tyrosinkinasen ... 23
        1.4.2.1 Rezeptor-Tyrosinkinasen in malignen Tumoren und PCa ... 23
        1.4.2.2 Funktionen von VEGFR und EGFR ... 24
            1.4.2.2.1 VEGFR ... 24
            1.4.2.2.2 EGFR ... 24
        1.4.2.3 VEGFR- und EGFR-Inhibitoren ... 26
            1.4.2.3.1 AEE788 ... 27

    1.4.3 Histondeacetylasen (HDAC) ... 27
        1.4.3.1 Klassifizierung der Histondeacetylasen ... 27
        1.4.3.2 HDAC-Aktivität in malignen Tumoren und in PCa ... 30
        1.4.3.3 HDAC-Inhibitoren ... 30
            1.4.3.3.1 Valproinsäure (VPA) ... 32

1.5 Interferone ... 33

    1.5.1 Interferon-alpha-2a ... 33

1.6 Kombinationstherapie ... 34

1.7 Fragestellung ... 35

2 MATERIALIEN 37

2.1 Apparaturen 37

2.2 Verbrauchsmaterialien 38

2.3 Chemikalien und Agenzien 39

2.4 Nährmedien 41
2.4.1 Nährlösungen und Zusätze 41
2.4.2 Zusammensetzung 42
    2.4.2.1 M199 42
    2.4.2.2 RPMI 1640 42

2.5 Zellkulturen 43
2.5.1 HUVEC = human umbilical vein endothelial cells 43
2.5.2 NEZ = Nierenepithelzellen 43
2.5.3 UEZ = Urothelepithelzellen 43
2.5.4 DU145 43
2.5.5 PC-3 43
2.5.6 LNCaP 44

2.6 Tiermodell 44
2.6.1 CWR-22 44

3 METHODEN 45

3.1 Primärzellisolation 45
3.1.1 Zellisolation der Endothelzellen aus Umbilikalvenen 45
3.1.2 Primärzellisolation der Nierenzellen aus humanem Nierengewebe 45
3.1.3 Primärzellisolation urothelialer Epithelzellen 47

3.2 Zellkulturarbeiten 48
3.2.1 Anlegung einer Subkultur (=Splitten) 48
3.2.2 Kryokonservierung und Auftauen der Zellen 48
    3.2.2.1 Kryokonservierung 48
    3.2.2.2 Auftauen 48

3.2.3 Zellzahlbestimmung und Anfärbung mit Trypanblau 49

3.2.4 Behandlung der Zellen mit Medikamenten 49
    3.2.4.1 Konzentrationen für die Dosis-Wirkungs-Beziehung 49
    3.2.4.2 Applikation mit IFNα2a/RAD001 50
    3.2.4.3 Applikation mit AEE788/RAD001 50
    3.2.4.4 Applikation mit VPA/AEE788 50
    3.2.4.5 Applikation mit VPA/RAD001 51
    3.2.4.6 Applikation mit VPA/IFNα2a 51

3.2.5 Charakterisierung der Zellen über Immunohistochemie 51

3.3 Analysen des Wachstums der Zellen 52
3.3.1 MTT-Test 52
3.3.2 Apoptose 54

3.3.2.1 Apoptosedetektion mittels *Annexin V-FITC Apoptosis Detection Kit I* 54

3.3.2.2 Apoptosedetektion mittels Western-Blot-Hybridisierung 55
    3.3.2.2.1 Proteinisolation aus PCa-Zellen 55
    3.3.2.2.2 Konzentrationsbestimmung der Proteine 56
    3.3.2.2.3 Proteinauftrennung 57
    3.3.2.2.4 Western-Hybridisierung 58
    3.3.2.2.5 Immunofärbung und Entwicklung 59
    3.3.2.2.6 Ablösen der Antikörper (= Stripping) 60

3.3.3 Analyse des Zellzyklus mit Hilfe der Durchflusszytometrie 61

3.3.4 Analyse der intrazellulären Proteinexpression der Zellzyklusproteine und der Tumorsuppressoren mithilfe der Western-Blot-Hybridisierung 61

3.4 Analyse der Adhäsion 62

3.4.1 Adhäsion an Endothelzellen 63

3.4.2 Adhäsion an immobilisierte extrazelluläre Matrixproteine 63

3.4.3 Analysen der Modulation der Integrinsubtypen 64
    3.4.3.1 Analyse der Oberflächenexpression der Integrinsubtypen mittels Durchflusszytometrie 64

    3.4.3.2 Western-Blot-Hybridisierung cytoplasmatischer Integrinsubtypen und integrinspezifischer Kinasen 66

    3.4.3.3 Analyse der Genaktivität der Integrinsubtypen 68
        3.4.3.3.1 RNS-Isolation 68
        3.4.3.3.2 Quantitative Bestimmung des RNS-Gehaltes 69
        3.4.3.3.3 Qualitätskontrolle der RNS 69
        3.4.3.3.4 cDNS-Synthese 69
        3.4.3.3.5 Quantitative Echtzeit-Polymerase-Kettenreaktion (= RT qPCR) cDNS-Synthese 69

    3.4.3.4 Blockadestudien 70

3.5 Bestimmung der Menge des prostataspezifischen Antigens 71

3.6 Western-Blot-Hybridisierung relevanter Signalsysteme 73

3.7 HDAC-System 74

3.8 Tierversuch 75

3.9 Statistik 75

4 ERGEBNISSE 76

4.1 Dosis-Wirkungs-Beziehung der Medikamente 76
4.1.1 Dosis-Wirkungs-Beziehung von IFNα2a 76
4.1.2 Dosis-Wirkungs-Beziehung von AEE788 76
4.1.3 Dosis-Wirkungs-Beziehung von RAD001 76
4.1.4 Dosis-Wirkungs-Beziehung von VPA 77

4.2 Analyse der Effekte der Medikamtentenapplikation bei humanen Nierenzellen und Urothelzellen 77

4.3 Analysen des Zellwachstums 83
4.3.1 RAD001/IFNα2a 83
4.3.2 AEE788/RAD001 83
4.3.3 VPA/AEE788 83
4.3.4 VPA/RAD001 83
4.3.5 VPA/IFNα2a 84

4.3.2 Experimentelle Untersuchungen der Apoptoseinduktion 89
4.3.2.1 FACS 89
4.3.2.2 Western-Blot-Analyse 90

4.3.3 Untersuchung des Zellzyklus 91

4.3.3.1 Wirkung der Kombinationstherapie auf die Zellzyklusphasen 91
4.3.3.1.1 RAD001/IFNα2a 91
4.3.3.1.2 AEE788/RAD001 91
4.3.3.1.3 VPA/AEE788 91
4.3.3.1.4 VPA/RAD001 92
4.3.3.1.5 VPA/IFNα2a 92

4.3.3.2 Effekte der Kombinationstherapie auf die Expression der Zellzyklusproteine und Tumorsupressoren 98
4.3.3.2.1 AEE788/RAD001 98
4.3.3.2.2 VPA/RAD001 98
4.3.3.2.3 VPA/IFNα2a 99

4.4 Modulation der Zelladhäsion 103

4.4.1 Adhäsionsstudie an Endothelzellen (HUVEC) 103
4.4.1.1 AEE788/RAD001 103
4.4.1.2 VPA/RAD001 103
4.4.1.3 VPA/IFNα2a 104

4.4.2 Adhäsionsstudie an immobilisierten extrazellulären Matrixproteinen 109
4.4.2.1 AEE788/RAD001 109
4.4.2.2 VPA/RAD001 109
4.4.2.3 VPA/IFNα2a 110

4.4.3 Integrin-Expressionsmuster 117

4.4.3.1 Oberflächenanalyse der Oberflächen-Expression der Integrinsubtypen mittels FACS-Assay 117
4.4.3.1.1 AEE788/RAD001 117

4.4.3.1.2 VPA/RAD001 ... 117
4.4.3.1.3 VPA/IFNα2a ... 118

4.4.3.2 Untersuchung des cytoplasmatischen Integringehalts sowie integrinspezifischer Kinasen ... 122
4.4.3.2.1 AEE788/RAD001 ... 122
4.4.3.2.2 VPA/RAD001 ... 123
4.4.3.2.3 VPA/IFNα2a ... 123

4.4.3.3 Transkriptionsanalyse der Integrinsubtypen mittels RealTime qPCR ... 127
4.4.3.3.1 AEE788/RAD001 ... 127
4.4.3.3.2 VPA/RAD001 ... 127
4.4.3.3.3 VPA/IFNα2a ... 127

4.4.3.4 Blockadestudien ... 131

4.5 Untersuchung des PSA-Spiegels ... 132

4.6 Modulation der intrazellulären Signalsysteme ... 133

4.6.1 Einfluss der Therapeutika auf die Modulation intrazellulärer Signalproteine ... 133
4.6.1.1 AEE788/RAD001 ... 133
4.6.1.2 VPA/RAD001 ... 133
4.6.1.3 VPA/IFNα2a ... 133

4.6.2 Inhibition des HDAC-Systems ... 137

4.7 *In-vivo*-Studie am Nacktmausmodell ... 139

5 DISKUSSION ... 140

5.1 Einfluss der Kombinationsbehandlung auf die Proliferation der PCa-Zelllinien ... 141

5.2 Adhäsionsdynamik ... 148

5.3 Integrine ... 151

5.4 Modulation der PSA-Sythese ... 156

5.5 Modulation der intrazellulären Signalwege ... 158

5.6 *In-vivo*-Studie ... 162

5.7 Fazit ... 164

6 ZUSAMMENFASSUNG ... 167

7 LITERATURVERZEICHNIS ... 170

8 DANKSAGUNG ... 194

9 PUBLIKATIONSLISTE ... 195

II Abbildungsverzeichnis

Abbildung 1: Schematische Darstellung des mTOR Signalnetzwerks. 20
Abbildung 2: Strukturformel von Rapamycin und Everolimus (RAD001). 22
Abbildung 3: Schematische Darstellung des VEGFR und EGFR Signalnetzwerks. 25
Abbildung 4: Strukturformel von AEE788. 27
Abbildung 5: Schematische Darstellung der Wirkung von HAT und HDAC. 29
Abbildung 6: Strukturformel der Valproinsäure (VPA). 32
Abbildung 7: Projektskizze. 36
Abbildung 8: Dosis-Wirkungs-Beziehung von IFNα2a. 78
Abbildung 9: Dosis-Wirkungs-Beziehung von AEE788. 79
Abbildung 10: Dosis-Wirkungs-Beziehung von RAD001. 80
Abbildung 11: Dosis-Wirkungs-Beziehung von VPA. 81
Abbildung 12: Wachstumsanalysen an Nierenepithelzellen und Urothelepithelzellen. 82
Abbildung 13: Wachstumsanalysen unter IFNα2a/RAD001-Behandlung. 84
Abbildung 14: Wachstumsanalysen unter AEE788/RAD001-Behandlung. 85
Abbildung 15: Wachstumsanalysen unter VPA/AEE788-Behandlung. 86
Abbildung 16: Wachstumsanalysen unter VPA/RAD001-Behandlung. 87
Abbildung 17: Wachstumsanalysen unter VPA/IFNα2a-Behandlung. 88
Abbildung 18: Analyse der Apoptoseinduktion. 90
Abbildung 19: Zellzyklusphasenbestimmung unter IFNα2a/RAD001-Behandlung. 93
Abbildung 20: Zellzyklusphasenbestimmung unter AEE788/RAD001-Behandlung. 94
Abbildung 21: Zellzyklusphasenbestimmung unter VPA/AEE788-Behandlung. 95
Abbildung 22: Zellzyklusphasenbestimmung unter VPA/RAD001-Behandlung. 96
Abbildung 23: Zellzyklusphasenbestimmung unter VPA/IFNα2a-Behandlung. 97
Abbildung 24: Western-Blot-Analysen der Zellzyklusproteine und Tumorsuppressoren
  unter AEE788/RAD001-Behandlung. 100
Abbildung 25: Western-Blot-Analysen der Zellzyklusproteine und Tumorsuppressoren
  unter VPA/RAD001-Behandlung. 101
Abbildung 26: Western-Blot-Analysen der Zellzyklusproteine und Tumorsuppressoren
  unter VPA/IFNα2a-Behandlung. 102
Abbildung 27: Adhäsionsanalysen an Endothelzellen
  unter AEE788/RAD001-Behandlung. 105
Abbildung 28: Adhäsionsanalysen an Endothelzellen
  unter VPA/RAD001-Behandlung. 106
Abbildung 29: Adhäsionsanalysen an Endothelzellen
  unter VPA/IFNα2a-Behandlung. 107

Abbildung 30: Adhäsion an Endothelzellen (Fotographische Darstellung). 108
Abbildung 31: Adhäsion der PC3-Zellen an EZM. Applikation mit AEE788/RAD001. 111
Abbildung 32: Adhäsion der LNCaP-Zellen an EZM. Applikation mit AEE788/RAD001. 112
Abbildung 33: Adhäsion der PC3-Zellen an EZM. Applikation mit VPA/RAD001. 113
Abbildung 34: Adhäsion der LNCaP-Zellen an EZM. Applikation mit VPA/RAD001. 114
Abbildung 35: Adhäsion der PC3-Zellen an EZM. Applikation mit VPA/IFNα2a. 115
Abbildung 36: Adhäsion der LNCaP-Zellen an EZM. Applikation mit VPA/IFNα2a. 116
Abbildung 37: Oberflächenexpression der Integrinsubtypen auf PC-3-Zellen. 119
Abbildung 38: Oberflächenexpression der Integrinsubtypen auf LNCaP-Zellen. 120
Abbildung 39: Integrin-Modulation unter AEE788/RAD001-Behandlung. 121
Abbildung 40: Integrin-Modulation unter VPA/RAD001-Behandlung. 121
Abbildung 41: Integrin-Modulation unter VPA/IFNα2a-Behandlung. 122
Abbildung 42: Western-Blot-Analysen zur Integrinexpression und -aktivität.
Applikation mit AEE788/RAD001. 124
Abbildung 43: Western-Blot-Analysen zur Integrinexpression und -aktivität.
Applikation mit VPA/RAD001. 125
Abbildung 44: Western-Blot-Analysen zur Integrinexpression und -aktivität.
Applikation mit VPA/IFNα2a. 126
Abbildung 45: Integrintranskription in PC-3 unter AEE788/RAD001-Behandlung. 128
Abbildung 46: Integrintranskription in PC-3 unter VPA/RAD001-Behandlung. 128
Abbildung 47: Integrintranskription in PC-3 unter VPA/IFNα2a-Behandlung. 129
Abbildung 48: Integrintranskription in LNCaP unter AEE788/RAD001-Behandlung. 129
Abbildung 49: Integrintranskription in LNCaP unter VPA/RAD001-Behandlung. 130
Abbildung 50: Integrintranskription in LNCaP unter VPA/IFNα2a-Behandlung. 130
Abbildung 51: Blockadestudien an EZM-Proteinen und Endothelzellen. 131
Abbildung 52: PSA-Untersuchungen an LNCaP unter VPA/IFNα2a-Behandlung. 132
Abbildung 53: Western-Blot-Analysen der intrazellulären Signalwege
unter AEE788/RAD001-Behandlung. 134
Abbildung 54: Western-Blot-Analysen der intrazellulären Signalwege
unter VPA/RAD001-Behandlung. 135
Abbildung 55: Western-Blot-Analysen der intrazellulären Signalwege
unter VPA/IFNα2a-Behandlung. 136
Abbildung 56: Analysen der Acetylierung der Histone H3 und H4. 137
Abbildung 57: Analysen der Proteinexpression von HDAC3 und HDAC4. 138
Abbildung 58: *In-vivo*-Studie mit VPA/IFNα2a. 139
Abbildung 59: Schematische Darstellung des Wirkprofils von AEE788, RAD001 und
VPA in PCa-Zellen. 166

III Tabellenverzeichnis

Tabelle 1: Tabellarische Darstellung der mTOR Inhibitoren. 22

Tabelle 2: Die von der FDA zugelassenen Inhibitoren gegen EGFR und VEGFR. 26

Tabelle 3: Klassifizierung der HDACs. 28

Tabelle 4: Klassifizierung der HDAC-Inhibitoren und ihre molekularen Charakteristika. 31

Tabelle 5: Einsatzspektrum der Interferone in der Medizin. 33

Tabelle 6: Konzentrationsreihe für die Dosisermittlung. 50

Tabelle 7: Immunohistochemie: Primär- und Sekundärantikörper. 52

Tabelle 8: Western-Blot-Analyse: Zusammensetzung von Sammelgel und Trenngelen. 57

Tabelle 9: Western Blot: Apoptose. Primär- und Sekundärantikörper. 60

Tabelle 10: Western Blot: Zellzyklusproteine. Primär- und Sekundärantikörper. 62

Tabelle 11: Durchflusszytometrie: Isotypenantikörper. 65

Tabelle 12: Durchflusszytometrie: Antikörper der Integrinsubtypen. 66

Tabelle 13: Western-Blot-Hybridisierung: Proteine des Integrinsignalwegs und Integrinsubtypen. Primär- und Sekundärantikörper. 67

Tabelle 14: RT qPCR: Primer für die Integrinsubtypen. 70

Tabelle 15: Blockadestudie an Integrinsubtypen: Antikörper. 71

Tabelle 16: Western-Blot-Hybridisierung: intrazelluläre Signalwege. Primär- und Sekundärantikörper. 73

Tabelle 17: Western-Blot-Hybridisierung: HDAC-System. Primär- und Sekundärantikörper. 74

Tabelle 18: Ergebnisse der Analyse der Apoptoseinduktion: DU145, PC-3, LNCaP. 89

IV Abkürzungsverzeichnis

α(1-6)	Integrin α 1-6
Abb.	Abbildung
AC	Acetylform
acetH3	acetyliertes Histon 3
acetH4	acetyliertes Histon 4
ACTB	β-Aktin
AEE	s. AEE788
AEE788	7H-pyrrolo[2,3-d]pyrimidin
AKT	siehe PKB
ALK	anaplastic lymphoma kinase
AP-23,573	Deferolimus
APDS	Ammoniumperoxodisulfat
Aqua dest.	Destilliertes Wasser
AR	Androgen Rezeptor
ATP	Adenosintriphosphat
β(1-4)	Integrin β 1-4
BAD	Bcl-2-antagonist of cell death
Bcl-2	B-cell lymphoma 2
BD	Becton Dickinson
BPH	benigme Prostatahyperplasie
BSA	bovine serum albumin = Albumin aus Rinderserum
bzw.	beziehungsweise
ca.	Circa [ungefähr]
Ca^{2+}	Kalzium
$CaCl_2$	Kalziumchlorid
cDNA	complementary DNA = komplementäre DNA
cDNS	komplementäre DNA
CDK1	cyclin-dependent kinase 1
CDK2	cyclin-dependent kinase 2
CDK4	cyclin-dependent kinase 4
CIP	cyclin-dependent-kinase inhibitor proteins
CO_2	Kohlenstoffdioxid
cPSA	gebundenes PSA
C_L	Schwellenwert-Zyklus bei der RT qPCR
CWR-22	humane PCa Karzinomzelllinie
DEPC	Diethylpyrocarbonat
DMSO	Dimethylsulfoxid
DNA	desoxyrobonucleic acid = Desoxyribonukleinsäure
DNS	Desoxyribonukleinsäure
DTT	Dithiothreitol
DU145	humane PCa Karzinomzelllinie
ECGS	endothelial cell growth factor = Endothelialer Zellwachstumsfaktor
ECL	enhanced chemiluminescence = verstärkte Chemolumineszenzlösung
EDTA	Ethylendiamintetraacetat
eEF2	translation elongation factor 2
EIF4E-BP1	eukaryotic translation initiation factor 4E-binding protein 1
ELISA	enzymlinked immunosorbent assay
EGF	epidermal growth factor
EGFR	epidermal growth factor receptor
ER	Endoplasmatisches Reticulum

ERα	Östrogenrezeptoren α
ERβ	Östrogenrezeptoren β
ERK1/2	extracellular signal-regulated kinases 1/2
EtOH	Ethanol
EZR	Extrazellularraum
EZM	Extryzelluläre Matrix
F	Verdünnungsfaktor
FACS	fluorescence activated cell sorting = Durchflusszytometrie
FAK	focal adhesion kinase
FBS	foetal bovine serum = fötales Rinderserum
FDA	Food and Drug Administration – Arzneimittelzulassungsbehörde
FITC	Fluoreszein Isothiozyanat
fPSA	freies PSA
FKBP	FK506 binding protein
G	Gesamtzahl
GAPDH	Glycerinaldehyd-3-phosphat-Dehydrogenase
GnRH	gonadotropin-releasing-hormon
GSK3	glycogen sythase kinase 3
GTP	Guanosintriphosphat
h	[Stunden]
H3	Histon 3
H4	Histon 4
H_2O	Wasser
HAT	Histonacetyltransferasen
HDAC	Histondeacetylasen
HDACI	Histondeacetylasen-Inhibitor
HER	human epidermal growth factor receptor
HER-2/neu	human epidermal growth factor receptor 2
HGPIN	high-grade prostatic intraepithelial neoplasia
HIF-1α	hypoxia-inducible factor-1α
HRP	horseradish peroxidase = Meerrettichperoxidase
HS	humanes Serum
HSP-27	Hitzeschockprotein HSP27
HUVEC	human umbilical vein endothelial cells
I.E.	Internationale Einheit (*International Unit*)
IFN	Interferon (s. IFNα2a)
IFNα	Interferon-alpha
IFNα2a	Interferon-alpha-2a
IgG	Immunglobulin
IGF-1	insulin-like growth faktor 1
IGF-1R	insulin-like growth faktor 1 receptor
ILK	integrin-linked kinase = Integrin-gekoppelte Kinase
IRS-1	insulin receptor substrate-1
JAK	janus protein tyrosine kinase
K	Lysin
kDa	[Kilo Dalton]
KCl	Kaliumchlorid
KIP	kinase inhibitor proteins
l	[Liter]
LNCaP	humane PCa Karzinomzelllinie
M	[Mol]
MAPK	mitogen-activated protein kinase
mg	[mili Gramm]
Mg^{2+}	Magnesium

MgCl$_2$	Magnesiumchlorid
min	[Minuten]
ml	[mili Liter]
mM	[mili Mol]
mRNA	*m*essenger *ribo*nucleic *a*cid = Boten-RNS
mRNS	Boten-Ribonukleinsäure
MS-275	Benzamide SNDX-275
MTT	3-[4,5-*dimethylthiazol*-2-yl]-2,5-*diphenyl tetrazolium bromide*
mTOR	*m*ammalian *t*arget *o*f *r*apamycin
mTORC1	mTOR-Komplex 1
mTORC2	mTOR-Komplex 2
n	durchschnittliche Anzahl
N/A	*n*ot *a*vailable = nicht bekannt/ nicht vorhanden
Na	Natrium
Na$_3$VO$_4$	Natriumorthovanadat
NaCl	Natriumchlorid
NAD$^+$	Nikotinamid-Adenin-Dinukleotid
NaF	Natriumfluorid
NEZ	Nierenepithelzellen
NH$_4$CL$_2$	Ammoniumchlorid
ng	[nano Gramm]
nM	[nano Mol]
nm	[nano Meter]
p	[Wahrscheinlichkeit]
p21	CDK-Inhibitor 1
p27	CDK-Inhibitor 1B
P70S6K	*p70* ribosomal *S6* *k*inase
pAKT	phosphoryliertes AKT
PARP	poly-*A*DP-*r*ibose-*p*olymerase
PBS	*d*ulbeccos *p*hosphate *b*uffered *s*aline
PC-3	humane PCa Karzinomzelllinie
PCa	Prostatakarzinom
PDGFR	*p*latelet-*d*erived *g*rowth *f*actor *r*eceptor
PE	Phycoerythrin
pEGFR	phosphoryliertes EGFR
pERK1/2	phosphoryliertes ERK1/2
pFAK	phosphoryliertes FAK
pH	*p*ondus *H*ydrogenii = [-log$_{10}$(aH)]
PI	Propidiumiodid
PI3K	*p*hospho*i*nositide *3-k*inases
PIKK	*p*hosphatidyl*i*nositol-3-*k*inase-related-*k*inases
PLC-γ	Phopholipase γ
PKB	Proteinkinase B
PKC	Proteinkinase C
polyk.	Polyklonal
pP70S6K	phosphoryliertes P70S6
PS	Phosphatidylserin
PSA	Prostata spezifisches Antigen
µg	[mikro Gramm]
µl	[mikro Liter]
µM	[mikro Mol]
QPCR	*q*uantitative *p*olymerase *c*hain *r*eaction = quantitative Polymerasekettenreaktion
RAD	s. RAD001
RAD001	Everolimus

Rb	retinoblastoma protein
Rb2	retinoblastoma protein 2
RCC	renal cell carzinoma = Nierenzellkarzinom
Rheb	Ras homolog enriched in brain
RIN	RNA integrity number
Rpm	rounds per minute = Umdrehungen pro Minute
RPMI	Zellkulturmedium entwickelt am Roswell Park Memorial Institute
RT	Raumtemperatur
RTK	Rezeptor-Tyrosinkinasen
RT qPCR	real time quantitative polymerase chain reaction = Echtzeit quantitative Polymerasekettenreaktion
s.	siehe
SAHA	Varinostat
$SD_{intraassay}$	mittlere Standardabweichung
SDS	Natriumdodecylsulfat
STAT	signal transducer and activator of transcription
Tab.	Tabelle
T-25	Kulturflasche T-25
T-75	Kulturflasche T-75
TEMED	Tetramethylethylendiamin
TSC1/2	tuberous sclerosis protein 1 und 2
U	[Units]
u.a.	unter anderem
UEC	Urothelepithelzellen
USA	United States of America
V	[Volt]
VEGF	vascular endothelial growth factor
VEGFR	vascular endothelial growth factor receptor
Verd.	Verdünnung
VPA	Valproinsäure
z.B.	zum Beispiel
ZM	Zellmembran
X	Vielfaches

Zeichen:

°C	[Celsius]
Δ	[Delta]
%	[Prozent]
*	[Signifikanz zur Kontrolle]
#	[Signifikanz zur Einzelapplikation]

1 Einleitung

Alle Vorgänge in der Zelle werden über ein komplexes, vom inneren Gleichgewicht gesteuertes Netzwerk geregelt. Mutationen oder epigenetische Aberrationen können auf die Zell-Homöostasie einwirken, unkontrolliertes Wachstum auslösen und – bei Epithelzellen – die Karzinomentstehung begünstigen. Das Prostatakarzinom (PCa) ist dabei das am häufigste vorkommende Malignom und die dritthäufigste krebsbedingte Todesursache bei Männern. Die vorliegende Arbeit beschäftigt sich mit neuen Therapieoptionen zur Behandlung des fortgeschrittenen PCa. Ziel dieser Arbeit war es, die Effektivität der gezielten molekularen Therapieformen (*targeted* Therapie) als Einzel- und Kombinationstherapie im Hinblick auf Zellwachstum und Adhäsion am Zellkultur- und Tiermodell zu untersuchen.

1.1 Überblick über das PCa

In Europa werden jedes Jahr mehr als 300.000 neue Fälle mit PCa diagnostiziert; in den Vereinigten Staaten sind es über 200.000 neue Fälle (Jemal et al., 2009). In der Bundesrepublik Deutschland erkranken jährlich etwa 58.000 Männer am Prostatakarzinom (Beckmann et al., 2009). Dies macht PCa zu der am häufigsten diagnostizierten Krebsneuerkrankung noch vor Darm- und Lungenkrebs. Im Jahr 2002 lag die Bundesrepublik Deutschland im Vergleich zu anderen europäischen Ländern in der altersstandardisierten Neuerkrankungsrate (Neuerkrankungen/100.000 Männer) mit 60,5 Neuerkrankungen im oberen Drittel der Datenskala (GEKID, 2006). In Deutschland sind etwa 10% aller Krebstodesfälle bei Männern auf PCa zurückzuführen, was etwa 11.000 Todesfälle im Jahr bedeutet. Davon sind 96% der Männer älter als 60 Jahre und zählen zu der am häufigsten betroffenen Altersgruppe. Neben dem Alter werden genetische Disposition, Rasse, Umwelteinflüsse und Ernährung ebenfalls als Risikofaktoren in Betracht gezogen (Rhode et al., 2007). Vor allem Veränderungen in der Produktion der Steroidhormone Androgen und Östrogen, die mit zunehmendem Alter auftreten, scheinen für die Ausbildung und Entwicklung des PCa eine essentielle Rolle zu spielen (Burnstein et al., 2005).

Einleitung

1.2 Molekulare Grundlagen des PCa

Eine gesunde Prostata besteht aus dem Epithelgewebe, das entodermalen Ursprungs ist und die Harnröhre umschließt, dem Bindegewebe und der glatten Muskulatur, die mesodermalen Ursprungs sind. Das Prostataepithel kann in drei unterschiedliche Zelltypen aufgeteilt werden: die sekretorischen Zellen, die Basalzellen und die endokrinen Zellen (Wernert et al., 1990; Bonkhoff et al., 1996). Ihre Disregulation bildet die Grundlage für die Tumorgenese des PCa.

Die sekretorischen Zellen besitzen Androgenrezeptoren (AR) und sind androgenabhängig. Sie weisen eine geringe Proliferationsrate auf, bilden das Differenzierungskompartiment und produzieren das Prostata spezifische Antigen (PSA). Bei Androgenentzug erleiden die sekretorischen Zellen den programmierten Zelltod. Die Basalzellen sind androgenunabhängig und bilden das Proliferationskompartiment sowie das Stammzellkompartiment. Die Basalzellen des Proliferationskompartiments sind aufgrund einer hohen Expression des Apoptosesuppressors *B-cell lymphoma 2* (Bcl-2) und des Hitzeschockproteins HSP-27 resistent gegenüber dem androgenregulierten Zelltod. Im Stammzellkompartiment wiederum befinden sich pluripotente Stammzellen, die sich zu allen Zelltypen des Prostataepithels ausdifferenzieren können. Die Differenzierung wird dabei durch ein hormonelles Gleichgewicht zwischen Androgenen und Östrogenen reguliert. Ein hoher Androgenspiegel führt zur Ausdifferenzierung der Basalzellen in sekretorische Zellen. Dieser Prozess ist jedoch abhängig von der Anzahl androgenempfänglicher Basalzellen. Ein hoher Östrogenspiegel inhibiert die Differenzierung und kann zur Basalzellhyperplasie und Atrophie des sekretorischen Epithels führen. Entscheidend ist die Expression des Östrogenrezeptors ERα, der ausschließlich von den Basalzellen exprimiert wird und ERβ, der von den sekretorischen Zellen gebildet wird. ERα bindet Östrogen und inhibiert die intermediäre Differenzierung der Basalzellen. ERβ wiederum kann sowohl Östrogen als auch Phytoöstrogen binden und inhibiert die Proliferation des sekretorischen Epithels (Werner et al., 1990; Bonkhoff et al., 1996; Bonkhoff et al., 1998).

Grundsätzlich wird zwischen zwei Haupttypen einer Prostataerkrankung, der benignen Prostatahyperplasie (BPH) und dem PCa unterschieden. Die BPH ist eine gutartige, lokal begrenzte Vergrößerung der Prostata. Sie kommt bei geringem Androgenmangel und der damit verbundenen Stromahyperplasie zustande. Die damit erhöhte Produktion stromaler Wachstumsfaktoren steigert die Proliferationsaktivität in der Basalzellschicht. Gleichzeitig

Einleitung

wird die Differenzierung von Basalzellen zu sekretorischen Zellen geblockt, resultierend in einer Basalzellhyperplasie und Atrophie des sekretorischen Epithels (McNeal et al. 1988; Chrisofos et al., 2007).

Die Ursache des PCa ist eine schwere Differenzierungs- und Proliferationsstörung des Prostataephithels. Typischerweise zeigen die sekretorischen Zellen eine abnorme Expression der Androgen- und Östrogenrezeptoren wie der Wachstumsfaktorrezeptoren *epidermal growth factor receptor* (EGFR) und *human epidermal growth factor receptor 2* (HER-2/*neu*), dessen Liganden im Prostatastroma produziert werden (Bostwick et al., 1995; Diaw et al., 2007). Da die sekretorischen Zellen androgenabhängig sind, können 80% aller PCa unter Androgenentzug rückgebildet werden. Etwa 20% der PCa besitzen zusätzlich eine Störung in der Expression des Apoptoseinhibitors Bcl-2, dessen Expression in einem gesunden Prostataepithel ausschließlich auf die Basalzellen begrenzt ist (American Cancer Society, 2009). Die Überexpression von Bcl-2 macht die sekretorischen Zellen androgenunabhängig. Anders als bei vielen ephithelialen Malignomen weist das PCa viele heterogene genomische und epigenetische Veränderungen auf, die eine invasive Progression des Tumors begünstigen. Etwa 25-30% der PCa sind klinisch aggressiv (Apolo et al., 2008; Ruijter et al., 1996; Nelson et al., 2009).

1.3 Derzeitige Therapiemöglichkeiten

Man unterscheidet zwei Arten von PCa: das organbegrenzte und das organüberschreitende. Danach richten sich auch die Therapieansätze. Bei dem organbegrenzten PCa besteht die Möglichkeit einer radikalen Prostatektomie. Dabei wird die Prostata komplett mit der Samenblase und Samenleiter entfernt, wobei die Harnblase mit der Harnröhre verbunden wird (Keller et al., 2007).

Die Androgensuppression bildet eine andere Möglichkeit der Therapieform des PCa. Sie kann chemisch durch Gabe von GnRH- *gonadotropin-releasing-hormon* Analoga oder operativ in Form einer chirurgischen Kastration durchgeführt werden. Bei beiden Optionen führt die Behandlung zu einer Reduktion des Testosteronspiegels. Die Androgensuppression führt bei einer chronischen Behandlung zum Abfall der männlichen Geschlechtshormone und zu einem Wachstumsstopp oder sogar zu einer PCa-Rückbildung. Diese initial erfolgreiche Therapie begünstigt jedoch unweigerlich die Entwicklung von hochinvasiven androgenunabhängigen Tumoren (Arnold & Isaacs et al.,

Einleitung

2002; Lu-Yao et al., 2008). Ist das Krankheitsbild weit fortgeschritten, breitet sich der Tumor metastatisch aus und befällt vor allem Lymphknoten und Knochen. Invasive androgenresistente PCa in fortgeschrittenem Stadium sind praktisch unheilbar (Zetter et al., 1990). Bei metastasierenden, also organüberschreitenden PCa wird die Chemotherapie als meistens palliative Behandlungsmethode eingesetzt. Die Heilungschancen liegen etwa bei 20%. Angewandte Chemotherapeutika sind z.b.: Cisplatin, Docetaxel, Doxorubicin oder Suramin. Starke Nebenwirkungen, die die Lebensqualität erheblich beeinträchtigen und die vergleichsweise geringen Heilungschancen sind große Nachteile der Chemotherapie, weswegen sie meist als letzte Therapieform Anwendung findet (Yablon et al., 2004; Rinker-Schaeffer et al., 1994; Tannock et al., 2004).

1.4 Molekulare Therapieformen

In den letzten 10 Jahren hat sich die wissenschaftliche Entwicklung in Bezug auf die PCa-Therapie stark verändert. Der molekular gezielte Behandlungsansatz rückte dabei immer mehr in den Fokus der Wissenschaft. Da die Disregulation von molekularen Signalkaskaden mit der Tumorgenese, dem Tumorwachstum und der Metastasierung assoziiert ist, wurde postuliert, dass die spezifische Inhibition dieser Signalkaskaden effektiv, zielgerichtet und womöglich wenig toxisch die invasive Ausbreitung eines Tumors unterbinden kann (Antonarakis et al., 2010; Fizazi et al., 2010; Sawyer et al., 2004). Folgende Zielstrukturen werden derzeit als therapeutischer Angriffspunkt diskutiert: membrangebundene Rezeptoren und Rezeptor-Tyrosinkinasen (RTK - *receptor tyrosine kinases*), intrazelluläre Signal-Kinasen und epigenetische Modulationen über Histondeacetylasen (HDAC) und Histonacetylasen (HAT) (Morgan et al., 2009; Abbas et al., 2008; Rocha-Lima et al., 2007; Bolden et al., 2006; Hicklin et al., 2005).

1.4.1 Inhibition des *mammalian target of rapamycin* (mTOR)

Bei den gezielten molekularen Therapieformen (*targeted* Therapie) nehmen Inhibitoren des *mammalian target of rapamycin* (mTOR) eine wichtige Rolle ein. mTOR ist eine cytosolische Serin/Threonin-Kinase, die im Zusammenhang mit dem Mechanismus des Immunsuppressivum Rapamycin 1990 entdeckt wurde (Ma et al., 2007).

Einleitung

1.4.1.1 Funktion von mTOR

MTOR reguliert ein breites Spektrum von Wachstumsprozessen in der Zelle und gehört der Familie der *phosphatidylinositol-3-kinase-related-kinases* (PIKK) an (Keith et al., 1995; Andrade et al., 1995; Bosotti et al., 2000). Durch zahlreiche Proteine, die die mTOR-Aktivität regulieren und deren Aktivität wiederum über mTOR reguliert wird, entsteht ein Kontrollnetzwerk, das den Metabolismus der Zelle, das Zellwachstum und die Proliferation sowie die Reorganisation des Aktinzellskeletts und die Apoptose steuert (Hara et al., 2002; Jacinto et al., 2006). Bei Säugetieren kommt mTOR in zwei verschiedenen Komplexen vor, als mTOR-Komplex 1 (mTORC1) und mTOR-Komplex 2 (mTORC2) (Loewith et al., 2002). Beide Komplexe verfügen über mTOR, wobei Komplex 1 zusätzlich das Protein Raptor (*regulatory associated protein of mTOR*) und Komplex 2 das Protein Rictor (*rapamycin-insensitive companion of mTOR*) enthält (Kim et al., 2002; Sarbassov et al., 2004). Raptor und Rictor fungieren selbst als Adaptorproteine, die dem mTOR-Komplex Substrate präsentieren und mit anderen regulatorischen Proteinen interagieren (Pearce et al., 2007; Sarbassov et al., 2004; Thedieck et al., 2007). Grundsätzlich agiert mTOR über den PI3K/AKT/mTOR-Signalweg (Johnson et al., 2010). Abbildung 1 gibt einen Überblick über die Prozesse, an denen mTOR beteiligt ist.

<u>1.4.1.1.1 mTORC1</u>

Der Proteinkomplex mTORC1 kontrolliert die Proteinbiosynthese der regulatorischen Proteine des Zellzyklus und des Zellwachstums auf zwei Wegen. Einmal über Aktivierung der *p70 ribosomal S6 kinase* (P70S6K) und einmal über die Deaktivierung des Translationsinhibitors *eukaryotic translation initiaton factor 4E-binding protein1* (EIF4E-BP1) (Flynn et al., 1996; Ma et al., 2009a; Fingar et al., 2002; Meyuhas et al., 2008). P70S6K aktiviert wiederum eine Reihe weiterer Proteine, wie das ribosomale Protein S6, ein Protein, das für die Translation von ribosomalen Proteinen und Elongationsfaktoren zuständig ist (Fingar et al., 2002; Meyuhas et al., 2008). Weitere Proteine, die das Zellwachstum regulieren, werden ebenfalls von P70S6K aktiviert, darunter *hypoxia-inducible factor-1α* (HIF-1α) und *translation elongation factor 2* (eEF2) (Harada et al., 2001; Wang et al., 2001).

Einleitung

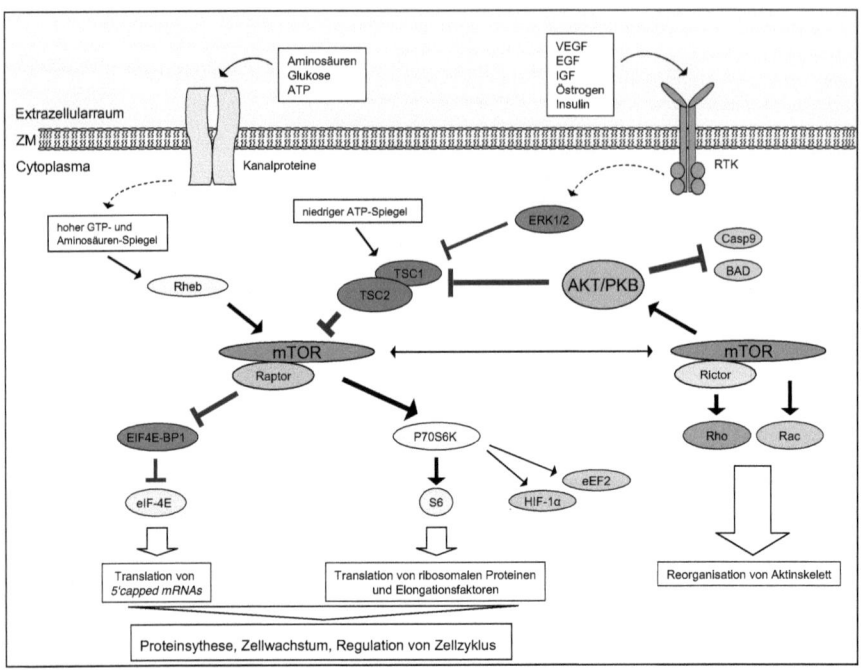

Abbildung 1: Schematische Darstellung des mTOR-Signalnetzwerks.

MTOR agiert in zwei Komplexen, einmal als mTORC1 mit dem Adaptorprotein Raptor und einmal als mTORC2 mit Rictor. Der Proteinkomplex mTORC1 reguliert die Translation, u.a. von Zellzyklusproteinen über EIF4E-BP1 und P70S6K. Die Phosphorylierung von EIF4E-BP1 resultiert in dessen Deaktivierung, der Dissoziation des Translationsfaktors eIF-4E und somit der Aktivierung der Translation der *5'capped mRNAs*, die für Promotionsfaktoren codieren (Flynn et al., 1996; Ma et al., 2009a). Die Aktivierung von P70S6K führt zu einer weiteren Aktivierung von zellzyklus- und zellwachstumsregulierenden Proteine, wie S6, HIF-1α und eEF2. Die Phosphorylierung von Rho und Rac erfolgt über mTORC2 und reguliert die Reorganisation des Aktinskeletts. Zusätzlich reguliert mTOR über die Phosphorylierung von AKT die Apoptose. AKT hemmt die apoptoseinduzierenden Proteine Caspase 9 und BAD. Die Kinasenaktivität und der Assoziationscharakter von mTOR werden hauptsächlich über die metabolischen Signalwege und die Signalwege der Wachstumsfaktoren reguliert. Die Proteine *tuberous sclerosis protein 1* und *2* (TSC1/2) und *Ras homolog enriched in brain* (Rheb) spielen dabei eine Hauptrolle bei der Übersetzung dieser Signale in eine Deaktivierung bzw. Aktivierung von mTOR (Wullschleger et al., 2006; Huang et al. 2008). So wird bei einem niedrigen ATP-Spiegel TSC2 aktiviert und mTOR dadurch gehemmt (Inoki et al., 2003). Bei einem hohen GTP- und Aminosäuren-Spiegel wird Rheb aktiv und aktiviert mTOR (Avruch et al. 2009, Bai et al. 2007). Bei einer Aktivierung der Rezeptor-Tyrosinkinasen (RTK) werden *extracellular signal-regulated kinases 1/2* (ERK1/2) und AKT aktiviert, was wiederum den TSC1/2-Komplex hemmt (Ma et al., 2007; Inoki et al., 2002). ZM: Zellmembran, RTK: Receptor-Tyrosinkinase, Casp9: Caspase9.

Einleitung

1.4.1.1.2 mTORC2

Eine große Rolle spielt mTORC2 bei der Phosphorylierung und Aktivierung der Proteine, die der Familie der Protein-Kinasen B (PKB auch AKT genannt) angehören und der kleinen GTPasen Rho und Rheb (Sarbassov et al., 2004; Sarbassov et al., 2005). AKT selbst hemmt die Apoptose durch die Phosphorylierung und damit Deaktivierung der apoptoseregulierenden Proteine wie z.B. Caspase 9 und Bcl-2-antagonist of cell death (BAD) (Cardone et al., 1998; Brunet et al., 1999). Über die Phosphorylierung der kleinen GTPasen Rho und Rac kann mTORC2 zudem eine Regulation der Reorganisation des Aktinzellskeletts ausüben (Jacinto et al., 2004; Sarbassov et al., 2004; Sarbassov et al., 2005).

1.4.1.2 mTOR/AKT-Aktivität in malignen Tumoren und PCa

Bei Karzinom-Zellen ist die Expression vieler Proteine, die am mTOR- Signalübertragungsweg beteiligt sind, stark verändert. So fungieren P70S6K, Rheb, AKT, elf-4E, Ras, PI3K als Protoonkogene und TSC1/TSC2 und EIF4E-BP1 als Tumorsuppressoren (Vivanco et al., 2002; Basso et al., 2005; Coleman et al., 2004; Bjornisti and Houghton et al., 2004; Bärlund et al., 2000; Kwiatkowski et al., 2003; Lynch et al., 2004). Auch scheint eine hohe Aktivität von mTOR selbst ein Indikator für Tumorentstehung und Progression zu sein (Inoki et al., 2005; Tee and Blenis et al., 2005). So konnte eine positive Korrelation zwischen mTOR-Aktivität und PCa festgestellt werden (Morgan et al. 2009, Kaarbø et al. 2010).

Studien, an denen der PI3-K/AKT/mTOR-Signalweg inhibiert wurde, zeigten bei Blasenkarzinomzellen eine effektive Reduktion der Zellproliferation (Ching et al., 2010). Ebenfalls an Nierenzellkarzinom (RCC), vermögen mTOR-Inhibitoren einen Tumorrückgang herbeizuführen (Kapoor et al., 2009; Dancey et al., 2005; Vignot et al., 2005). Detailstudien am PCa sind bislang noch nicht durchgeführt worden.

1.4.1.3 mTOR-Inhibitoren

Die gängigen synthetischen Inhibitoren von mTOR sind Derivate von Rapamycin. Tabelle 1 stellt einen Überblick über die aktuellen mTOR-Inhibitoren dar. Rapamycin, das ursprünglich beim Bakterienstamm *Streptomyces hygroscopicus* entdeckt wurde, bindet im Komplex mit dem cytosolischen Protein FKBP12 spezifisch an mTOR und inhibiert somit dessen Funktion (Vezina et al., 1975; Heitman et al., 1991). Bei Säugetieren ist nur mTORC1 rapamycinsensitiv, wobei auch mTORC2 in manchen Zelllinien bei einer längerfristigen Behandlung von Rapamycin gehemmt werden kann (Loewith et al., 2002; Sarbassov et al., 2006).

Einleitung

Inhibitoren von mTOR	klinischer Einsatz
Temsirolimus (Torisel®)	Zugelassen von FDA bei RCC
Rapamycin (Rapamune®)	Phase I/II Zugelassen von FDA bei Nierentransplantation
Everolimus (RAD001®)	Phase II (Gehirn-, Brust-, Magen-, Kopf- und Nacken-, Leber-, Lungen-, Haut-, Prostata-, Lymphknoten- und kolorektales Karzinom) Zugelassen von FDA bei RCC
Deforolimus (AP-23573®)	Phase II (Brust-, Gebärmutter- und Sarkoma -Karzinom)

Tabelle 1: Tabellarische Darstellung der mTOR-Inhibitoren (Ma et al., 2009b).
FDA (*Food and Drug Administration* – Arzneimittelzulassungsbehörde)

Rapamycin wird als Immunsuppressivum nach Organtransplantationen eingesetzt (Augustine at al., 2007). Abbildung 2, Bild 1 zeigt die Strukturformel von Rapamycin. Aktuelle klinische Studien evaluieren derzeit die Anwendungsmöglichkeiten von Rapamycin als antitumorales Agens (Davies et al., 2000; Jimeno et al., 2008). Temsirolimus (Torisel®, Wyeth) ist ein wasserlöslicher, synthetischer Rapamycin-Ester, der sowohl oral als auch intravenös verabreicht werden kann (Dudkin et al., 2001). Temsirolimus ist als Medikament zur Behandlung aller Stadien des RCC zugelassen (Ma et al., 2007).

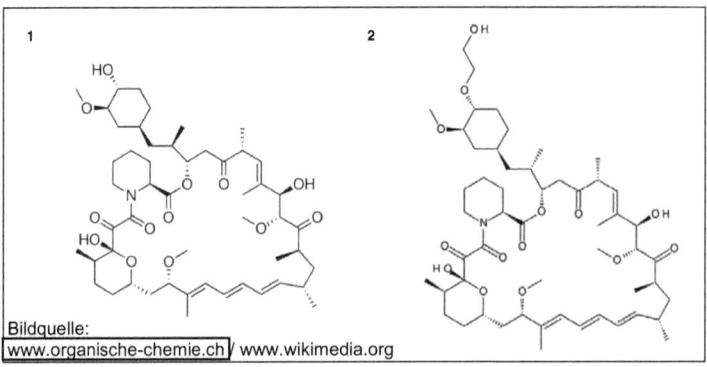

Abbildung 2: Strukturformel von Rapamycin (Bild 1) und Everolimus (RAD001) (Bild 2). RAD001 ist ein [40-O-(2-hydroxyethyl)-rapamycin]-Derivat.

Einleitung

1.4.1.3.1 RAD001

Everolimus (RAD001) leitet sich ebenfalls von Rapamycin ab (Abb.: 2, Bild 2). Da RAD001 eine hohe Bioverfügbarkeit besitzt, kann es oral verabreicht werden. Unter dem Namen Certican® ist RAD001 vom Bundesinstitut für Arzneimittel und Medizinprodukte (BfArM) zur Anwendung bei Nieren- und Herztransplantationen zugelassen (Eisen et al., 2003; www.medknowledge.de). RAD001 wird gegenwärtig in einer Phase-III-Studie bei Nieren- und neuroendokrinen Tumoren und in einer Phase-II-Studie u.a. bei Gehirn-, Bauchspeicheldrüsen- und PCa getestet (O'Donnell et al., 2003; Yee et al., 2006; Fouladi et al., 2007; Ma et al., 2009b). Bei Patienten mit einem fortgeschrittenen RCC konnte die Behandlung mit RAD001 die Lebensdauer deutlich verlängern im Vergleich zu der Placebo-Gruppe (Motzer et al., 2008; Amato et al., 2009). Es wird postuliert, dass RAD001 auch beim PCa antikarzinogene Effekte induzieren kann, wobei durch eine kombinierte Anwendung mit anderen Signalweg-Inhibitoren eine effektive Wirkungsverstärkung erhofft wird (Zhang et al., 2009; Morgan et al., 2008).

1.4.2 Rezeptor-Tyrosinkinasen

Zurzeit sind etwa 58 RTK bekannt, die 20 Subfamilien untergeordnet sind (Sharma et al., 2009). Sie spielen eine essentielle Rolle bei der Signalübertragung zur Induktion von Wachstum, Differenzierung, Adhäsion, Zellbewegung und Apoptose (Schlessinger et al., 2000). RTKs besitzen eine extrazelluläre Domäne mit der Fähigkeit, spezifische Liganden reversibel zu binden, eine Transmembrandomäne und eine intrazelluläre katalytische Tyrosin-Kinase-Domäne, die es erlaubt, selektiv Substrate zu phosphorylieren (Longatto-Filho et al., 2009, De Jong et al., 2001; Gomez-Roca et al., 2009). Eine hyperaktive, nicht regulierte RTK verleiht einer Zelle ein unkontrolliertes Wachstum, unabhängig von Wachstumsfaktoren. Der Einsatz von RTK-Inhibitoren wird entsprechend als innovative Strategie zur Karzinomtherapie diskutiert.

1.4.2.1 Rezeptor-Tyrosinkinasen in malignen Tumoren und PCa

Die RTKs EGFR und *vascular endothelial growth factor receptor* (VEGFR) sind für das Wachstum der Zelle und die Angiogenese-Aktivität verantwortlich (Tebernero et al., 2007). Beide Vorgänge unterliegen im gesunden Organismus einer strengen Kontrolle, sind jedoch im metastasierenden, malignen Tumorgewebe hyperaktiv (Jain et al., 2005; Yuan et al., 2001; Hirsch et al., 2003). Hammersten et al. beschrieb beim PCa insbesondere

Einleitung

eine erhöhte Aktivität von EGFR (Hammersten et al., 2010). So korreliert die EGFR-Aktivität mit einer erhöhten Progression des Wachstums, der Metastasierung und Entwicklung der androgenresistenten Form des PCa (Hammersten et al., 2010; Traish et al., 2009; Di Loreto et al., 2002; Signoretti et al., 2000; Scher et al., 1995).

1.4.2.2 Funktionen von VEGFR und EGFR

1.4.2.2.1 VEGFR

Die Angiogenese wird von der Balance zwischen Faktoren, die die Entwicklung neuer Gefäße unterstützen und denen, die diese Entwicklung hemmen, reguliert (Jain et al., 2005). Im gesunden Gewebe ist Angiogenese streng auf Zeitperioden des Wachstums, der Reproduktion und der Wundheilung limitiert. Unter einer Vielzahl von Faktoren, die die Angiogenese unterstützen, ist VEGF der wichtigste (Folkman et al., 2007). VEGF kann von zwei Rezeptoren erkannt werden, dem VEGFR-1 und VEGFR-2, wobei nur VEGFR-2 eine primäre Rolle bei der Angiogenese spielt (Suhardja et al., 2003). Die Bindung von VEGF an seinen Liganden verursacht eine Rezeptordimerisierung, die eine gegenseitige Autophosphorylierung und Aktivierung der intrazellulären Kinase-Domäne sowie nachgeschalteter intrazellulärer Signalkaskaden auslöst (Ferrara et al., 1997).

Neben der Phospholipase PLC-γ und dem *mitogen-activated protein kinase* (MAPK)-Weg induziert VEGFR die Aktivierung des PI3-K/AKT/mTOR-Signalwegs mit einer daraus resultierenden Inhibition apoptotischer Ereignisse sowie gesteigertem motilen Verhalten begünstigt durch die Reorganisation der Aktinfilamente (Ji et al., 1997; Cardone et al., 1998; Brunet et al., 1999; Takahishi et al., 1999; Holmes et al., 2007). Abbildung 3 veranschaulicht die von VEGFR aktivierten Signalwege.

1.4.2.2.2 EGFR

EGFR ist einer der wichtigsten Kontrollpunkte für Wachstum, Überleben und Differenzierung einer Zelle (Wiley et al., 2003). Über die Bindung löslicher Wachstumsfaktoren an EGFR werden primär der PI3-K/AKT/mTOR-Signalweg und der MAPK-Weg eingeschaltet (Jorissen et al., 2003; Lo et al., 2006; Yarden et al., 2001). Über den MAPK-Weg wird die Proliferation in Gang gesetzt; der PI3-K/AKT/mTOR-Signalweg hemmt die Apoptose und aktiviert ebenfalls die Proliferation und das Wachstum der Zelle (Oda et al., 2005, Normanno et al., 2006). Schaubild 3 zeigt die Signalwege, die von EGFR aktiviert werden.

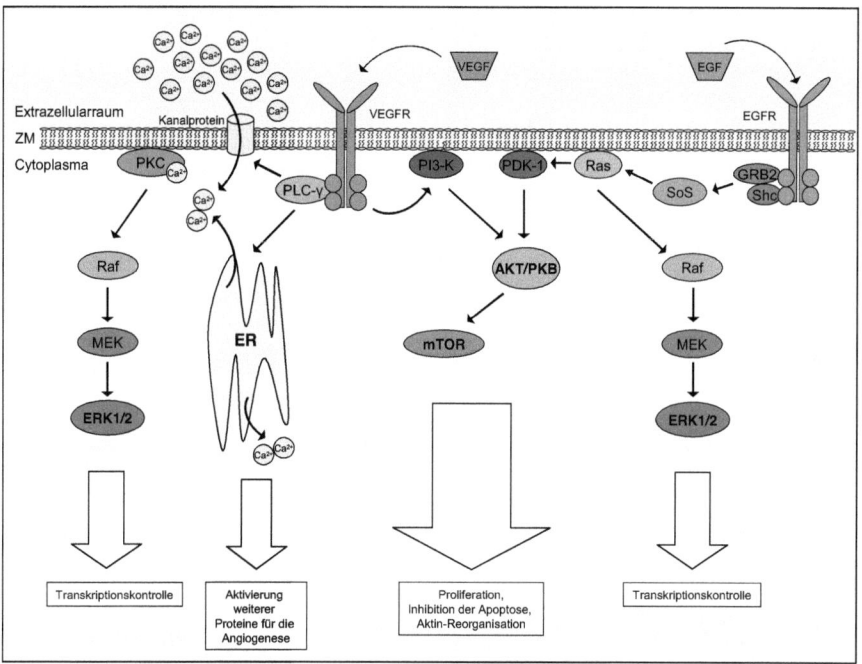

Abbildung 3: Schematische Darstellung des VEGFR- und EGFR-Signalnetzwerks.
Über die Aktivierung von VEGFR und EGFR werden die Signaltransduktionswege MAPK und AKT/mTOR aktiviert, wodurch wiederum Apoptose inhibiert und Transkription, Proliferation und die Aktin-Reorganisation aktiviert werden. Das Andocken von VEGF an VEGFR führt zu einer Dimerisierung des Rezeptors und dessen Aktivierung. Ein aktivierter VEGFR phosphoryliert PLC-γ, das wiederum eine Erhöhung der cytosolischen Ca^{2+}-Konzentration bewirkt. Auf diese Weise wird PKC aktiviert, das den MAPK-Weg aktiviert. Zusätzlich phosphoryliert VEGFR PI3-K, das wiederum AKT aktiviert und somit die Aktivität von mTOR reguliert. Das Andocken von EGF führt zu einer Dimerisierung von EGFR und zu dessen Aktivierung. Ein aktivierter EGFR aktiviert über GRB2/Shc/SoS Ras, das wiederum den MAPK-Weg einleitet und PDK-1 aktiviert. PDK-1 phosphoryliert AKT und reguliert somit die Aktivität von mTOR. ZM: Zellmembran, ER: Endoplasmatisches Reticulum, Ca^{2+}: Ca^{2+}-Ionen, EGF: *epidermal growth factor*, VEGF: *vascular endothelial growth factor*.

Einleitung

1.4.2.3 VEGFR- und EGFR-Inhibitoren

Es gibt zahlreiche etablierte Inhibitoren gegen EGFR und VEGFR. Die von der FDA zugelassenen Medikamente werden in Tabelle 2 gezeigt.

Medikament	RTK	klinischer Einsatz
Erlotinib (Tarceva®)	EGFR	Bronchialkarzinom, Bauchspeicheldrüsenkrebs
Lapatinib (Tykerb®)	EGFR, HER2/*neu*	Brustkrebs
Sorafenib (Nexavar®)	VEGFR, PDGFR	RCC
Sunitinib (Sutent®)	VEGFR, PDGFR	gastrointestinale Tumore, RCC

Tabelle 2: Die von der FDA zugelassenen Inhibitoren gegen EGFR und VEGFR (Pollack et al., 1999; Taberno et al., 2007).

Erlotinib (Tarceva®, Hoffmann-La Roche AG) und Lapatinib (Tykerb®, GlaxoSmithKline) sind beide als oral zu verabreichende Inhibitoren von EGFR auf dem Markt zugelassen. Erlotinib ist ein reversibler Inhibitor von EGFR (Pollack et al., 1999). Seine Zulassung beschränkt sich in den Vereinigten Staten und Europa auf eine Monotherapie, insbesondere für Patienten mit Bronchialkarzinom, bei denen eine Chemotherapie fehlgeschlagen ist. Nur in den Vereinigten Staaten wird Erlotinib zusätzlich als Kombination mit der Chemotherapie bei Patienten mit einem weit fortgeschrittenen Pankreaskarzinom verabreicht (Tabernero et al., 2007). Lapatinib ist ein Multi-Kinase-Inhibitor und wird bei Patientinnen mit einem HER-2/neu-positiven Mammakarzinom eingesetzt (Cameron et al., 2008). Sorafanib (Nexavar®, Bayer Vital) und Sunitinib (Sutent®, Pfizer) sind zur Therapie des RCC zugelassen, wobei Sunitinib auch bei gastrointestinalen Tumoren verwendet wird (Tabenero et al., 2007).

Die Signalwege von VEGFR und EGFR sind zwar unabhängig voneinander, stehen jedoch in einer Wechselbeziehung. Sowohl VEGFR als auch der EGFR aktivieren die Signalkaskaden von PI3-K/AKT/mTOR und MAPK. So postuliert Bianco et al., dass eine Resistenzentwicklung von EGFR, ausgelöst über dessen Hemmung, eine Überaktivität von VEGFR induziert (Bianco et al., 2008). Erst eine gleichzeitige Hemmung der beiden RTKs, würde diesem *feedback* Mechanismus entgegenwirken. Diesbezüglich ist ein neuer Inhibitor entwickelt worden. AEE788 ist ein Multikinase-Inhibitor, der die Aktivität von VEGFR und EGFR gleichzeitig hemmen kann.

1.4.2.3.1 AEE788

AEE788 ist ein oral zu verabreichender Multi-Kinase-Inhibitor. Abbildung 4 zeigt die Strukturformel von AEE788. Es befindet sich zur Zeit in der Phase-I-Studie. In vorklinischen Studien konnte AEE788 eine hohe Zielstrukturspezifität und antiproliferative Effekte bei Tumorzellen an Zell- und Tierstudien zeigen (Yazici et al., 2005).

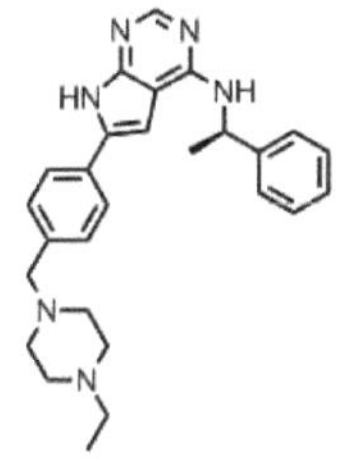

Bildquelle:
www.kinasepro.wordpress.com

Abbildung 4: Strukturformel von AEE788. AEE788 ist ein 7H-pyrrolo[2,3-d]pyrimidin.

Der Vorteil von AEE788 liegt in seiner gleichzeitigen Hemmung von VEGFR, EGFR und HER-2/*neu*. Zellen mit einer Überexpression von EGFR und HER2/*neu* können in ihrem Wachstum inhibiert werden, einhergehend mit einer Hemmung der Angiogenese über den VEGFR (Traxler et al., 2004). AEE788 kann somit parallel den nachgeschalteten Signaltransduktionsweg PI3-K/mTOR/AKT sowie den MAPK-Weg hemmen und somit einer möglichen Resistenzentwicklung engegenwirken. Studien über den Effekt von AEE788 an PCa-Zellen stehen noch aus.

1.4.3 Histondeacetylasen (HDAC)

Um die eukaryotische DNS zu verpacken, bilden die Histone und die DNS zusammen einen Komplex, den Nucleosomen. Jedes Nucleosomen besteht aus einem Histonkern, dieser aus 8 Histonproteinen und einer um den Histonkern gewundenen DNS-Doppelhelix. Die Histonproteine besitzen einen langen N-terminalen Aminosäure-Schwanz, der aus dem DNS-Histonkern-Komplex heraushängt und eine Serie von regulatorischen Modifikationen koordiniert (Rice et al., 2001; Richmond et al., 2003). Diese posttranslationalen Modifikationen bestehen in einer reversiblen Acetylierung der Aminosäure Lysin und beeinflussen die Ladung der Histone, so dass sich das Assoziationsverhalten zwischen der DNS und dem Histonkern und somit die Struktur der Nucleosomen verändert. Diese Reaktion wird von den Enzymen Histonacetyltransferasen (HATs) und

Einleitung

Histondeacetylasen (HDACs) katalysiert (Pecuchet et al., 2010; Dalvai et al., 2010; Dwarakanath et al., 2008). Dabei überträgt HAT Acetylgruppen vom Acetyl-CoenzymA auf die Lysingruppen der Histone, womit dessen Ladung negativ wird. Da die Phosphatgruppen der DNS ebenfalls negativ geladen sind, kommt es zu einer Dissoziation der DNS in diesen Bereichen der Histone und zu einer Auflockerung des Nucleosoms. Diese erlaubt eine Assoziation von transkriptionsregulatorischen Proteinen, womit eine Transkription ermöglicht wird. Die HDACs entfernen diese Acetylgruppen, stellen die ursprüngliche Form des Nucleosoms wieder her und agieren somit als Transkriptionsrepressoren (Dwarakanath et al., 2008; Bartova et al., 2008). HDACs agieren in Multiproteinkomplexen und werden über die Assoziation von HDAC-spezifischen-Proteinen reguliert (Minucci et al., 2006). Im Rahmen der Tumorgenese ist das Gleichgewicht zwischen der HAT- und HDAC-Aktivität gestört und es kommt zum unkontrollierten Zellwachstum (Falk et al., 2010). Abbildung 5 auf Seite 29 veranschaulicht die Funktion der HATs und HDACs.

1.4.3.1 Klassifizierung der Histondeacetylasen

HDACs werden in vier Klassen, die zinkabhängigen und die NAD^+-abhängigen Deacetylasen, der die Sirtuine der Klasse III angehören, unterteilt.

Klassifizierung	HDAC	Lokalisation
Klasse I	HDAC1, HDAC2, HDAC3, HDAC8	Nucleus
Klasse IIa	HDAC4, HDAC5, HDAC7, HDAC9	Nucleus/Cytoplasma
Klasse IIb	HDAC6, HDAC10	Cytoplasma
Klasse III	SIRT1-7	Nucleus/Cytoplasma
Klasse IV	HDAC11	Nucleus/Cytoplasma

Tabelle 3: Klassifizierung der HDACs (Marks et al., 2009; Minucci et al., 2006).

Die Klasse I der HDAC ist hauptsächlich auf den Nucleus beschränkt, die Klassen IIa, III und IV können sich zwischen Nucleus und Cytoplasma bewegen und die Klasse IIb agiert nur im Cytoplasma. Im Gegensatz zu allen anderen HDACs ist die Expression von HDAC11 gewebespezifisch (Santini et al., 2007). Viele nicht-Histon-Proteine werden ebenfalls von den HDACs deacetyliert. So gehören cytoplasmatische Proteine zu den Substraten der HDACs der Klasse IIb und III (Marks et al., 2009; Haigis et al., 2006).

Einleitung

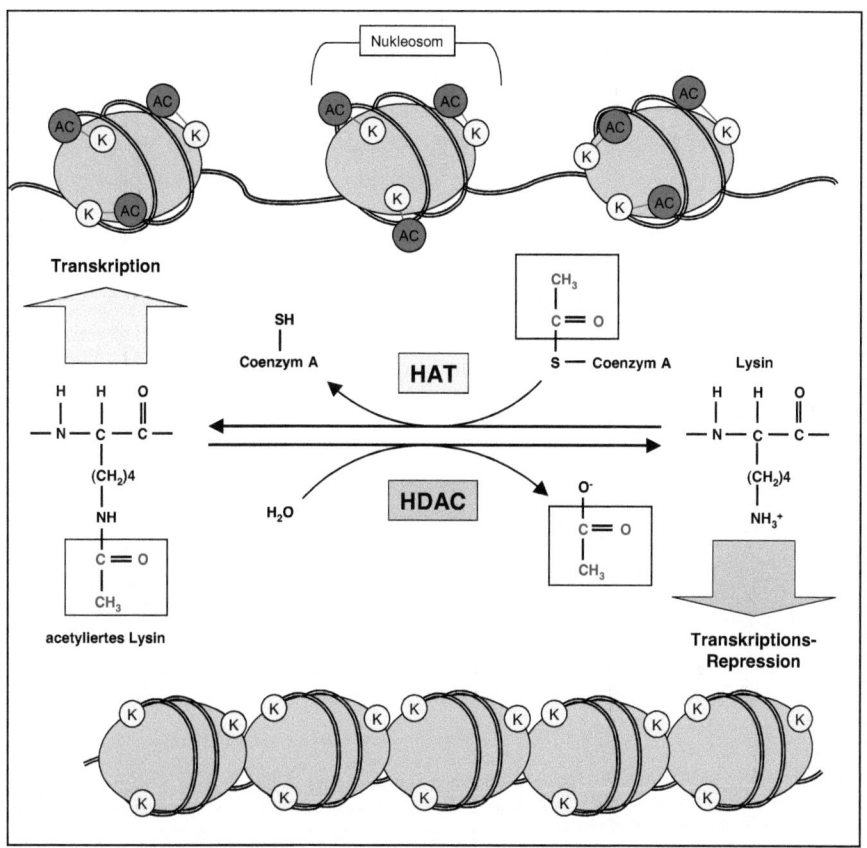

Abbildung 5: Schematische Darstellung der Wirkung von HAT und HDAC.
Bei der Histonmodifikation handelt es sich u. a. um die Acetylierung der Lysinreste der Histone im Zellkern. Üblicherweise sind die positiv geladenen Lysinreste der Histone stark an die negativ geladenen Phosphatreste der DNA gebunden, wodurch transkriptionsaktive Proteine keinen Zugang zu ihren Rezeptoren finden, was zur Inaktivierung der Gene – dem *gene-silencing* – führt. Werden diese Lysinreste jedoch acetyliert, löst sich die enge Bindung, Transkriptionsfaktoren können sich an die DNA anlagern und eine Transkription kann stattfinden (Kim et al., 2006). Der Prozess der Acetylierung ist reversibel und wird durch das Zusammenspiel von HAT und HDAC reguliert. Über HAT wird eine Acetylgruppe von dem Coenzym-A auf die Lysingruppe der Histone übertragen. Damit kommt es zu einer Acetylierung der Histone, und eine Dekondensierung und Entpackung der Chromatinstruktur wird induziert. HDAC wiederum spalten die Acetylgruppe von den acetylierten Lysinen der Histone. Eine solche Deacetylierung führt zu einer kompakteren Chromatinstruktur und somit zu einer Repression der Transkription (Brown et al., 2002). (∿): DNS, K: Lysin, AC: Acetylform.

Einleitung

1.4.3.2 HDAC-Aktivität in malignen Tumoren und in PCa

HDACs sind sowohl in onkogenetische wie in onkosuppressive Mechanismen involviert. Es wird angenommen, dass ein spezifisches Gleichgewicht zwischen den einzelnen HDAC-Klassen existiert, dessen Veränderung dramatische Konsequenzen für die Zelle darstellt und der Tumorgenese Vorschub leistet. So ist in Kolonkarzinomzellen die Expression von HDAC2 und HDAC3 erhöht, hingegen in Magen-Darm-Karzinom-Zellen HDAC1 und im Lungen-Karzinom HDAC5 und HDAC10 stark reduziert (Glozak et al., 2007; Jones et al., 2007; Xu et al., 2007; Dokmanovic et al., 2007, Blackwell et al., 2008; Marks et al., 2009; Minucci et al., 2006). Beim PCa ist generell eine erhöhte Expression der HDACs festgestellt worden (Wang et al. 2009, Cang et al. 2009, Weichert et al. 2008). Da HDACs in vielen epigenetisch wirkenden Multi-Protein-Komplexen assoziert sind, wie in dem Komplex der DNS und Histon-Methylierung, vergrößert sich ihr Wirkungsspektrum und somit ihr Einfluss auf die Tumorgenese enorm (Egger et al., 2004; Feinberg et al., 2004; Lund et al., 2004; Fraga et al., 2005; Seligson et al., 2005). Somit ist die pharmakologische Manipulation der HDACs über die Inhibition ein wichtiger Aspekt der Tumortherapie.

1.4.3.3 HDAC-Inhibitoren

HDACs der Klasse I, IIa und IIb teilen alle eine hoch konservierte, zinkabhängige Domäne. Diese ist der Angriffspunkt der meisten HDAC-Inhibitoren (HDACI) (Mehnert et al., 2007). Zur Zeit sind ca. 50 HDACIs in der Erprobung (Kim et al., 2006). Einige HDACIs, wie Valproinsäure (VPA), dessen Strukturformel die Abbildung 6 wiedergibt, wurden bereits in Phase-I- und Phase-II-Studien zur Therapie bei fortgeschrittenen Karzinomen getestet. Dabei erzielte vor allem VPA in Kombination mit anderen Inhibitoren vielversprechende Resultate. So konnte eine gute Ansprechrate bei Patienten mit soliden Tumoren und eine beachtliche antikarzinogene Wirkung mit einer einhergehenden Induktion der HDAC-Hemmung festgestellt werden (Münster et al., 2007; Candelaria et al., 2007; Atmaca et al., 2007; Garcia-Manero et al., 2006; Chavez-Blanco et al., 2005). Weitere Studien sind jedoch notwendig, um die Effektivität von VPA als Mono- bzw Kombinationtherapie vor allem bei PCa zu untersuchen. Tabelle 4 listet die Inhibitoren von HDAC.

Einleitung

Klasse	Inhibitoren	Dosis (in vitro)	HDAC-Spezifität	Versuchsstadium
kurzkettige Fettsäuren	Buttersäuren (4-Phenylbutyrat, Pivaloyloxymethyl-Butyrat)	mM	Klasse I, IIa	Phase-I-Stadium Phase-II-Stadium
	Valproinsäure (VPA)	mM	Klasse I, IIa	Phase-I-Stadium Phase-II-Stadium
Hydroxamid Säuren	Varinostat (SAHA®)	µM	Klasse I, II	Zugelassen von FDA
	Belinostat (PXD101)	µM	Klasse I, II	Phase-I-Stadium
	Panobinostat (LBH589)	nM	Klasse I, II	Phase-I-Stadium
	Pyroxamid	µM	Klasse I	Phase-I-Stadium
	Trichostatin A (TSA)	nM	Klasse I, II	nicht bekannt
	Scriptaid	µM	nicht bekannt	nicht bekannt
	Oxamflatin	µM	nicht bekannt	nicht bekannt
Benzamide	SNDX-275 (MS-275)	µM	HDACs 1, 2, 3, 8	Phase-I-Stadium Phase-II-Stadium
	Tacedinalin (CI-994)	µM	nicht bekannt	Phase-I-Stadium Phase-II-Stadium Phase-III-Stadium
Epoxide	Trapoxin A	nM	Klasse I, IIa	nicht bekannt
	Depeudecin	µM	Klasse I	nicht bekannt
cyclische Tetrapeptide	Romidepsin (FR-901228)	nM	Klasse I	Phase-I-Stadium Phase-II-Stadium
	Apicidin	nM	HDACs 1, 3	nicht bekannt
Hybridmoleküle	CHAPs (SK-7068)	nM	Klasse I	nicht bekannt

Tabelle 4: Klassifizierung der HDACI und ihre molekularen Charakteristika (Marks et al., 2009; Minucci et al., 2006).

Einleitung

Da HDACs nicht nur die Deacetylierung der Histone, sondern auch der „nicht-Histon-Proteine" katalysieren, wirkt sich eine Hemmung der HDAC nicht nur in der Aufhebung der Transkriptions-Repression aus (Bolden et al., 2006; Minucci et al., 2006). Gen-Expressions-Studien haben gezeigt, dass HDACI viele Veränderungen, wie jene auf Zellzyklus, Zelldifferenzierung, Apoptose, Angiogenese und metabolische Mechanismen verursachen (Hess-Stumpp et al., 2005). Obwohl das Wirkungsspektrum der HDACI sehr breit gefächert ist, weisen sie im Allgemeinen eine geringe Toxizität gegenüber gesunden Zellen auf (Kelly et al., 2005; Carew et al., 2008; Lui et al., 2006; Marks et al., 2001; Marks et al., 2009).

1.4.3.3.1 Valproinsäure (VPA)

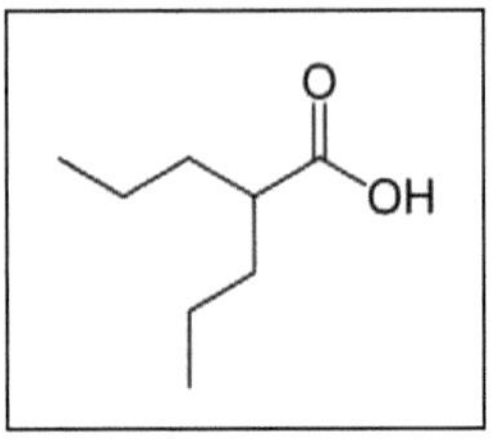

Bildquelle: www.chemie-schule.de

Abbildung 6: Strukturformel der Valproinsäure (VPA). VPA ist eine 2-Propylpentansäure.

VPA wurde 1882 von Burton synthetisiert und fand 80 Jahre später unter dem Namen Depakine® Verwendung als Medikament bei der Epilepsiebehandlung (Blaheta et al., 2002). 1997 wurde zum ersten Mal die anti-tumorale Eigenschaft von VPA am Tiermodell gezeigt. Dabei wurde eine signifikante Hemmung des Tumorwachstums und der Metastasierung beobachtet (Cinatl et al., 1997). Diese Ergebnisse wurden später in Tierversuchen an Ratten mit Mammakarzinom bestätigt (Göttlicher et al., 2001). Trotz seiner relativ hohen Dosis im milimolaren Bereich zeigt VPA bei seiner Applifikation eine geringe Toxizität und gute Verträglichkeit *in-vitro* und *in-vivo*. VPA kann oral verabreicht werden und zeigt eine adäquate Pharmakokinetik mit einer Halbwertszeit von 7-16 Stunden (Blaheta et al., 2005). Das Wirkungsspektrum von VPA ist sehr breit. Es leitet Zelldifferenzierung ein und inhibiert Zellwachstum und Zellmigration von soliden und hämatogenen Karzinomen.

Einleitung

1.5 Interferone

Interferone (IFNs) gehören den Zytokinen an und sind körpereigene Gewebshormone. Zytokine werden in vier Hauptgruppen eingeteilt: Alpha, Beta, Gamma und Tau. Sie werden vor allem von Leukozyten, Monozyten und Fibroblasten produziert und entfalten im Körper eine immunstimulierende, antivirale Wirkung (Friedman et al., 2007; Billiau et al., 2006, Isaacs et al., 1997). Entsprechend finden Interferone heutzutage Anwendung in der Virustherapie. Interferon-alpha-2a (IFNα2a) wird darüber hinaus auch zur Tumortherapie eingesetzt (Canil et al., 2010; Wada et al., 2009). Tabelle 5 veranschaulicht den Einsatz von Interferonen in der Medizin.

1.5.1 Interferon-alpha-2a

IFNα2a besteht aus 165 Aminosäuren (19 kDa) und besitzt 2 Disulfidbrücken. Es ist ein antivirales Agens und ein potentieller Wirkungsverstärker von antizikarzinogenen Medikamenten. In Hochdosis findet IFNα2a schon seit 30 Jahren Verwendung in der Klinik bei der Behandlung des RCC. Niedrig dosiert in Kombination mit anderen Medikamenten dient es als Wirkungsverstärker (Gore et al., 2010; Dutcher et al., 2002; Foss et al., 2000; www.roche.com). Untersuchungen der Wirkung von IFNα2a als Mono- bzw. Kombinationstherapie beim PCa stehen noch aus.

Zulassung	Medikament	Wirkstoff	klinischer Einsatz
1983	Fiblaferon®, Rentschler	IFN-beta	Schwere Viruserkrankung/ 2003 SARS
1987	Roferon A®, Roche	IFN-alpha-2a	Hepatitis B/C & Krebstherapie RCC
1989	Polyferon®, Rentschler	IFN-gamma	Rheumatoide Arthritis
2000	Intron A®, Essex Pharma	IFN-alpha-2b	Hepatitis B/C
2008	Extavia®, Novartis	IFN-beta-1b	Multiple Sklerose

Tabelle 5: Einsatzspektrum der Interferone in der Medizin.

Einleitung

1.6 Kombinationstherapie

Obwohl die Inhibitoren für mTOR, RTK und HDAC vielversprechende Erfolge in klinischen Studien erzielen, kann kein deutlich verlängertes Überleben oder ein dauerhaft hemmender Effekt beobachtet werden. Die Ursachen sind im Detail nicht verstanden. Vermutet wird jedoch, dass unter Monotherapie, d.h. der Angriff auf lediglich eine Zielstruktur, eine Reaktivierung vorgeschalteter Signaltransduktionswege und somit negative Rückkopplungs-schleifen induziert werden. In der Tat zeichnet sich gerade das PCa durch eine hohe Diversität aus, die seine Fähigkeit zur Anpassung an die Monotherapie steigert (Segota et al., 2004; Antonarakis et al., 2010). Gleichzeitig erhöht die Monotherapie die Wahrscheinlichkeit zur Entwicklung von Resistenzen. Es wird postuliert, dass die Blockade mehrerer Zielstrukturen eines Signaltransduktionsweges oder eine parallele Hemmung unterschiedlicher Signalwege einer Resistenzentwicklung entgegenstehen und die Effektivität eines Therapieprotokolls signifikant steigern kann. Dabei ist die Auswahl der Kombinationspartner von entscheidender Bedeutung. So konnte RAD001 kombiniert mit einem HDAC-Inhibitor Zellzyklus-Arrest und Differenzierung von myelogenen Leukämie-Zellen induzieren (Nishioka et al., 2008). Eine Kombination von RAD001 und AEE788 zeigte ebenfalls einen proliferationshemmenden Effekt auf Glioblastoma und RCC-Zellen (Goudar et al., 2005; Juengel et al., 2009). Sunitinib, ein VEGFR-Inhibitor, ist in Kombination mit RAD001 Gegenstand einer weiteren Studie bei vorbehandelten RCC-Patienten, die zuvor keine Therapie mit Sunitinib oder einem mTOR-Inhibitor erhalten haben (NTC 00422344). In der Tat konnte Escudier et al. in einer Phase-III-Studie demonstrieren, dass eine Kombinationstherapie mit dem VEGFR-Blocker Bevacizumab und IFNα2a ein karzinomprogressionsfreies Überleben sichert und sich die Ansprechquote der Patienten effektiv steigern lässt (Escudier et al., 2008). Auch die Kombination von RAD001 mit Bevacizumab erwies sich in einer Phase-II-Studie bei RCC-Patienten als effektiv bei einer hohen Verträglichkeit (Hainsworth et al., 2010). Die simultane Anwendung von VPA und IFNα2a reduzierte bei Neuroblastoma-Zellen das Wachstum sowohl *in-vitro* als auch *in-vivo* und die kombinierte Applikation von Butyrat mit IFNα2a erhöhte die antikarzinogene Wirkung der Monotherapie bei Lungen-Adenokarzinomzellen (Kuljaca et al., 2007; Michaelis et al., 2004a; Goto et al., 1996). In aktuellen Studien werden die Kombinationen von Bevacizumab/Temsirolimus mit Bevacizumab/IFNα2a und in einer weiteren Studie Bevacizumab/IFNα2a gegenüber der Kombination Bevacizumab/RAD001 evaluiert (NTC 00631371; NTC 00719264).

Einleitung

1.7 Fragestellung

Molekular gezielte Therapiestrategien werden als neue, effektive Option zur Behandlung des fortgeschrittenen PCa diskutiert. Eine kombinierte Anwendung der verschiedenen *targeted* Substanzen scheint dabei möglicherweise einer Monotherapie überlegen zu sein. Ziel der Arbeit war es, die Effektivität verschiedener *targeted drugs*, separat oder kombiniert angewandt, auf Wachstum und Adhäsionseigenschaften des PCa zu evaluieren. Die *in-vitro*-Untersuchungen basierten auf den Zelllinien DU145, PC-3, LNCaP; die *in-vivo*-Studie am Nacktmausmodell wurde mittels xenogen transplantierter CWR-22-Zellen durchgeführt. Verwendete Substanzen waren der mTOR/AKT-Inhibitor RAD001, der VEGFR/EGFR-Inhibitor AEE788 und der HDAC-Inhibitor VPA. Zusätzlich wurde IFNα2a als Additivum in die Experimente einbezogen. Der Einfluss der Inhibitoren wurde isoliert und in folgenden Kombinationen untersucht: RAD001 plus IFNα2a, RAD001 plus AEE788, VPA plus AEE788, VPA plus RAD001 und VPA plus IFNα2a. Abbildung 7 verdeutlicht skizzenhaft die der Arbeit zugrunde liegende Fragestellung.

Im Rahmen funktioneller Untersuchungen wurden das Zellwachstum, das Expressionsmuster der zellzyklus-regulierenden Proteine und die Progression des Zellzyklus untersucht. Im weiteren Verlauf wurden die Adhäsionsprozesse an Matrix und an Endothel analysiert und die Modulation der α- und β-Integrinsubtypen evaluiert. Neben der Bestimmung der gebundenen und freien Form von PSA wurden die relevanten intrazellulären Signalwege dargelegt. Die *in-vitro*-Daten wurden letztendlich auf das *in-vivo*-Modell translatiert.

Einleitung

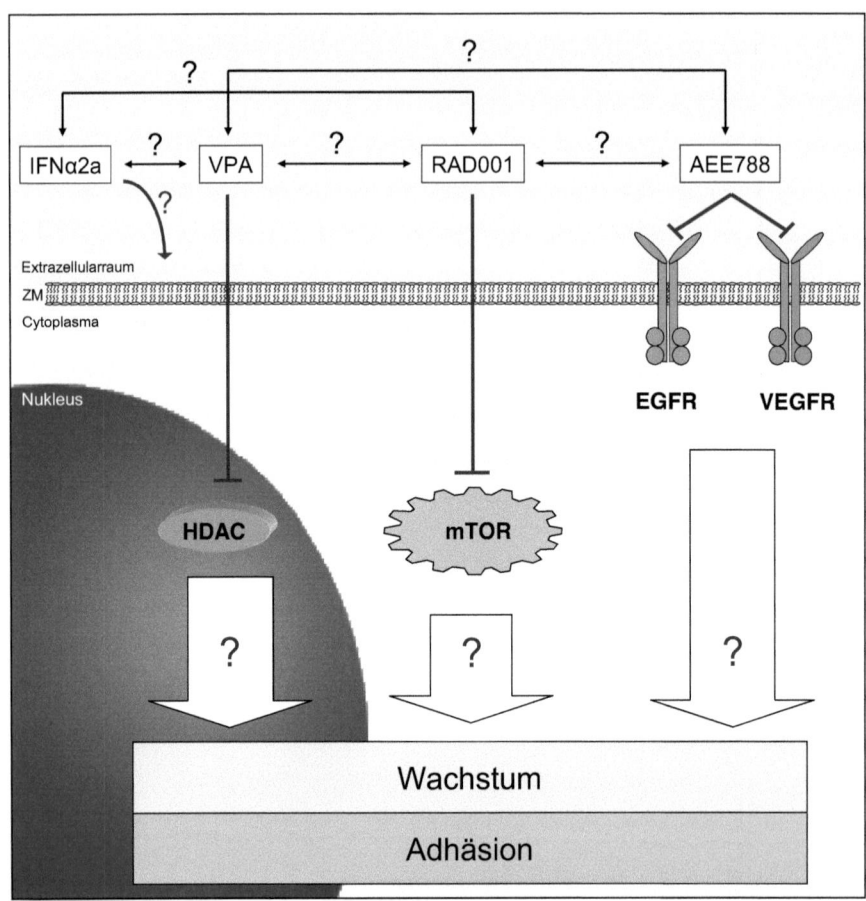

Abbildung 7: Projektskizze.
Hemmende Effekte werden als (———|) ausgedrückt. ZM: Zellmembran, HDAC: Histondeacetylase, mTOR: *mammalian target of rapamycin*, VEGFR: *vascular endothelial growth factor receptor*, EGFR: *epidermal growth factor receptor*.

2 Materialien

2.1 Apparaturen

Agarosegeldokumentation	Gel Doc 1000, BioRad (München)
Agarosegelkammer	HORIZON 11.14, Gibco (Karlsruhe)
Bioanalyser	Agilent 2100 Bioanalyser, Agilent Techno-logies (Waldbronn)
Brutschrank für Zellkulturen	Heraeus Holding GmbH (Hanau)
Culture-Slides-Kammer	BD Biosciences (Belgien)
Durchflusszytometer	FACScan, Becton Dickinson (Heidelberg)
Entwicklermaschine	Typ Unix 60, AGFA (Köln)
ELISA-Spektrophotometer	Magellan Infinite M200, Tecan (Schweiz)
GentleMACS	MACS Miltenyi Biotec (Bergisch Gladbach)
Heizblock	Thermoblock TB1, Biometra (Göttingen)
Homogenisierer	GLH-220, OMNI International/BioLab Products GmbH (Godenstorf)
Hybridisierungsofen	CheChip *Hybridization Oven* 640, Affymetrix (USA)
Lichtmikroskop	PhotomikroskopIII, Zeiss (Jena)
Magnetrührer	Kika Labortechnik (Staufen)
Mikroskop	„Axio Scope-A1" Pol HAL100, Carl ZEISS MicroImaging GmbH (Göttingen)
Nanodrop	nanodrop ND1000, PeqLab Biotechnologie GmbH (Erlangen)
Netzgerät	PowerPac 300 Power Supply, Biorad (München)
Pipettierhilfe	Biohit (Helsinki, Finnland)
Protein-Minigel-Apparaturen	Biorad (München)
Protein-Transfer-Apparaturen	Biorad (München)
Wasserbad	GRW 720-04, Fritz Gössner GmbH & Co. (Hamburg)
SDS-Polyacrylamid-Gelelektrophorese	BIORAD Mini Protein II Apparatur, Biorad (München)
Spektrophotometer	UVIKON 933, Bio-Tek Kontron Instruments (Neufahrn) *Spectra Max 190*, Molecular Devices (USA)
Sterilbank	antair$_{BS}$, W.H. Mahl (Kaarst)
Thermocycler	TRIO-Thermoblock™, Biometra (Göttingen)

Material

	für Real Time qPCR: Mx3005p, Stratagene (Amsterdam, Niederlande)
Tischschüttler	Polymax 1040, Heidolph (Schwalbach)
Transilluminator	FluorChem^{TM} 8900, Alpha Innotech (USA)
Waagen	Typ S-234, Denver Instrument GmbH (Göttingen)
	Typ SI-8001, Denver Instrument GmbH (Göttingen)
Zentrifugen	Typ 5402, Eppendorf (Hamburg)
	Rotanta/RP, Hettich (Tuttlingen)
	Suprafuge 22, Heraeus (Osterode)

2.2 Verbrauchsmaterialien

AffinityScript QPCR cDNA-Synthesis Kit	Stratagene (Amsterdam, Niederlande)
Annexin V-FITC Apoptosis	Becton Dickinson Biosciences *Detection Kit I* (Pharmingen)
Blotting-Papiere	Typ GB002, Schleicher & Schuell (Dassel)
Cell Proliferation Kit I (MTT)	Colorimetrisches Assay (MTT basierend), Roche Diagnostics GmbH (Penzberg)
CycleTEST^{TM} PLUS DNA Reagent Kit	Becton Dickinson (Heidelberg)
DC-Protein-Assay	Biorad (München)
Deckgläser	Menzel-Gläser (Braunschweig)
DRG Free PSA ELISA	DRG Instruments GmbH (Marburg)
Einmalpipetten, steril (1, 5, 10 und 25 ml)	Costar Corning (USA)
FACS-Röhrchen	Falcon (Heidelberg)
Filterpapier	VWR International (Darmstadt)
Kryoröhrchen (2 ml) nunc^{TM} CryoTube^{TM}	Vials, Apogent, Nunc A/S (Roskilde, Dänemark)
MACS-Röhrchen	MACS Miltenyi Biotec (Bergisch Gladbach)
Nitrozellulosemembran	Hybond-C Extra, Amersham Bioscience UK Ltd. (Bucks, UK)
Neubauer-Zählkammer	W. Schreck (Hofheim/TS)
Pipetten	MicroOne, Starlab (Ahrensberg)
Pipettenspitzen (10, 200, 1.000 µl)	Starlab (Ahrensburg)
Poly-D-Lysin 24-Well-Platten	Becton Dickinson (Heidelberg)
Polystyrolzellkulturflaschen, steril	Sarstedt (Nürmbrecht)

Material

(12,5 cm², 25 cm², 75 cm² Wuchsfläche)	
PSA equimolar ELISA	DRG Instruments GmbH (Marburg)
QIAshredder™ (250)	Qiagen (Hilden)
Reaktionsgefäße (1,5 ml)	Eppendorf (Hamburg)
RNA 6000 Nano Kit	Agilent Technologies Deutschland GmbH (Waldbronn)
RNaesy Mini Kit (250)	Qiagen (Hilden)
RNase-Free DNase Set	Qiagen (Hilden)
Röntgenfilm	Typ Hyperfilm™ECL™, Amersham-Buchler (Braunscheig)
RT^2 qPCR Primer Assays	SuperArray Bioscience Corporation (USA), Vertrieb: Biomol
Schwammtücher	Biorad (München)
Sterilfilter (250ml & 500 ml, 0,22 μm)	Millipore (Schwalbach)
Western Blot Recycling Kit	Stripping, Alpha Diagnostic (USA)
Zellkulturplatten (6, 24, 96 Wells)	Sarstedt (Nürmbrecht)
Zentrifugenröhrchen (15, 50 ml)	PP-Test tubes, Falcon (Heidelberg)

2.3 Chemikalien und Agenzien

AEC-Peroxidaselösung	Thermo Fisher Scientific (USA)
AEE788	Novartis Pharma AG (Basel)
Accutase	PAA Laboratories GmbH (Pasching, Österreich)
Aceton	Sigma-Aldrich GmbH (Steinheim)
Albumin	aus Rinderserum (BSA), Sigma-Aldrich GmbH (Steinheim)
Ammoniumperoxodisulfat (APDS)	Merck KGaA (Darmstadt)
Aprotinin	Sigma-Aldrich GmbH (Steinheim)
Acrylamidlösung (30 %)	Carl Roth GmbH & Co. (Karlsruhe)
Bisacrylamidlösung (2 %)	Carl Roth GmbH & Co. (Karlsruhe)
Chemolumineszenz-Lösung (ECL)	Amersham-Buchler (Braunschweig)
Chlormethylbenzamid	CellTracker CM-Dil (C-7000), Molecular Biologische Technologie (Göttingen)
Destilliertes Wasser (Aqua dest.)	B. Braun Melsungen AG (Melsungen)
Dimethylsulfoxid (DMSO)	Merck KGaA (Darmstadt)
Dispase	Sigma-Aldrich GmbH (Taufkirchen)
DNase	Qiagen (Hilden)

Material

DTT	Becton Dickinson (Heidelberg)
Ethanol (99 % EtOH)	Apotheke des Klinikums der Goethe-Universität (Frankfurt/Main)
Ethylendiamintetraacetat (EDTA)	Sigma-Aldrich GmbH (Steinheim)
Fibronektin	Becton Dickinson (Heidelberg)
First Strand Buffer (5 x)	Becton Dickinson (Heidelberg)
Formaldehydlösung (10 %)	Carl Roth GmbH & Co. (Karlsruhe)
Glutaraldehyd	Merck KGaA (Darmstadt)
Glycerin (= Glycerol)	Carl Roth GmbH & Co. (Karlsruhe)
Glycin	AppliChem GmbH (Darmstadt)
Harnstoff (Urea)	Carl Roth GmbH & Co. (Karlsruhe)
HBSS	*Hanks Balanced Salt W/O Phenol Red*, Gibco/Invitrogen (Karlsruhe)
Interferon-alpha-2a (Roferon-A)	Roche Diagnostics GmbH (Mannheim)
Isobutanol	Fluka Chemie AG (Buchs, Schweiz)
Kaliumchlorid (KCl)	Merck KGaA (Darmstadt)
Kollagen G (4 mg/ml)	aus Kälberhaut, Biochrom AG (Berlin)
Kollagenase-3	Becton Dickinson (Heidelberg)
Laemmli Sample Puffer	Biorad (München)
Laminin	Becton Dickinson (Heidelberg)
Leupeptin	Sigma-Aldrich GmbH (Steinheim)
Magermilchpulver	Töpfer GmbH (Dietmannsried)
Magnesiumchlorid ($MgCl_2$)	Merck KGaA (Darmstadt)
Methanol	J.T. Backer (Deventer, Holland)
Mercaptoethanol	Merck KGaA (Darmstadt)
Natriumchlorid (NaCl)	Sigma-Aldrich GmbH (Seelze)
Natriumdeoxycholat (Na-)	Sigma-Aldrich GmbH (Steinheim)
Natriumdodecylsulfat (SDS)	AppliChem GmbH (Darmstadt)
Natriumfluorid (NaF)	Sigma-Aldrich GmbH (Steinheim)
Natriumorthovanadat (Na_3VO_4)	Sigma-Aldrich GmbH (Steinheim)
Natriumpyrophosphat	Merck KGaA (Darmstadt)
PBS $^+$ (mit $CaCl_2$ und $MgCl_2$)	*Dulbeccos Phosphate Buffered Saline*, Gibco/Invitrogen (Karlsruhe)
PBS $^-$ (ohne $CaCl_2$ und $MgCl_2$)	*Dulbeccos Phosphate Buffered Saline*, PAA Laboratories GmbH (Pasching, Österreich)
Pepstatin	Sigma-Aldrich GmbH (Steinheim)

Material

peqGOLD Protein-Marker IV	*prestained*, PeqLab Biotechnologie GmbH (Erlangen)
Phenylmethylsulfonylfluorid (PMSF)	Sigma-Aldrich GmbH (Steinheim)
Proleukin	Interleukin-2 ähnlich, Chiron GmbH (München)
RAD001	Novartis Pharma AG (Basel)
Tergitol NP40	Sigma-Aldrich GmbH (Steinheim)
Tetramethylethylendiamin (TEMED)	Carl Roth GmbH & Co. (Karlsruhe)
Trypsin-EDTA (1 x)	PAA Laboratories GmbH (Pasching, Österreich)
Tween 20	Polyoxyethylensorbitanmonolaurat, AppliChem GmbH (Darmstadt)
Tris (ultrapure)	AppliChem GmbH (Darmstadt)
Triton X-100	Schwarz/Mann Biotech, ICN Biomedicals (USA)
Trypanblau	Gibco/Invitrogen (Karlsruhe)
Valproinsäure (VPA)	Natriumvalproat, G.L. Pharma GmbH (Lannach, Österreich)

2.4 Nährmedien

2.4.1 Nährlösungen und Zusätze

Medium 199 (M199)	Gibco/Invitrogen (Karlsruhe)
RPMI 1640 Medium	+ L-Glutamin, Sigma-Aldrich GmbH (Steinheim)
Endothelialer Zellwachstumsfaktor (ECGS)	PromoCell GmbH (Heidelberg)
Fötales Rinderserum	*Foetal Bovine Serum* (FBS), Hitze-inaktiviert, Gibco/Invitrogen (Karlsruhe)
Gentamycin [50 mg/ml]	Gentamycin Sulfate, BioWhittaker™ (Verviers, Belgien)
Glutamin	GlutaMAX™, Gibco/Invitrogen (Karlsruhe)
Hepes Puffer [1 M]	Carl Roth GmbH & Co. (Karlsruhe)
Humanes Serum	Blutspendedienst des Deutschen Roten Kreuzes (Frankfurt/Main)
Heparin [5.000 I.E./0,2 ml]	Heparin-Natrium-5.000-ratiopharm, Ratiopharm (Ulm)
Penicillin/Streptomycin [5.000 U/ml]	Gibco/Invitrogen (Karlsruhe)

Material

2.4.2 Zusammensetzung

2.4.2.1 M199

Für die Kultivierung humaner Endothelzellen (HUVEC):

Grundmedium:	500,0 ml	Medium 199
	10,0 ml	Hepes Puffer [1 M]
	0,2 ml	Heparin [5.000 I.E.]
	1,0 ml	Gentamycin [50 mg]

Nährmedium (500ml):	396,0 ml	Grundmedium
	50,0 ml	FBS
	50,0 ml	Humanserum

Steril filtriert im Sterilcup/Steriltop, danach erst Zugabe von:

	4,0 ml	ECGF

2.4.2.2 RPMI 1640

Für die Kultivierung von Tumorzellen:

Nährmedium:	430,0 ml	RPMI 1640
	50,0 ml	FBS
	10,0 ml	Hepes Puffer [1 M]
	5,0 ml	Glutamin
	5,0 ml	Penicillin/Streptomycin (5.000 U/ml)

Steril filtriert im Sterilcup/Steriltop.

Material

2.5 Zellkulturen

2.5.1 HUVEC = *human umbilical vein endothelial cells*

Humane Endothelzellen wurden aus Umbilikalvenen von Nabelschnüren präpariert und kultiviert. Die Nabelschnüre wurden freundlicherweise vom Zentrum der Frauenheilkunde und Geburtshilfe der Universitätsklinik Frankfurt am Main zur Verfügung gestellt.

2.5.2 NEZ = Nierenepithelzellen

Humane Nierenepithelzellen (NEZ) wurden aus Nierengewebe als anfallendes Gewebematerial nach Nephrektomie präpariert und kultiviert.

2.5.3 UEZ = Urothelepithelzellen

Die Urothelepithelzellen (UEZ) wurden aus der Harnblase eines Hausschweins (*Sus scrofa domestica*) präpariert und kultiviert. Die Harnblasen wurden freundlicherweise vom Schlachthof Seipel GmbH, Mühlheim, zur Verfügung gestellt.

2.5.4 DU145

Humane Prostatakarzinom-Zelllinie. Einschichtig wachsende Zellen, mit moderatem Potential zur Metastasierung. DU145 wurde aus Metastasen im Gehirn eines männlichen 69-jährigen Patienten isoliert. DU145 sind nicht hormon-sensitiv und produzieren kein Prostataspezifisches-Antigen (PSA). Erhalten von der Deutschen Sammlung von Mikroorganismen und Zellkulturen (DMSZ GmbH, Braunschweig).

2.5.5 PC-3

Humane Prostatakarzinom-Zelllinie. Einschichtig wachsende Zellen mit einem sehr hohen Potential zur Metastasierung. Ursprünglich isoliert aus Metastasen aus dem Knochen eines männlichen 62-jährigen Patienten. PC-3 sind nicht androgen-sensitiv, besitzen eine geringe Aktivität der Testosteron-5-alpha-Reduktase und produzieren kein PSA. PC-3 exprimieren kein p53. Erhalten von der Deutschen Sammlung von Mikroorganismen und Zellkulturen (DMSZ GmbH, Braunschweig).

Material

2.5.6 LNCaP

Humane Prostatakarzinom-Zelllinie. Androgen-sensitive Zellen isoliert aus den Metastasen der Lymphknoten eines 50-jährigen Mannes. Mehrschichtig im Verband oder einzeln wachsende Zellen produzieren PSA. Erhalten von der Deutschen Sammlung von Mikroorganismen und Zellkulturen (DMSZ GmbH, Braunschweig).

2.6 Tiermodell

Immundefiziente Nacktmäuse NMRI, nu/nu Mäuse. Gezüchtet in der *Experimental Pharmacology & Oncology* GmbH (EPO, Berlin). Verwendet für xenogene Transplantation mit CWR-22-Zellen.

2.6.1 CWR-22

CWR-22 ist eine humane Prostatakarzinom-Zelllinie, die androgensensitiv ist. Gewonnen durch eine Vermehrung in Mäusen nach einer kastrationsinduzierten Regression und Rezividität der Elterntiere.

3 Methoden

3.1 Primärzellisolation

3.1.1 Zellisolation der Endothelzellen aus Umbilikalvenen

Die Isolation der HUVEC aus der Umbilikalvene wurde unter sterilen Bedingungen durchgeführt, alle verwendeten Instrumente wurden vorher sterilisiert. Besaß die Nabelschnur eine Nabelschnurklemme, wurde diese mit einer Schere abgeschnitten. Daraufhin wurde eine Knopfkanüle in die Umbilikalvene eingeführt und mittels einer chirurgischen Klemmschere fixiert. Die Kopfkanüle wurde mit einer 50 ml Perfusionsspritze und 50 ml PBS (ohne Ca^{2+} und Mg^{2+}) versehen, womit die Umbilikalvene durchgespült werden konnte. Danach wurde eine 10 ml Spritze mit 6 ml eines Dispase/PBS-Gemisches (1:10) gefüllt, anstatt der Perfusionsspritze an die Kopfkanüle angebracht und in die Umbilikalvene gespritzt, womit ein Teil des restlichen PBS aus der Vene gespült wurde. Daraufhin wurde die Nabelschnur am unteren Ende mit einer weiteren Klemmschere abgeklemmt und mit dem Dispase/PBS-Gemisch gefüllt. Nach einer 10-minütigen Inkubationszeit bei RT konnten sich die Endothelzellen aufgrund der Wirkung der Dispase aus ihrem natürlichen Zellverband ablösen. Eine weitere Perfusionsspritze gefüllt mit Grundmedium wurde an die Kopfkanüle angebracht und die untere Klemmschere gelöst. Das Grundmedium wurde langsam in die Umbilikalvene gespritzt, wobei die unten herauslaufende Suspension in 50 ml-Zentrifugenröhrchen aufgefangen und bei 1.050 rpm und RT 5 min lang zentrifugiert wurde. Der Überstand des Zentrifugats wurde verworfen und das Pellet in 5 ml Nährmedium aufgenommen und in T-25-Kulturflaschen überführt. Die Kulturflaschen wurden im Brutschrank bei 37°C, 5% CO_2 und 90% Luftfeuchtigkeit kultiviert.

3.1.2 Primärzellisolation der Nierenzellen aus humanem Nierengewebe

Die Zellisolation erfolgte unter sterilen Bedingungen unter der Werkbank mit sterilen Utensilien. Das anfallende Gewebe aus der Niere wurde ins Nährmedium aufgenommen. Die enzymatische Lösung A wurde zusammenpipettiert und auf Eis gelagert. Das Gewebe wurde mit einem sterilen Skalpell in etwa 2 x 2 mm große Stücke geschnitten und mit einem sterilen Stempel zerdrückt. Daraufhin wurde das zerstückelte Gewebe dreimal mit HBSS (ohne Ca^{2+} und Mg^{2+}) in 50 ml

Methoden

Falconröhrchen gewaschen und bei 1000 rpm für 5 min bei RT zentrifugiert. Anschließend wurde der Überstand verworfen und das Pellet mit dem Skalpell in 5 ml *MACS*-Röhrchen verteilt (etwa 5 ml pro 1 *MACS*-Röhrchen). Nun wurden bis 20 ml mit der enzymatischen Lösung A aufgefüllt und die Suspension mechanisch im *GentleMACS* bei RT geschreddert. Danach wurde die Suspension in den MACS-Röhrchen bei 37°C im Wasserbad für 30 min inkubiert. Nun wurde wieder in *GentleMACS* bei RT geschreddert und ein weiteres Mal für 30 min bei 37°C im Wasserbad inkubiert. Der Schredder-Schritt wurde nun ein drittes Mal wiederholt und die Suspension ein letztes Mal bei 37°C für 30 min inkubiert. Nun wurde die Suspension über einen 70 µm Neylon-Filter in ein frisches 50 ml Falcon-Röhrchen gefiltert und in 20 ml kaltem RPMI 1640 +++ Medium aufgenommen und bei 1000 rpm bei RT für 5 min zentrifugiert. Um die Erythrozyten aufzulösen, wurde der Überstand verworfen und das Pellet in 10 ml Ammoniumchlorid-Lösung aufgenommen und 10 min bei 37°C im Wasserbad inkubiert. Darauf wurden 20 ml RPMI 1640 +++ hinzugefügt und bei 1000 rpm bei RT für 5 min zentrifugiert. Dieser Schritt wurde insgesamt zweimal wiederholt, wobei der Überstand verworfen und das Pellet in frischem RPMI 1640 +++ aufgenommen wurde. Nachdem der Überstand verworfen wurde, wurde das Pellet je nach Größe in 1 bis 2 ml Nährmedium aufgenommen, analog zu Punkt 3.2.3 gezählt und in 6-Loch-Platten überführt mit einer Konzentration von etwa 1,5 x 10^6 Zellen/Well. Die 6-Loch-Platte wurde im Inkubationsschrank bei 37°C inkubiert. Nachdem die Zellen subkonfluent herangewachsen waren, wurden sie wie im Schritt 3.2.1 abgelöst und in eine mit Kollagen G beschichtete T-25-Flasche überführt. Die Zellen wurden wie in Punkt 3.2.1 beschrieben in mit Kollagen G beschichteten Kulturflaschen kultiviert.

Enzymatische Lösung A:
200 U/ml Kollagenase 3
0,5 mg/ml Dispase
100 U/ml DNase
in 95 ml HBSS (ohne Ca^{2+} und Mg^{2+})

RPMI 1640 +++:
500 ml   RPMI 1640
50 µg/ml Gentamycin Sulphat
20 mM   HEPES
10 %   FCS

Ammoniumchloridlösung: 0,83 % NH_4CL_2 in Aqua dest.

Methoden

3.1.3 Primärzellisolation urothelialer Epithelzellen

Eine uringefüllte Harnblase eines Hausschweins (*Sus scrofa domestica*) wurde vom Schlachthof direkt bei der Schlachtung entgegengenommen und auf Eis in einer Transportlösung ins Labor gebracht. Die Isolation der Urothelzellen erfolgte unter sterilen Bedingungen unter einer Werkbank, alle verwendeten Instrumente wurden vorher sterilisiert. Die Harnblase wurde einmal mit einem Skalpell punktiert, um das Urin abzulassen. Daraufhin wurde die Harnblase dreimal mit HBSS (ohne Ca^{2+} und Mg^{2+}) gewaschen. Eine Kopfkanüle wurde in die punktierte Stelle in die Harnblase eingeführt und mit einer chirurgischen Klemmschere fixiert. Die beiden Ostien und der Blasenhals wurden jeweils mit einer chirurgischen Klemmschere abgeklemmt. Über die Kopfkanüle wurde die Harnblase mithilfe einer 50 ml Perfusionsspritze mit 100 ml enzymatischer Lösung A befüllt. Daraufhin wurde die Harnblase in einen sterilen Plastikbehälter überführt und bei 37°C für 60 min im Wasserbad inkubiert. Die abgelösten Epithelzellen konnten nun in 50 ml Falkon-Röhrchen aufgefangen und bei 1000 rpm bei RT 5 min lang zentrifugiert werden. Daraufhin wurde der Überstand verworfen und das Pellet dreimal mit 20 ml RPMI 1640 +++ Medium gewaschen und bei 1000 rpm bei RT für 5 min zentrifugiert. Nachdem der Überstand verworfen wurde, wurde das Pellet je nach Größe in 1 bis 2 ml Nährmedium aufgenommen, analog zu Punkt 3.1.3 gezählt und in eine 6-Loch-Platte überführt mit einer Konzentration von etwa $1{,}5 \times 10^6$ Zellen/Well. Die 6-Loch-Platte wurde im Inkubationsschrank bei 37°C inkubiert. Nachdem die Zellen subkonfluent herangewachsen waren, wurden sie wie beim Schritt 3.2.1 abgelöst und in eine mit Kollagen G beschichtete T-25-Flasche überführt. Die Zellen wurden wie in Punkt 3.2.1 kultiviert, wobei die Kulturflaschen mit Kollagen G beschichtet wurden.

Transportlösung: 500 ml PBS (ohne Ca^{2+} und Mg^{2+})
50 ml Glutamin
50 ml Penicillin/Streptomycin (5.000 U/ml)

Methoden

3.2 Zellkulturarbeiten

3.2.1 Anlegung einer Subkultur (=*Splitten*)

Das Kulturmedium wurde aus der Flasche abgesaugt und die Zellen wurden, je nach Größe der Kulturflasche mit 5-10 ml PBS ohne Ca^{2+} und Mg^{2+} kurz gewaschen. Anschließend wurde bei PCa-Zellen Accutase bzw. bei HUVEC Trypsin pipettiert (gut bodenbedeckt; T-25-Kulturflasche: 1 ml; T-75-Kulturflasche: 3 ml). Die verschlossene Flasche wurde bei 37°C im Brutschrank für 3 min inkubiert. Nachdem sich die Zellen abgelöst hatten, wurden sie in das jeweilige Nährmedium aufgenommen, gut homogenisiert und mit einem Verhältnis von 1:2 bis 1:10 auf eine neue Kulturflasche umgesetzt. Die Kulturflaschen wurden bei 37°C, 5% CO_2 und einer 90%-igen Luftfeuchtigkeit im Brutschrank inkubiert. PCa-Zellen wurden nicht öfter als 20 Mal, HUVEC-Zellen nicht öfter als 5 Mal passagiert.

3.2.2 Kryokonservierung und Auftauen der Zellen

3.2.2.1 Kryokonservierung

Vitale Zellen können im Kryomedium bei -170°C in flüssigem Stickstoff aufbewahrt werden. Dazu wurden die Zellen wie oben beschrieben abgelöst (siehe 3.2.1), ins Kulturmedium übernommen und bei 1.050 rpm für 5 min zentrifugiert. Die pelletierten Zellen wurden in das zuvor auf Eis vorbereitete Kryomedium aufgenommen, gut homogenisiert und je zu 1 ml in ein Kryoröhrchen aliquotiert. Die Kryoröhrchen wurden in einer Kryobox bei -80°C schonend abgekühlt und für eine längere Lagerung in flüssigen Stickstoff überführt. Eine konfluent gewachsene T-75-Kulturflasche ergab 4 Aliquots für die Kryokonservierung.

Kryomedium: *70% Medium (ohne Zusätze)*
20% FBS
10% DMSO

3.2.2.2 Auftauen

Um eingefrorene Zellen aufzutauen, wurden die Kryoröhrchen aus dem flüssigen Stickstoff entnommen und schonend im Wasserbad angetaut bis nur noch ein Eiskern vorhanden war. Daraufhin wurde der Inhalt in ein 15 ml Zentrifugenröhrchen mit 10 ml Nährmedium überführt und 5 min bei 1.050 rpm und 4°C zentrifugiert. Der Überstand wurde verworfen und die pelletierten Zellen wurden in 10 ml frischem

Methoden

Nährmedium resuspendiert und in eine neue T-25-Kulturflasche überführt. Die Kulturflaschen wurden bei 37°C, 5% CO_2 und einer 90%-igen Luftfeuchtigkeit im Brutschrank inkubiert.

3.2.3 Zellzahlbestimmung und Anfärbung mit Trypanblau

Zur Bestimmung der Zellzahl wurden die abgelösten Zellen in 5 ml PBS (ohne Ca^{2+} und Mg^{2+}) oder Nährmedium aufgenommen. Daraus wurde ein Aliquot von 10 µl entnommen und mit 90 µl Trypanblau versetzt und gut resuspendiert. 10 µl dieses Gemisches wurden auf eine Neubauer-Zählkammer pipettiert und im Mikroskop 4 große Quadrate je 16 Felder ausgezählt. Trypanblau dringt in defekte Zellen ein und färbt diese an, während vitale Zellen farblos bleiben. Deren Zellzahl wurde mithilfe der folgenden Gleichung errechnet:

$$G = n \times 10^4 \times F$$

G = Gesamtzahl der geernteten Zellen/ml
n = durchschnittliche Anzahl der gezählten Zellen
F = Verdünnungfaktor (1:10)

3.2.4 Behandlung der Zellen mit Medikamenten

Um den Einfluss der Medikamente auf die Tumorprogression zu untersuchen, wurden diese in den entsprechenden Konzentrationen im Nährmedium verdünnt und mit den abgelösten Zellen (siehe 3.2.1) homogenisiert und in eine neue Kulturflasche überführt. Daraufhin wurden die Flaschen für die dem Versuch entsprechenden Zeiträume im Inkubationsschrank bei 37°C, 5% CO_2 und 90% Luftfeuchtigkeit inkubiert.

3.2.4.1 Konzentrationen für die Dosis-Wirkungs-Beziehung

Die PCa-Zellen wurden, wenn nicht anders angegeben, für 3 und 5 Tage mit VPA und für 24 Stunden mit IFNα2a, RAD001 oder AEE788 behandelt. Die Tabelle 6 gibt wieder, welche Konzentrationen der Medikamente dabei appliziert wurden.

Methoden

IFNα2a	AEE788	RAD001	VPA
[20 U/ml]	[0,5 µM]	[0,1 nM]	[0,25 mM]
[200 U/ml]	[1 µM]	[0,5 nM]	[0,5 mM]
[2000 U/ml]	[5 µM]	[1 nM]	[1 mM]
-	[10 µM]	[5 nM]	[5 mM]
-	[20 µM]	[10 nM]	-
-	-	[50 nM]	-

Tabelle 6: Konzentrationsreihe für die Dosisermittlung der in der Studie verwendeten Medikamente.

3.2.4.2 Applikation mit IFNα2a/RAD001

Die PCa-Zellen wurden, wenn nicht anders angegeben, für 24 Stunden wie folgt behandelt:

A)   unbehandeltes Medium (Kontrolle)
B)   + IFNα2a [200 U/ml]
C)   + RAD001 [1 nM]
D)   + IFNα2a [200 U/ml] + RAD001 [1 nM]

3.2.4.3 Applikation mit AEE788/RAD001

Die PCa-Zellen wurden, wenn nicht anders angegeben, für 24 Stunden wie folgt behandelt:

A)   unbehandeltes Medium (Kontrolle)
B)   + AEE788 [1 µM]
C)   + RAD001 [1 nM]
D)   + AEE788 [1 µM] + RAD001 [1 nM]

3.2.4.4 Applikation mit VPA/AEE788

Die PCa-Zellen wurden, wenn nicht anders angegeben, für 3 und 5 Tage mit VPA und für 24 Stunden mit AEE788 wie folgt behandelt:

A)   unbehandeltes Medium (Kontrolle)
B)   + VPA [1 mM]
C)   + AEE788 [1 µM]
D)   + VPA [1 mM] + AEE788 [1 µM]

Methoden

3.2.4.5 Applikation mit VPA/RAD001

Die PCa-Zellen wurden, wenn nicht anders angegeben, für 3 und 5 Tage mit VPA und für 24 Stunden mit RAD001 wie folgt behandelt:

A) unbehandeltes Medium (Kontrolle)
B) + VPA [1 mM]
C) + RAD001 [1 nM]
D) + VPA [1 mM] + RAD001 [1 nM]

3.2.4.6 Applikation mit VPA/IFNα2a

Die PCa-Zellen wurden, wenn nicht anders angegeben, für 3 und 5 Tage mit VPA und für 24 Stunden mit IFNα2a wie folgt behandelt:

A) unbehandeltes Medium (Kontrolle)
B) + VPA [1 mM]
C) + IFNα2a [200 U/ml]
D) + VPA [1 mM] + IFNα2a [200 U/ml]

3.2.5 Charakterisierung der Zellen über Immunohistochemie

Zwecks Charakterisierung der Zellen wurden die Nieren- und Harnblaseprimärzellen auf Keratin7, Keratin8 und E-Cadherin untersucht. Vor dem Versuchstag wurden die Zellen in die „culture slides"-Kammer überführt, wobei 1,5 x 10^5 pro Kammer ausgesät und subkonfluent kultiviert wurde. Am Versuchstag wurden die Zellen zweimal mit HBSS (ohne Ca^{2+} und Mg^{2+}) gewaschen. Daraufhin wurden 500 µl einer -20°C kalten Methanol/Aceton-Lösung (Verdünnung 1:1) in jede Kammer pipettiert, wobei die Zellen 10 min bei RT fixiert wurden. Im Anschluß daran wurden die Kammern zweimal mit HBSS (mit Ca^{2+} und Mg^{2+}) gewaschen und einmal mit dem Waschpuffer. Der Primärantikörper wurde im Waschpuffer verdünnt und 200 µl der Antikörper-Lösung pro Kammer pipettiert. Anschließend wurden die Kammern bei RT 60 min lang inkubiert und anschließend dreimal mit dem Waschpuffer gewaschen. Der Sekundärantikörper wurde vorbereitet und je zwei Tropfen zu der Kammer hinzupipettiert. Anschließend wurden die Kammern für 60 min bei RT auf dem Schüttler inkubiert. Daraufhin wurden die Kammern jeweils dreimal mit dem Waschpuffer gewaschen und anschließend wieder dreimal mit Aqua dest. Jeweils 3 Tropfen AEC-Peroxidaselösung (Chromogen Single Solution RTU) wurden pro Kammer hinzugefügt und 10 min bei RT unter ständiger Beobachtung am Mikroskop

Methoden

inkubiert. Nun wurde die Kammer wieder dreimal mit Aqua dest. gewaschen, die Kammerklemme entfernt und der Objektträger mit Kaiser-Glyceringelatine eingedeckt. Die so präparierten Objektträger wurden nun 5 min im Ofen bei 80°C erhitzt. Die Auswertung erfolgte am Zeiss HAL 100 Mikroskop. Die Tabelle 7 zeigt die verwendeten Antikörper.

Waschpuffer: 500 ml PBS (ohne Ca^{2+} und Mg^{2+})
2,5 g BSA

Primärantikörper	Klon	kDa	Herkunft	Verd.
Keratin K7, IgG1	RCK 105	54 kDa	Progen GmbH (Heidelberg)	1:10
Keratin K8, IgG1	M20	52,2 kDa	Progen GmbH (Heidelberg)	1:10
E-Cadherin, IgG1	6F9	120/80 kDa	Progen GmbH (Heidelberg)	1:10
Sekundärantikörper			**Herkunft**	**Verd.**
Simple Stain RatMax PO Rate-Anti-Maus	-	-	Nichirei Biosciences (Japan)	-

Tabelle 7: Immunohistochemie: Primär- und Sekundärantikörper mit Klon-, Herkunfts- und Verdünnungsangaben. Die Verdünnungen erfolgten im Antikörperpuffer.

3.3 Analysen des Wachstums der Zellen

3.3.1 MTT-Test

Charakteristisch für maligne Tumore ist ihre hohe Proliferationsrate. Um die Wirkung der Kombinationstherapie auf das Wachstum der PCa zu untersuchen, wurde der Effekt der Dualtherapie in Vergleich zur Einzelapplikation und im Vergleich zu unbehandelten Kontrollzellen auf die Zellzahl der drei PCa-Zelllinien mit einem MTT-Test (3-[4,5-*dimethylthiazol*-2-*yl*]-2,5-*diphenyl tetrazolium bromid, Cell Proliferation Kit I*) gemessen. Der Test misst die Aktivität der mitochondrialen Succinatdehydrogenase lebender Zellen. Das Tetrazoliumsalz dringt in die Zellen ein und wird durch die aktiven Dehydrogenasen der Mitochondrien aufgebrochen, wobei das alkoholische, dunkelblaue Formazan entsteht. Das Hinzufügen von SDS lysiert die Zellen und setzt das Formazan frei. Die Intensität der alkoholischen

Methoden

Formazanlösung wird photometrisch bestimmt. Je höher die Aktivität, desto besser der Zustand der Zelle und desto höher die Absorption.
Hierzu wurden die Zellen wie in Punkt 3.2.4 kultiviert, behandelt und wie in Punkt 3.2.1 abgelöst. Die Zellsuspension wurde 5 min bei 1.050 rpm zentrifugiert, wobei das Zellpellet in 1 ml Nährmedium aufgenommen wurde. Daraufhin wurden die Zellen wie in Punkt 3.2.3 gezählt.
Um eine Eichkurve zu erstellen, wurden die Zellenzahl auf 5×10^5 Zellen/ml eingestellt. Aus dieser Zellsuspension wurde nun mithilfe eines Verdünnungsschemas die Eichkurve in eine 96-Loch-Platte pipettiert, wobei je Loch 100 µl Zelllösung und je Ansatz doppelt pipettiert wurde. Mit folgenden Konzentrationen wurde gearbeitet:

1) *5×10^4 Zellen/Loch*
2) *3×10^4 Zellen/Loch*
3) *2×10^4 Zellen/Loch*
4) *1×10^4 Zellen/Loch*
5) *5.000 Zellen/Loch*
6) *2.500 Zellen/Loch*
7) *0 Zellen/Loch*

Die letzten 2 Löcher dienten als Nullkontrolle und wurden nur mit Nährmedium befüllt. Anschließend wurden 10 µl der MTT *labelling reagent* je Loch pipettiert.
Um die Zellzahl der zu untersuchenden Proben zu messen, wurden 3 weitere 96-Loch-Platten angelegt. Hierzu wurden die Zellen auf eine Konzentration von 1×10^5 Zellen/ml eingestellt und je 50 µl als doppelter Ansatz in die 96-Loch-Platte pipettiert. Zu diesen 50 µl wurden weitere 50 µl des Nährmediums bei der Kontrolle bzw. des Mediums mit einer doppelt angesetzten Konzentration der Medikamente bei den behandelten Zellen hinzupipettiert. Die 3 identisch pipettierten 96-Loch-Platten wurden für 24, 48 und 72 Stunden bei 37°C im Brutschrank inkubiert. Nach der jeweiligen Inkubationszeit wurden 10 µl der MTT *labelling reagent* je Loch pipettiert.
Des weiteren wurden die Eichkurveplatten und die Probeplatten gleich behandelt. Die 96-Loch-Platte wurde bei 37°C für 4 Stunden in Brutschrank inkubiert und anschließend wurden pro Loch 100 µl der 1X Solubilisierungslösung hinzu pipettiert und für weitere 12 Stunden bei 37°C in Brutschrank inkubiert. Anschließend wurden

Methoden

die 96-Loch-Platten in einem *enzymlinked immunosorbent assay* (ELISA)-Gerät bei einer Wellenlänge von 630 nm gemessen. Die Quantifizierung der absoluten Zellzahl erfolgte über die Verrechnung der Absorption der Probeplatten mit der Eichkurve.

3.3.2 Apoptose

Unter Apoptose versteht man den „programmierten" Zelltod. Dieser kann bei Tumorzellen, die unter Behandlung anti-tumoraler Substanzen stehen, induziert werden. Um eine mögliche Induktion der Apoptose unter Behandlung der Zellen mit IFNα2a, AEE788, RAD001 bzw. VPA zu detektieren, wurden entsprechende experimentelle Untersuchungen durchgeführt.

3.3.2.1 Apoptosedetektion mittels *Annexin V-FITC Apoptosis Detection Kit I*

Mit Hilfe der Markierung der Zellen mittels Annexin V–FITC und Propidiumiodid (PI) unter Anwendung der Durchflusszytometrie kann man apoptotische Zellen erkennen. Phosphatidylserin (PS) findet sich normalerweise auf der Innenseite der Zellmembran einer lebenden Zelle. Im Laufe der frühen Phasen der Apoptose wird PS auf die Außenseite der Zellmembran transloziert. Annexin V ist ein 35-36 kDa großes Ca^{2+}-abhängiges Phospholipid-Bindeprotein mit einer hohen Affinität zu PS. Über die Bindung von Annexin V-FITC werden die Zellen markiert und können mithilfe der Durchflusszytometrie auf Apoptose detektiert werden. Werden die Zellen nekrotisch, kann Propidiumiodid und Annexin V-FITC in die Zelle über die durchlässig gewordene Zellmembran eindringen und an die Innenseite der Membran binden, womit spätapoptotische und nekrotische Zellen ebenfalls detektiert werden können. So sind vitale Zellen Annexin V-FITC und PI negativ, frühapoptotische Zellen Annexin V-FITC positiv und PI negativ, spätapoptotische Zellen Annexin V-FITC positiv und PI positiv und nekrotische Zellen Annexin V-FITC negativ und PI positiv.

Für die Apoptosedetektion mittels FACS wurden die Tumorzellen in T-25-Kulturflaschen wie in Punkt 3.2.4 kultiviert und behandelt, wie in Punkt 3.2.1 mit Accutase abgelöst, in 15 ml Zentrifugenröhrchen überführt und bei 4°C und 1.050 rpm für 5 min zentrifugiert. Der Überstand wurde verworfen und das Zellpellet zweimal mit PBS ohne Ca^{2+} und Mg^{2+} gewaschen und in 1 ml Bindepuffer (1X) aufgenommen. Daraufhin wurden die Zellen mit einer Neubauer-Zählkammer gezählt und in Bindepuffer (1X) auf eine Konzentration von 2×10^6 Zellen/ml eingestellt.

Methoden

Daraus wurden 100 µl der Zellsuspension (2×10^5 Zellen) in ein FACS-Röhrchen pipettiert und auf Eis gestellt. Die Ansätze wurden folgendermaßen behandelt:

Nullkontrolle:	*100 µl Zellsuspension*
Annexin V-FITC Kontrolle:	*100 µl Zellsuspension*
	5 µl Annexin V-FITC
PI Kontrolle	*100 µl Zellsuspension*
	5 µl PI
Proben:	*100 µl Zellsuspension*
	5 µl Annexin V-FITC
	5 µl PI

Sowohl Annexin V-FITC als auch PI wurden im Dunkeln der Zellsuspension hinzupipettiert. Die Proben wurden vorsichtig gevortext und nach einer 15-minutigen Inkubation bei RT wurden je 400 µl Bindepuffer (1X) hinzugefügt und am Durchflusszytometer innerhalb einer Stunde gemessen.

1X Bindepuffer: 1:10 Verdünnung von Bindepuffer (10X) mit destilliertem H_2O

3.3.2.2 Apoptosedetektion mittels Western-Blot-Hybridisierung

Mithilfe der Western-Blot-Hybridisierung wurden die Proteinlysate der behandelten Tumorzellen auf die Proteine Capase-3 und PRAP detektiert. Das Protein Caspase-3 hat eine Größe von 35 kDa und ist ein kritisches Protein der Apoptose. Es wird über einen proteolytischen Prozess aktiviert, indem es in ein inaktives Zymogen und aktivierte p17- und p12-Fragmente gespalten wird. Somit wird eine Proteinkaskade induziert, wobei die aktivierte Caspase-3 andere Caspasen und andere Proteinen spaltet, unter anderem das Protein *poly-ADP-ribose-polymerase* (PARP), ein 116 kDa großes Protein, involviert in den DNS-Reparaturmechanismus. Sowohl die aktivierten Fragmente der Caspase-3 (17 und 19 kDa) als auch die Fragmente von PARP (24 und 89 kDa) sind Indikatoren für eine Apoptose (Fernandes-Alnemri et al., 1994; Soldatenkov et al., 2002).

3.3.2.2.1 Proteinisolation aus PCa-Zellen

Für die Proteinisolation wurden alle Gebrauchslösungen auf Eis gelegt. Behandelte PCa-Zellen wurden in T-75-Kulturflaschen konfluent kultiviert (siehe 3.2.4). Daraufhin

Methoden

wurden die Zellen mit eiskaltem PBS, ohne Ca^{2+} und Mg^{2+}, gewaschen und in 10 ml kalten PBS, ohne Ca^{2+} und Mg^{2+}, mithilfe des Zell-*scrapers* abgelöst. Die Zell-PBS-Suspension wurde in 15 ml Zentrifugenröhrchen überführt und bei 4°C 1.050 rpm für 5 min zentrifugiert. Der Überstand wurde verworfen und das Zentrifugat mit 500 µl Lysispuffer (+ 2,5 µl PMSF, siehe unten) resuspendiert und bei 4°C für 10 min auf Eis inkubiert. Daraufhin wurde das Zelllysat in 1,5 ml Reaktionsröhrchen überführt, mit einer 1 ml Insulinspritze 10 x resuspendiert und für weitere 10 min bei 4°C auf Eis inkubiert. Daraufhin wurde das Zelllysat bei 4°C und 10.000 rpm für 10 min zentrifugiert, wobei die Proteine sich nun im Überstand befanden. Dieses wurde nun in frische Kryoröhrchen pipettiert und entweder sofort verarbeitet oder bei -80°C eingefroren und gelagert.

Lysispuffer   *zu 75 ml destilliertem H_2O wurden hinzugefügt:*
790 mg Tris
900 mg NaCl
10 ml 10%ige Tergitollösung
2,5 ml 10%ige Na-deoxycholatelösung
1 ml EDTA [0,1 M]
mit destilliertem H_2O auf 92,2 ml aufgefüllt und hinzugefügt:
100 µl Aprotinin [1 mg/ml] (in H_2O gelöst)
100 µl Leupeptin [1 mg/ml] (in H_2O gelöst)
100 µl Pepstatin [1 mg/ml] (in Methanol gelöst)
500 µl NaF [0,2 M] (in H_2O gelöst)
500 µl Na_3VO_4 [0,2 M] (in H_2O gelöst)
500 µl PMSF [0,2 M] (in Isopropanol gelöst)

3.3.2.2.2 Konzentrationsbestimmung der Proteine

Die Konzentrationsbestimmung der Proteine erfolgte nach der Methode von Lowry mit einem *DC Protein Assay*. Hierfür wurden 10 µl der Proteinprobe mit 90 µl destilliertem H_2O in einem 1,5 ml Reaktionsröhrchen verdünnt. Daraufhin wurden 500 µl Reagenz A (= alkalische Kupfer-Tetran-Lösung) und 4 ml Reagenz B (= Folin Reagenz) hinzupipettiert und gut resuspendiert. Nach einer 30-minütigen Inkubationszeit bei RT wurde die optische Dichte des Extinktion mit einem ELISA-Gerät bei 750 nm in einer Doppelbestimmung gegen die Referenz gemessen. Als Referenz wurden anstatt der Proteinproben 100 µl destilliertes H_2O mit Reagenz A und Reagenz B wie oben beschrieben resuspendiert und als Nullwert gemessen. Anhand einer Eichkurve, die zuvor mithilfe verschiedener Konzentrationen von

Methoden

Albumin aus dem Rinderserum (BSA) erstellt wurde, konnte die Konzentration der Proteinproben errechnet werden.

3.3.2.2.3 Proteinauftrennung

Die Proteinauftrennung erfolgte mittels SDS-Polyacrylamid-Gelelektrophorese in der „BIORAD Mini Protein II"-Apparatur. Für die Auftrennung der Proteine wurden je nach Molekulargewicht Glycingele mit 4%-igem Sammelgel und 7-15%-igem Trenngel (nach Laemmli) gegossen. Die Sammel- und Trenngele waren wie folgt zusammengesetzt (siehe Tab.: 8):

	Trenngel	Sammelgel				
Lösungen	4%	7%	8%	10%	12%	15%
Aqua dest.	5,4 ml	3,9 ml	3,5 ml	2,6 ml	1,75 ml	150 µl
10% SDS	100 µl	100 µl	100 µl	100 µl	100 µl	100 µl
Sammelgelpuffer	-	2,5 ml	2,5 ml	2,5 ml	2,5 ml	2,5 ml
Trenngelpuffer	2,5 ml	-	-	-	-	-
Acrylamid A	1,3 ml	2,3 ml	2,6 ml	3,2 ml	3,9 ml	4,85 ml
Bisacryl B	0,6 ml	1,1 ml	1,2 ml	1,6 ml	1,8 ml	2,25 ml
10% APDS	100 µl	100 µl	100 µl	100 µl	100 µl	100 µl
TEMED	20 µl	10 µl	10 µl	10 µl	10 µl	10 µl
kDa	-	30-100	20-80	15-60	10-50	5-30

Tabelle 8: Western-Blot-Analyse: Zusammensetzung von Sammelgel und Trenngelen.

Trenngelpuffer: *68,1 g Tris auf 0,5 l destilliertes H_2O, pH 8,8*

Sammelgelpuffer: *68,1 g Tris auf 0,5 l destilliertes H_2O, pH 6,8*

Die vorbereiteten Gelkammern wurden zunächst mit 7 ml Trenngel gefüllt. Zum Versiegeln und für eine bessere Polymerisation wurden 100-200 µl Isobutanol auf das Trenngel pipettiert. Nach 15-20 min war das Trenngel polymerisiert, das Isobutanol wurde mit destilliertem Wasser aus der Gelkammer gespült und diese mit Filterpapier getrocknet. Auf das Trenngel wurde dann das Sammelgel gegossen,

Methoden

dem noch im flüssigen Zustand die Gelkämme für die Formung der Auftragetaschen aufgesetzt wurden. Nach der Polymerisation des Sammelgels wurden die Kämme herausgenommen und die Taschen mit destilliertem Wasser gewaschen. Danach wurde die Elektrophoreseapparatur aufgebaut und mit Elphopuffer (1X) (siehe unten) aufgefüllt. Als Größenstandard wurde der peqGOLD Protein-Marker IV verwendet. Je Probe wurden 50 µg Protein in die Taschen aufgetragen. Die Proteinproben wurden dabei zuvor 1:1 mit Laemmli-Probenpuffer versetzt und 5 min bei 95° C im Thermoblock denaturiert. Die Elektrophorese wurde bei einer Spannung von 80 V (PowerPac 300 Power Supply) begonnen und nachdem die Proben das Sammelgel durchlaufen hatten, auf 120 V erhöht. Die Proteine wurden im Trenngel entsprechend ihrer Größe aufgetrennt. Das Gel wurde nach der Auftrennung für die Western-Hybridisierung verwendet.

10 x Elphopuffer (pH 8,3):
30,3g   Tris
144,0g Glycin
10,0g   SDS
1 l   destilliertes Wasser

Elphopuffer (Laufpuffer) (1X):
100 ml Elphopuffer (10X)
900 ml destilliertes Wasser

3.3.2.2.4 Western-Hybridisierung

Bei der Western-Hybridisierung wurden die aufgetrennten Proteine der SDS-Polyacrylamid-Gelelektrophorese auf eine Nitrozellulosemembran übertragen. Für diesen Vorgang wurden sowohl die Nitrozellulosemembran wie auch das *blotting*-Papier und die Schwammtücher für 10-15 min in Transferpuffer (1X) (siehe unten) eingeweicht. Das Gel mit den aufgetrennten Proteinen wurde auf ein Schwammtuch und vier Lagen *blotting*-Papier gegeben. Darauf wurde die Nitrozellulosemembran gelegt und festgedrückt. Auf die Membran folgten erneut vier Lagen *Blotting*-Papier und ein Schwammtuch. Das eingebettete Proteingel wurde in die Transfereinrichtung der Proteintransfer-Apparatur eingespannt. Diese wurde mit einem Kühlakku versehen und mit Transferpuffer (1X) aufgefüllt. Die Western-Hybridisierung erfolgte eine Stunde lang bei einer Spannung von 100 V (PowerPac 300 Power Supply). Danach befanden sich die aufgetrennten Proteine auf der Nitrozellulosemembran und konnten durch Immunfärbung mit spezifischen Antikörpern detektiert und durch Chemolumineszenzen sichtbar gemacht werden.

Methoden

Transferpuffer (10X):		*Transferpuffer (1X):*	
30,3g	Tris	100 ml	Transfer-Puffer (10X)
144,0g	Glycin	200 ml	Methanol
1 l	destilliertes Wasser	700 ml	destilliertes Wasser

3.3.2.2.5 Immunofärbung und Entwicklung

Die Nitrozellulosemembran wurde einmal mit Towbinpuffer (1X) (siehe unten) gewaschen. Um ein unspezifisches Binden der Antikörper zu vermeiden, wurde die Membran für eine Stunde in Blockierlösung (siehe unten) auf den Schwenktisch gestellt. Die Blockierlösung wurde dann abgegossen und der jeweilige Primärantikörper (siehe Tab.: 9) auf die Membran gegeben. Dieser wurde über Nacht im Kühlschrank oder für eine Stunde bei RT auf der Membran belassen. Die Membran wurde dreimal 15 min mit Blotpuffer (siehe unten) gewaschen und eine halbe Stunde mit dem Sekundärantikörper (siehe Tab.: 9) inkubiert. Anschließend wurde die Membran erneut dreimal für 15 min mit Blotpuffer und einmal für 5 min mit destilliertem Wasser gewaschen. Eine Chemolumineszenzlösung (ECL-Lösung) aus gleichen Teilen *Detection Reagent* 1 und 2 wurde angesetzt, jeweils 1 ml davon gleichmäßig auf der Nitrozellulosemembran verteilt und 1 min lang inkubiert. Mithilfe einer Pinzette wurde die Membran abgetropft und in eine vorbereitete Plastikhülle in der *doppelscreen-* bzw. Fotokassette gelegt. In der Dunkelkammer wurde ein Röntgenfilm auf die Plastikhülle mit der Membran gelegt und nach einer gewissen Inkubationszeit (1-45 min) in den Entwickler gegeben. Durch die Chemolumineszenz wurden die Proteinbanden mit gebundenen Antikörpern auf dem Röntgenfilm abgelichtet und nach der Entwicklung sichtbar. Nach dem Eintragen der Banden des Protein-Markers IV konnte die jeweilige Auswertung durch Vergleich der Bandenintensitäten erfolgen. Als Kontrolle für eine gleichmäßige Proteinbeladung diente ß-Aktin.

Antikörperpuffer:
90	ml	Blotpuffer
10	ml	5 g BSA in 100 ml Blot-Puffer

Blotpuffer:			*Blockierlösung:*		
100	ml	Towbinpuffer (10X)	100	ml	Towbinpuffer (1X)
5	ml	Tween 20	10	g	Magermilchpulver
895	ml	destilliertes Wasser			

Methoden

Towbinpuffer (10X):
12,1 g   Tris
90,0 g   NaCl

Towbinpuffer (1X):
100 ml   Towbinpuffer (10X)
900 ml   destilliertes Wasser

3.3.2.2.6 Ablösen der Antikörper (= *Stripping*)

Die Nitrozellulosemembranen wurden in der Regel mehrmals verwendet. Jeweils einmal für die Detektion gewünschter Proteine und ein zweites Mal für den ß-Aktin Nachweis, zur Überprüfung der Übereinstimmung der eingesetzten Proteinmengen. Zu diesem Zweck mussten die Membranen von den gebundenen Antikörpern befreit werden. Die Membran wurde dazu dreimal für 10 min mit Towbinpuffer (1X) gewaschen und für eine halbe Stunde auf 10 ml *antibody stripping solution (*1X) (1 ml *stripping solution (10X)* + 9 ml destilliertem Wasser) inkubiert. Die Membran wurde erneut dreimal für 10 min mit Towbinpuffer (1X) gewaschen. Danach wurde die Membran erneut blockiert und weiterhin verfahren wie in Punkt 3.2.3.5.

Antibody Stripping Solution (1X):   *1 ml Stripping Solution (10X)*
                                        9 ml destilliertes H_2O

Primärantikörper	**Klon**	**kDa**	**Herkunft**	**Verd.**
ß-Aktin (Maus IgG1)	AC-15	42	Sigma-Aldrich (Taufkirchen)	1:1.000
Caspase-3 (Rabbit IgG1)	8G10	17, 19, 35	Cell Signaling Tech. (USA)	1:1000
PARP (Rabbit IgG1)	polyklonal	24, 89, 116	Cell Signaling Tech. (USA)	1:1000
Sekundärantikörper			**Herkunft**	**Verd.**
Ziege-Anti-Maus HRP	-	-	Upstate Biotechnology (USA)	1:5.000
Ziege-Anti-Kaninchen HRP	-	-	Upstate Biotechnology (USA)	1:5.000

Tabelle 9: Western Blot: Apoptose. Primär- und Sekundärantikörper mit Klon-, Herkunfts- und Verdünnungsangaben. Die Verdünnungen erfolgten im Antikörperpuffer.

Methoden

3.3.3 Analyse des Zellzyklus mit Hilfe der Durchflusszytometrie

Für die Analyse des Zellzyklus wurden alle Gebrauchslösungen auf Eis gelegt. Die Analyse erfolgte mittels Cycle TEST^{TM} PLUS DANN Reagent Kit. Hierfür wurden die Zellen wie in Punkt 3.1.4 erläutert in T-25-Kulturflaschen kultiviert, behandelt und wie in Punkt 3.2.1 dargestellt, abgelöst. Die Zellsuspension wurde 5 min bei 1.050 rpm zentrifugiert, wobei das Zellpellet 2 x mit eiskaltem PBS ohne Ca^{2+} und Mg^{2+} gewaschen und mit 1 ml Pufferlösung auf Eis gelegt wurde. Daraufhin wurden die Zellen analog Punkt 3.2.3 gezählt. Die Zellen wurden in 1,5 ml Reaktionsröhrchen auf eine Konzentration von 500.000 Zellen/ml eingestellt und bei 1.050 rpm und 4°C 5 min lang zentrifugiert. Der Überstand wurde verworfen, das Zellpellet möglichst gut getrocknet. Daraufhin wurde das Zellpellet in 250 µl Lösung A (Trypsinpuffer) vorsichtig resuspendiert und 10 min bei RT inkubiert, wobei die Zellen aufgeschlossen wurden. Um die Trypsinwirkung zu inhibieren und die mRNS zu verdauen, wurden 200 µl Lösung B (Trypsininhibitor & RNase-Puffer) der Reagenzsuspension hinzugefügt und diese erneut für 10 min bei RT inkubiert. Um nun die DNS und damit die Zellkerne anzufärben, wurden 200 µl Lösung C (Propidiumiodid Färbelösung) hinzugefügt, vorsichtig resuspendiert und 10 min bei RT inkubiert. Nun wurde die Zellsuspension in 5 ml FACS-Röhrchen filtriert und innerhalb von 3 Stunden am Durchflusszytometer gemessen. Für die Einstellung der Zellzyklusphasen am Durchflusszytometer dienten Leukozyten.

3.3.4 Analyse der intrazellulären Proteinexpression der Zellzyklusproteine und der Tumorsuppressoren mithilfe der Western-Blot-Hybridisierung

Um die Expression der Zellzyklusproteine und der Tumorsuppressoren mittels der Western-Blot-Hybridisierung zu untersuchen, wurden die Zellen wie in Punkt 3.2.4 behandelt und kultiviert. Daraufhin erfolgte eine Proteinisolation wie in Punkt 3.3.2.2.1 und eine Western-Blot-Analyse wie in den Punkten 3.3.2.2.1-3.3.2.2.6 beschrieben. Die für die Detektion verwendeten Antikörper sind in der Tabelle 10 dargestellt.

Methoden

Primärantikörper	Klon	kDa	Herkunft	Verd.
ß-Aktin (Maus IgG1)	AC-15	42	Sigma-Aldrich (Taufkirchen)	1:1.000
Cdk1/Cdc2 (Maus IgG1)	1/Cdk1/Cdc2	34	Becton Dickinson (Heidelberg)	1:2.500
Cdk2 (Maus IgG2a)	55/Cdk2	33	Becton Dickinson (Heidelberg)	1:2.500
Cdk4 (Maus IgG1)	97	33	Becton Dickinson (Heidelberg)	1:250
Cyclin A (Maus IgG1)	25/Cyclin A	60	Becton Dickinson (Heidelberg)	1:250
Cyclin B (Maus IgG1)	18/Cyclin B	62	Becton Dickinson (Heidelberg)	1:1.000
Cyclin D1 (Maus IgG1)	G124-326	36	Becton Dickinson (Heidelberg)	1:250
Rb (Maus IgG2a)	2	110	Becton Dickinson (Heidelberg)	1:250
Rb2 (Maus IgG2a)	10/Rb2	130	Becton Dickinson (Heidelberg)	1:1.000
p21 (Maus IgG1, K)	2G12	21	Becton Dickinson (Heidelberg)	1:250
Kip1/p27 (Maus IgG1)	57	27	Becton Dickinson (Heidelberg)	1:500
Sekundärantikörper			**Herkunft**	**Verd.**
Ziege-Anti-Maus HRP	-	-	Upstate Biotechnology (USA)	1:5.000

Tabelle 10: Western Blot: Zellzyklusproteine. Primär- und Sekundärantikörper mit Klon-, Herkunfts- und Verdünnungsangaben. Die Verdünnungen erfolgten im Antikörperpuffer.

3.4 Analyse der Adhäsion

In einem Kokultursystem wurde die Anheftung der mit den Medikamenten behandelten PCa-Zellen an die Endothelzellen (HUVEC) studiert. In einer weiteren Untersuchung wurde die Anheftung der PCa-Zellen an die immobilisierten extrazellulären Matrixproteine (EZM-Proteine) untersucht.

Methoden

3.4.1 Adhäsion an Endothelzellen

Die Adhäsion an HUVEC wurde mithilfe von 6-Loch-Platten durchgeführt, die 24 Stunden vor dem Versuch mit den HUVEC präpariert wurden. Die HUVEC wurden so in die Vertiefungen der 6-Loch-Platten ausgesät, dass sie am Experimenttag subkonfluent waren. Die Tumorzellen wurden wie in Punkt 3.2.4 behandelt und kultiviert, mit Accutase abgelöst (siehe Punkt 3.2.1), mit 1.050 rpm bei 4°C 5 min lang abzentrifugiert und analog Punkt 3.2.3 gezählt. In einem Verdünnungsschritt wurden die Zellen auf eine Konzentration von 5×10^5 Zellen/ml eingestellt und je 1 ml auf die HUVEC-Zellschicht vorsichtig in ein Loch der 6-Loch-Platte pipettiert. Es wurden 3 äquivalente 6-Loch-Platten vorbereitet, wovon eine für 1 Stunde, die zweite für 2 Stunden und die dritte für 4 Stunden bei 37°C im Brutschrank inkubiert wurden. Daraufhin wurden die 6-Loch-Platten dreimal mit PBS, mit Ca^{2+} und Mg^{2+}, gewaschen und 10 min bei 4°C gekühlt und mit 1%-igem Glutaraldehyd fixiert. Danach wurden die Zellen einmal mit PBS (mit Ca^{2+} und Mg^{2+}) gewaschen und letztendlich wurden die 6-Loch-Platten mit PBS (mit Ca^{2+} und Mg^{2+}) aufgefüllt und im Kühlschrank bei 4°C gelagert. Die Auswertung erfolgte unter dem Mikroskop bei einer 200-fachen Vergrößerung. Es wurden fünf Sichtquadrate mit einer Fläche von 0,25 mm^2 je Vertiefung der 6-Loch-Platte ausgezählt.

3.4.2 Adhäsion an immobilisierte extrazelluläre Matrixproteine

Die Adhäsion an immobilisierte EZM-Proteine wurde in den 24-Loch-Platten durchgeführt, wobei die 24-Loch-Platten mit Kollagen G, Fibronektin und Laminin 24 Stunden vor dem Versuch präpariert werden mussten. So wurden mittels PBS (ohne Ca^{2+} und Mg^{2+}) die Matrixproteine auf die jeweilige Konzentration eingestellt: Kollagen G: 400 µg/ml; Fibronektin: 100 µg/ml; Laminin (50 µg/ml). Die 24-Loch-Platten wurden mit je 1 ml der jeweiligen Matrixprotein-Lösung beschichtet. Die Kontrollplatte mit Plastik und die fertig beschichtete Kontrollplatte mit Poly-D-Lysin (Becton Dickinson) wurden mit 1 ml PBS (ohne Ca^{2+} und Mg^{2+}) befüllt. Alle Platten wurden bei 4°C für 24 Stunden im Kühlschrank inkubiert. Daraufhin wurden die Platten dreimal mit PBS (ohne Ca^{2+} und Mg^{2+}) vorsichtig gewaschen, mit 1 ml Blockierpuffer befüllt und 1 Stunde bei RT inkubiert. Währenddessen konnten die Tumorzellen präpariert werden. Die Tumorzellen wurden wie in Punkt 3.2.4 behandelt und kultiviert, mit Accutase abgelöst (siehe Punkt 3.2.1), 5 min mit 1.050

Methoden

rpm bei 4°C abzentrifugiert und analog Punkt 3.2.3 gezählt. Das Zellpellet wurde in 1 ml Bindepuffer aufgenommen und die Zellzahl wurde mithilfe von Bindepuffer auf 2 x 10^5 Zellen/ml eingestellt. Die 24-Loch-Platten wurden nun dreimal mit PBS (ohne Ca^{2+} und Mg^{2+}) gewaschen und 500 µl der Zellsuspension je Loch der 24-Loch-Platte pipettiert und 60 min bei 37°C im Brutschrank inkubiert. Nun wurden die 24-Loch-Platten dreimal mit Bindepuffer vorsichtig gewaschen und 10 min mit auf 4°C vorgekühlten 2%-igem Glutaraldehyd bei RT fixiert. Daraufhin wurden die 24-Loch-Platten noch einmal mit PBS (mit Ca^{2+} und Mg^{2+}) gewaschen und letztendlich mit PBS (mit Ca^{2+} und Mg^{2+}) aufgefüllt und im Kühlschrank bei 4°C gelagert. Die Auswertung erfolgte unter dem Mikroskop bei einer 200-fachen Vergrößerung. Es wurden fünf Sichtquadrate mit einer Fläche von 0,25 mm^2 je Vertiefung der 24-Loch-Platte ausgezählt.

Blockierpuffer: *1% BSA in PBS ohne Ca^{2+} und Mg^{2+}*

Bindepuffer: *450 µl $CaCl_2$ [1 M]*
250 µl $MgCl_2$ [1 M]
in 500 ml PBS ohne Ca^{2+} und Mg^{2+}

3.4.3 Analysen der Modulation der Integrinsubtypen

Integrine besitzen vielfältige Funktionen. Zu den wichtigsten gehören die Bindung der Zelle an die extrazelluläre Matrix und die Aktivierung intrazellulärer Signalwege. Um den Einfluss der Mono- bzw. der Dualapplikation der Medikamente auf die Integrine herauszufinden, wurde die Transkription, die Oberflächen- und die Proteinexpression der α- und β-Integrinsubtypen erforscht.

3.4.3.1 Analyse der Oberflächenexpression der Integrinsubtypen mittels Durchflusszytometrie

Die Analyse der Oberflächenexpression ausgewählter Integrinsubtypen wurde mittels Durchflusszytometrie und mit Phycoerythrin (PE) markierter Antikörper ausgeführt. Hierfür wurden die Tumorzellen wie in Punkt 3.2.4 dargestellt in T-75 Kulturflaschen behandelt und subkonfluent kultiviert, mit 3 ml Accutase abgelöst und in 7 ml PBS (ohne Ca^{2+} und Mg^{2+}) resuspendiert, in 15 ml Zentrifugenröhrchen überführt und 5 min mit 1.050 rpm bei 4°C abzentrifugiert. Der Überstand wurde verworfen und das

Methoden

Zellpellet auf Eis in 2 ml FACS-Puffer aufgenommen, resuspendiert und wieder 5 min mit 1.050 rpm bei 4°C zentrifugiert. Der Überstand wurde erneut verworfen und das Zellpellet in FACS-Puffer aufgenommen, die Zellen mit der Neubauer-Kammer gezählt und bei einer Einstellung auf 2×10^6 Zellen/ml je 100 µl Zellsuspension in auf Eis stehende FACS-Röhrchen verteilt, 900 µl FACS-Puffer hinzugefügt und wieder 5 min mit 1.050 rpm bei 4°C zentrifugiert. Nachdem der Überstand verworfen wurde, wurden 20 µl von dem mit PE markierten Antikörper zum Zellpellet pipettiert und mit diesem vorsichtig resuspendiert und 30 min auf Eis im Dunkeln inkubiert. Dannach wurden die Zellen 2 x mit 1-2 ml FACS-Puffer gewaschen und 5 min bei 1.050 rpm bei 4°C zentrifugiert. Nun wurde das Zellpellet in 500 µl FACS-Puffer vorsichtig resuspendiert und am Durchflusszytomerter innerhalb von 2 Stunden gemessen. Die Tabelle 12 zeigt die verwendeten Antikörper.

Zur Bestimmung der Hintergrundfluoreszenz wurden mit allen Ansätzen Kontrollen mit den IgG-Isotypen wie oben beschrieben angesetzt und ebenfalls am Durchflusszytometer gemessen. Die Isotypkontrollen sind in der Tabelle 11 aufgeführt.

FACS-Puffer: *PBS (ohne Ca^{2+} und Mg^{2+})*
                             0,5% BSA

Isotypen	Klon	Herkunft	Menge
Maus IgG1 R-PE	MOPC-21	Becton Dickinson (Heidelberg)	20 µl
Maus IgG2a R-PE	G155-178	Becton Dickinson (Heidelberg)	20 µl
Ratte IgG2b R-PE	R35-38	Becton Dickinson (Heidelberg)	20 µl

Tabelle 11: Durchflusszytometrie: Isotypenantikörper mit Herkunfts- und Mengenangabe.

Methoden

Antikörper	Klon	Herkunft	Menge
CD49a-PE (Integrin alpha1, Maus IgG1)	SR84	Becton Dickinson (Heidelberg)	20 µl
CD49b-PE (Integrin alpha2, Maus IgG2a)	12F1-H6	Becton Dickinson (Heidelberg)	20 µl
CD49c-PE (Integrin alpha3, Maus IgG1)	C3 II.1	Becton Dickinson (Heidelberg)	20 µl
CD49d-PE (Integrin alpha4, Maus IgG1)	9F10	Becton Dickinson (Heidelberg)	20 µl
CD49e-PE (Integrin alpha5, Maus, IgG1)	IIA1	Becton Dickinson (Heidelberg)	20µl
CD49f-PE (Integrin alpha6, Ratte IgG2a)	GoH3	Becton Dickinson (Heidelberg)	20 µl
CD29R-PE (Integrin beta1, Maus IgG1)	MAR4	Becton Dickinson (Heidelberg)	20 µl
CD61R-PE (Integrin beta3, Maus IgG1)	VI-PL2	Becton Dickinson (Heidelberg)	20 µl
CD104R-PE (Integrin beta4, Ratte IgG2b)	439-9B	Becton Dickinson (Heidelberg)	20 µl

Tabelle 12: Durchflusszytometrie: Antikörper der Integrinsubtypen mit Herkunfts - und Mengenangabe.

3.4.3.2 Western-Blot-Hybridisierung cytoplasmatischer Integrinsubtypen und integrinspezifischer Kinasen

Um die Expression der cytoplasmatischen Integrinsubtypen und der integrinspezifischen Kinasen mittels der Western-Blot-Hybridisierung zu untersuchen, wurden die Zellen wie in Punkt 3.2.4 behandelt und kultiviert. Daraufhin erfolgte eine Proteinisolation analog Punkt 3.3.2.2.1 und eine Western-Blot-Analyse wie in den Punkten 3.3.2.2.1-3.3.2.2.6. Die für die Detektion verwendeten Antikörper sind in der Tabelle 13 dargestellt.

Methoden

Primärantikörper	Klon	kDa	Herkunft	Verd.
Integrin alpha1 (Maus)	R-164	200	Santa Cruz Biotechnology (USA)	1:1.000
Integrin alpha2 (VLA-2, Maus IgG2a)	2	150	Becton Dickinson (Heidelberg)	1:250
Integrin alpha3 (VLA-3alpha, Kaninchen)	polyklonal	150	Chemicon/Millipore GmbH (Schwalbach)	1:1.000
Integrin alpha4 (Ziege)	C-20	150	Santa Cruz Biotechnology (USA)	1:200
Integrin alpha5 (Maus IgG2a)	1	150	Becton Dickinson (Heidelberg)	1:5.000
Integrin alpha6 (Kaninchen)	H-87	150	Santa Cruz Biotechnology (USA)	1:200
Integrin ß1 (Maus IgG1)	18	130	Becton Dickinson (Heidelberg)	1:2.500
Integrin ß3 (Maus IgG1)	1	104	Becton Dickinson (Heidelberg)	1:2.500
Integrin ß4 (Maus IgG1)	7	200	Becton Dickinson (Heidelberg)	1:250
ILK (Maus IgG1)	3	50	Becton Dickinson (Heidelberg)	1:1.000
FAK (Maus IgG1)	77	125	Becton Dickinson (Heidelberg)	1:1.000
Phospho-FAK (Maus IgG1)	18	125	Becton Dickinson (Heidelberg)	1:1.000
ß-Aktin (Maus IgG1)	AC-15	42	Sigma-Aldrich (Taufkirchen)	1:1.000
Sekundärantikörper			**Herkunft**	**Verd.**
Ziege-Anti-Maus HRP	-	-	Upstate Biotechnology (USA)	1:5.000
Ziege-Anti-Kaninchen HRP	-	-	Upstate Biotechnology (USA)	1:5.000
Rind-Anti-Ziege HRP	-	-	Santa Cruz Biotechnology (USA)	1:5.000

Tabelle 13: Western-Blot-Hybridisierung: Proteine des Integrinsignalwegs und die Integrinsubtypen α und β. Primär- und Sekundärantikörper mit Klon-, Herkunfts- und Verdünnungsangaben. Die Verdünnungen erfolgten im Antikörperpuffer.

Methoden

3.4.3.3 Analyse der Genaktivität der Integrinsubtypen

Um den Effekt der Kombinationstherapien auf die Transkription der Integrinsubtypen zu untersuchen, wurde mRNS isoliert, in cDNS umgeschrieben und mittels *RT qPCR (real time quantitative polymerase chain reaction)* verifiziert. Hierfür wurden die Tumorzellen wie in Punkt 3.2.4 behandelt und kultiviert.

3.4.3.3.1 RNS-Isolation

Für die RNS-Isolation wurde der *RNeasy Mini Kit(250)* von der Firma Quiagen verwendet. Hierzu wurden die Tumorzellen wie in Punkt 3.2.4 in T-75-Kulturflaschen behandelt und kultiviert, mit 3 ml Accutase abgelöst und in 7 ml PBS (ohne Ca^{2+} und Mg^{2+}) aufgenommen und in 15 ml Zentrifugenröhrchen überführt. Danach wurden die Proben 5 min bei 1.050 rpm und bei 4°C zentrifugiert, wobei das Zentrat verworfen und das Pellet in 700 µl RLT-Puffer (RNA Lysis Tissue-Puffer + 1% Mercaptoethanol) aufgenommen wurde. Ab diesem Punkt gab es ein Unterschied zwischen der Behandlung der LNCaP- und der PC-3-Zellen. Während die PC-3-Zelllösung in den *QIAshredder^{TM} (250)*, der sich in einem 2 ml Sammelröhrchen befand, überführt und 2 min bei 14.000 rpm bei RT zentrifugiert wurde, mussten die LNCaP-Zellen mit einer 1 ml Insulinspritze 8 x resuspendiert werden, bis eine homogene Lösung entstand. In beiden Fällen wurden dem so entstandenen Lysat anschließend 700 µl 70%-iges Ethanol beigefügt und vorgetext. Nun wurden 700 µl von dem Lysat in ein *RNeasy Mini Spin* überführt, welches sich ebenfalls auf einem Sammelröhrchen befand und bei 10.000 rpm und RT 15 sec lang zentrifugiert, wobei das Zentrifugat verworfen wurde. Dieser Schritt wurde ein weiteres Mal wiederholt, bis das Lysat aufgebraucht war. Von jetzt an war die RNS an der *RNeasy Mini Spin*-Membran gebunden und nach jedem Zentrifugalschritt wurde die *RNeasy Mini Spin* auf ein neues Sammelröhrchen gesetzt. Anschließend wurde die Membran mit 700 µl RW1-Puffer gewaschen und wieder für 15 sec bei 10.000 rpm und RT zentrifugiert. Nun wurden 80 µl *RNase-Free DNase Set-Puffer* (10 µl *DNase* + 70 µl RDD-Puffer) auf die Membran pipettiert, um die sich möglicherweise auf der Membran befindliche DNS zu verdauen. Für diesen Zweck wurde die *RNeasy Mini Spin*-Membran 15 min lang bei 30°C im Inkubationsschrank inkubiert. Darauf wurde die Membran wieder mit 350 µl RW1-Puffer gewaschen und 15 sec bei 10.000 rpm und RT zentrifugiert. Nun wurde die Membran 2 x mit 500 µl RPE-Puffer (+ Ethanol) gewaschen und beim ersten Mal 15 sec, beim zweiten Mal 2 min bei 10.000 rpm und RT zentrifugiert. Daraufhin wurde *RNeasy Mini Spin*-Membran zum Trocknen 2 min LANG bei 10.000

Methoden

rpm und RT zentrifugiert. Für die Elution der mRNS wurde die *RNeasy Mini Spin* auf ein neues 1,5 ml Sammelröhrchen gesetzt und 2 x mit 25-30 µl RNase-freiem DEPC H_2O befüllt und 2 min lang bei 10.000 rpm und RT zentrifugiert. Die mRNS konnte nun weiter verarbeitet oder bei -80 °C gelagert werden.

3.4.3.3.2 Quantitative Bestimmung des RNS-Gehaltes

Die RNS-Konzentrationsbestimmung wurde mittels *Nanodrop* durchgeführt. Dabei wurde 1 µl isolierte mRNS bei 260 nM Wellenlänge gemessen. Der *Nanodrop* berechnete den ng/µl Wert der jeweiligen RNA und gab Auskunft über die Reinheit der RNS (RNS:DNS Ratio, Wellenlänge 260 nm:280 nm). Verwendung fanden ausschließlich Proben mit einer RNS:DNS Ratio ~2.

3.4.3.3.3 Qualitätskontrolle der RNS

Die RNS-Qualität wurde mittels Messung am Bioanalyser überprüft. Eine sehr genaue quantitative und qualitative Bestimmung der RNS war mit dem Bioanalyser möglich. Hier fanden der Bioanalyser von Agilent und das *RNA 6000 Nano Kit* Verwendung. Die Durchführung und Messung erfolgte nach dem Herstellerprotokoll (*RNA 6000 Nano Kit Guide*, Agilent). Mittels des Bioanalysers wurde zum einen der Anteil an 18S- und 28S-RNS auf einem Gel dargestellt und die Ratio (28S/18S) ermittelt, zum anderen der RNS-Gehalt in ng/µl und die *RNA integrity number* (RIN) bestimmt. Die RIN verändert sich mit dem 18S- und 28S-RNS-Gehalt. Die höchste erreichbare RIN liegt bei 10 und steht für eine optimale RNS-Qualität, d. h. keine Degradation der RNS- oder DNS-Kontamination. Die RIN der verwendeten Proben betrug ~9.

3.4.3.3.4 cDNS-Synthese

Für die Durchführung der *RT qPCR* war die Umschreibung der Ausgangs-RNS in cDNS Voraussetzung. Die cDNS-Synthese erfolgte mittels *AffinityScript QPCR cDNA Synthesis Kit* von der Firma Stratagene nach dem Herstellerprotokoll. Dabei wurden 3 µg Ausgangs-RNS je Probe eingesetzt.

3.4.3.3.5 Quantitative Echtzeit-Polymerase-Kettenreaktion (= *RT qPCR*) cDNS-Synthese

Die RT qPCR war die derzeit sensitivste Methode zur Analyse von Genexpressionen. Verwendung fand das *SYBR-Green SuperArray* nach dem RT^2 qPCR Primer *Assays* Protokoll. Die RT qPCR erfolgte am Mx3005p von Stratagene. Die eigentliche

Methoden

Analyse der jeweiligen Genexpressionen wurde mittels $\Delta\Delta$ C_t-Methode im Analyseprogramm der *SABioscience Corporation* durchgeführt. Die verwendeten Primer sind in der Tabelle 14 aufgeführt.

Primer	bp	UniGen Nr.	Ref.- Sequenz Zugangs-Nr.	Referenz Position
GAPDH (Glycerinaldehyd-3-phosphat-Dehydrogenase)	175	Hs. 544577	NM_002046.3	1287-1310
ACTB (β-Aktin)	191	Hs. 520640	NM_001101.3	1222
CD49a/VLA1 (Integrin α1)	122	Hs. 644352	NM_181501.1	1259
CD49B/BR (Integrin α2)	143	Hs. 482077	NM_002203.3	6385
CD49C/GAP-B3 (Integrin α3)	109	Hs. 265829	NM_002204.2	2939
CD49D/IA4 (Integrin α4)	96	Hs. 694732	NM_000885.4	4405
CD49e/FNRA (Integrin α5)	106	Hs. 505654	NM_002205.2	3957
CD49f (Integrin α6)	184	Hs. 133397	NM_000210.2	5283
Primer	bp	UniGen Nr.	Ref.- Sequenz Zugangs-Nr.	Referenz Position
CD29/FNRB (Integrin β1)	165	Hs. 643813	NM_002211.3	2304
CD61/GP3A (Integrin β3)	84	Hs. 218040	NM_000212.2	2940
CD104 (Integrin β4)	88	Hs. 632226	NM_000213.3	4969

Tabelle 14: RT qPCR: Primer für das RT^2 qPCR Primer Assay mit Basenpaar (bp)-, Gen-, Referenzsequenz und Referenzpositions-Angaben. GAPDH = Haushaltsgen (Kontrolle), β-Aktin = Haushaltsgen (Kontrolle) CD49 = Integrin alpha-Subtypen, CD29, CD61, CD104 = Integrin beta-Subtypen. Die aufgeführten Primer stammten alle von der Firma SABioscience Corporation (USA).

3.4.3.4 Blockadestudien

Die Blockadestudie an den Integrinsubtypen α5, β3 und β4 wurde an immobilisierten EZM-Proteinen und HUVEC-Zellen in 24-Loch-Platten durchgeführt. Dabei wurden die Platten wie in Punkt 3.4.1 und 3.4.2 vorbereitet. PC-3-Zellen wurden wie in Punkt 3.2.1 kultiviert, mit Accutase abgelöst und analog Punkt 3.2.3 ausgezählt. Daraufhin

Methoden

wurde die Zellzahl (2×10^5 Zellen/ml) mit den Antikörpern für 30 min bei 37° im Wärmeschrank inkubiert, anschließend wurden 500 µl Zellsuspension in 24-Loch-Platten überführt und 60 min bei 37°C im Brutschrank inkubiert. Nun wurden die 24-Loch-Platten dreimal mit Bindepuffer vorsichtig gewaschen und 10 min mit auf 4°C vorgekühlten 2%-igem Glutaraldehyd bei RT fixiert. Daraufhin wurden die 24-Loch-Platten noch einmal mit PBS (mit Ca^{2+} und Mg^{2+}) gewaschen, um die nichtadhärenten Zellen auszuwaschen und letztendlich mit PBS (mit Ca^{2+} und Mg^{2+}) aufgefüllt und im Kühlschrank bei 4°C gelagert. Die Auswertung erfolgte unter dem Mikroskop bei einer 200-fachen Vergrößerung. Es wurden fünf Sichtquadrate mit einer Fläche von 0,25 mm^2 je Vertiefung der 24-Loch-Platte ausgezählt. Bei der Auswertung wurden die Kontrollzellen als 100% gesetzt. Tabelle 15 zeigt die verwendeten Antikörper mit Klon-, Herkunfts- und Verdünnungsangaben.

Antikörper	Klon	Herkunft	Verd.
Anti Integrin β3	ASC8	Millipore (Schwalbach)	20 ng/ml
Anti Integrin β4	B3A	Millipore (Schwalbach)	20 ng/ml
Anti Integrin α5	Clone1	Becton Dickinson (Heidelberg)	20 ng/ml

Tabelle 15: Blockadestudie an Integrinsubtypen. Antikörper mit Klon-, Herkunfts- und Verdünnungsangaben. Die Verdünnungen erfolgten im Antikörperpuffer.

3.5 Bestimmung der Menge des prostataspezifischen Antigens

Das prostatspezifische Antigen (PSA) findet seit den 80-er Jahren in der Frühdiagnose von PCa als Biomarker Verwendung. PSA ist ein prostataspezifisches, sekretorisches Glykoprotein, das vorwiegend von den Epithelzellen der Prostatadrüse gebildet wird. Die 32 kDa große Serinprotease wird dem Ejakulat beigemengt, spaltet dort das Protein Semenogelin-1 und verflüssigt auf diese Weise das Samenkoagulum. Bei gesunden Männern kommt PSA nur in sehr geringen Mengen vor. Bei verschiedenen Erkrankungen der Prostata wird PSA altersspezifisch vermehrt an das Blut abgegeben und kann über die Blutanalyse detektiert werden. Bei Prostatakarzinomen hat eine regelmäßige PSA-Diagnosevoruntersuchung bei Männern über 45 eine Sensitivität von bis zu 90%. PSA kommt in zwei Formen vor, einmal in einer gebundenen Form, komplexiert mit Chymotrypsin und Makroglobulin

Methoden

(cPSA) und einmal als ungebundenes, freies PSA (fPSA). cPSA wird vermehrt bei PCa gebildet, während fPSA vor allem bei der gutartigen Prostata-Hyperplasie erhöht wird. Ein Quotient aus fPSA und gesamt PSA (tPSA) bildet die PSA-Ratio und ist ein spezifischer Hinweis auf ein PCa, falls er den Wert von 15% unterschreitet. Der Wert von 4,0 ng/ml total-PSA bildet einen altersunabhängigen Schwellenwert. Die PSA-Bestimmung hat sich als anerkannte Methode zur Frühdiagnose der PCa und zur Krebsüberwachung etabliert (Wang et al., 1979; Lilja et al., 1985; Lilja et al., 1991; Christensson et al., 1993; Haese et al., 2002; Pelzer et al., 2005; Leman et al., 2009).

Die Bestimmung der Menge des PSA erfolgte mit Hilfe des *DRG Free PSA ELISA EIA-1550* und *DRG PSA equimolar ELISA EIA-1551*. Alle Antikörper- und Waschlösungen wurden vor dem Versuch hergestellt und auf RT gebracht, die 96-Loch-Platte wurde von der Firma mitgeliefert. Die Tumorzellen wurden wie in Punkt 3.2.4 in T-25-Kulturflaschen behandelt und kultiviert und das Medium abgesaugt. Da das PSA sich im Medium angereichert hat, wurde das Medium abgesaugt und auf eine 96-Loch-Platte pipettiert. Es wurde die benötigte Anzahl der Mikrotiterstreifen in die Vertiefungen der 96-Loch-Platte eingesetzt und jeder Streifen wurde innerhalb von 30 min einmal mit der Waschlösung gewaschen. Danach wurden je 50 µl *Free PSA Standard* beigefügt und die Proben in die Vertiefungen pipettiert. Daraufhin wurden 100 µl der Antikörperlösung in jede Vertiefung hinzugeben und für 1 Stunde bei RT auf dem Mikroplatten-Schüttler bei gleichmäßigem Schütteln inkubiert. Daraufhin wurden alle Streifen 6 x mit der Waschlösung gewaschen. In jede Vertiefung wurden innerhalb von 5 min 100 µl TMB-HRP-Substratlösung pipettiert und wieder für 30 min bei RT auf dem Mikroplatten-Schüttler inkubiert. Anschließend wurden 100 µl Stopplösung je Vertiefung hinzugefügt und gut gemischt. Die Absorption wurde innerhalb von 15 min nach Zugabe der Stopplösung mit einem Mikrotiterplatten-Spektrometer bei 450 nm gemessen.

Methoden

3.6 Western-Blot-Hybridisierung relevanter Signalsysteme

Um die Expression der relevanten Signalsysteme mittels der Western-Blot-Hybridisierung zu untersuchen, wurden die Zellen wie in Punkt 3.2.4 behandelt und kultiviert. Daraufhin erfolgte eine Proteinisolation analog Punkt 3.3.2.2.1 und eine Western-Blot-Analyse wie in Punkten 3.3.2.2.1-3.3.2.2.6. Die für die Detektion verwendeten Antikörper sind in der Tabelle 16 dargestellt.

Primärantikörper	Klon	kDa	Herkunft	Verd.
ß-Aktin (Maus IgG1)	AC-15	42	Sigma-Aldrich (Taufkirchen)	1:1.000
EGFR (Maus IgG1)	13/EGFR	180	Becton Dickinson (Heidelberg)	1:5.000
Phospho-EGFR (Maus IgG1)	74/EGFR.	180	Becton Dickinson (Heidelberg)	1:1.000
ERK1 (Maus IgG1)	MK12	44/42	Becton Dickinson (Heidelberg)	1:5.000
ERK2 (Maus IgG2b)	33	42	Becton Dickinson (Heidelberg)	1:5.000
Phospho-ERK1/2 (Maus IgG1)	20A	44/42	Becton Dickinson (Heidelberg)	1:1.000
PKBα/Akt (Maus IgG1)	55	59	Becton Dickinson (Heidelberg)	1:500
Phospo-Akt (Maus IgG1)	104A282	60	Becton Dickinson (Heidelberg)	1:500
P70S6K (Kaninchen KLH)	49D7	70	Cell Signaling Tech. (USA)	1:1.000
Phospho-P70S6K (Kaninchen KLH)	108D2	70	Cell Signaling Tech. (USA)	1:1.000
Sekundärantikörper	**Klon**	**kDa**	**Herkunft**	**Verd.**
Ziege-Anti-Maus HRP	-	-	Upstate Biotechnology (USA)	1:5.000
Ziege-Anti-Kaninchen HRP	-	-	Upstate Biotechnology (USA)	1:5.000

Tabelle 16: Western-Blot-Hybridisierung: Proteine relevanter Signalsysteme. Primär- und Sekundärantikörper mit Klon-, Herkunfts- und Verdünnungsangaben. Die Verdünnungen erfolgten im Antikörperpuffer.

Methoden

3.7 HDAC-System

Zur Bestimmung der Modulation des HDAC-Systems, wurde der Proteingehalt der acetylierten und nicht-acetylierten Histone mittels der Western-Blot-Hybridisierung untersucht. Dazu wurden die Zellen wie in Punkt 3.2.4 behandelt und kultiviert. Daraufhin erfolgte eine Proteinisolation analog Punkt 3.3.2.2.1 und eine Western-Blot-Analyse wie in Punkten 3.3.2.2.1-3.3.2.2.6. Die für die Detektion verwendeten Antikörper sind in Tabelle 17 dargestellt.

Primärantikörper	Klon	kDa	Herkunft	Verd.
ß-Aktin (Maus IgG1)	AC-15	42	Sigma-Aldrich (Taufkirchen)	1:1.000
Histondeacetylase 3 (Kaninchen)	polyklonal	48	Biomol GmbH (Hamburg)	1:2.000
Histondeacetylase 4 (Kaninchen)	polyklonal	140/ 110	Biomol GmbH (Hamburg)	1:500
Histon H3 (Kaninchen IgG)	Y173	17	Epitomics (USA)	1:5.000
Acetyl-Histon H3 (Kaninchen IgG)	Y28	17	Epitomics (USA)	1:500
Histon H4 (Kaninchen IgG)	N/A	14	Imgenex (USA)	1:250
Acetyl-Histon H4 (Lys8, Kaninchen IgG)	polyklonal	~10	Upstate Biotechnology (USA)	1:500
Sekundärantikörper			**Herkunft**	**Verd.**
Ziege-Anti-Maus HRP	-	-	Upstate Biotechnology (USA)	1:5.000
Ziege-Anti-Kaninchen HRP	-	-	Upstate Biotechnology (USA)	1:5.000

Tabelle 17: Western-Blot-Hybridisierung: Analyse der Acetylierung der Histone und der Proteinexpression von HDAC3 und HDAC4. Primär- und Sekundär-antikörper mit Klon-, Herkunfts- und Verdünnungsangaben. Die Verdünnungen erfolgten im Antikörperpuffer.

Methoden

3.8 Tierversuch

Die tierexperimentellen Studien dienten der Ergänzung der *in-vitro* Modelle. Die Studien wurden in enger Kooperation mit der *Experimental Pharmacology & Oncology* GmbH (EPO, Berlin) durchgeführt. Immundefiziente Nacktmäuse wurden dazu xenogen mit 10^7 CWR-22 Tumorzellen transplantiert. Die VPA- und IFN-alpha-Behandlung begann, wenn die Tumoren palpabel geworden waren. Folgende Therapiegruppen wurden untersucht:

Kontrollgruppe (n = 10):   A) Behandlung mit PBS (mit Ca^{2+} und Mg^{2+})
Therapiegruppen (n = 8):   B) VPA [200 mg/kg/Tag, i.p.]
                                        C) IFNα2a [500.000 U/kg/Tag)
                                        D) VPA (wie B) + IFNα2a (wie C)

Die Tiere wurden getötet, wenn ein Therapieeffekt erfassbar war, sie moribund wurden bzw. das Tumorgewicht 10% des Körpergewichts überstieg. Die Tumorgröße wurde in regelmäßigen Abständen überprüft und abschließend die durchschnittlichen, medianen und relativen Tumorvolumina bestimmt.

3.9 Statistik

Für die Daten der funktionellen Untersuchungen und der FACS-Analyse wurden die Mittelwerte +/- Standardabweichung berechnet. Sämtliche Ergebnisse wurden 5-7 Mal wiederholt. Die Prüfung auf statistische Signifikanz erfolgte durch den "Wilcoxon-Mann-Whitney-U-Test". Dieser Test erlaubt es, zwei unabhängige Datengruppen bei einer nicht normalverteilten Grundgesamtheit miteinander zu vergleichen. Da biologische Phänomene selten der Gauß'schen Normalverteilung folgen, empfiehlt sich dieser nicht parametrische Test. Differenzen wurden dabei als signifikant gewertet, wenn $p < 0{,}05$ war.

4 Ergebnisse

4.1 Dosis-Wirkungs-Beziehung der Medikamente

Um die geeignete Konzentration der zu untersuchenden Medikamente festzulegen, wurden zunächst Dosis-Wirkungs-Beziehungen mithilfe des MTT-Tests evaluiert. Toxische Effekte wurden mit Trypanblau überprüft.

4.1.1 Dosis-Wirkungs-Beziehung von IFNα2a

Die Effekte auf die Zellzahl bei einer Einzelgabe von IFNα2a waren moderat und lösten bei allen drei Konzentrationen einen ähnlichen Kurvenverlauf aus (s. Abb.: 8). Die Konzentrationen von 20 U/ml und 200 U/ml induzierten keinen Einfluss auf das Zellwachstum. Die Konzentration 2000 U/ml zeigte eine signifikante Differenz gegenüber der Kontrolle. Die Vitalität der Zellen lag bei den IFNα2-Konzentrationen 20 U/ml und 200 U/ml bei 99% und bei der Konzentration von 2000 U/ml bei 90% (Daten nicht gezeigt). Für die weiteren Untersuchungen wurde die subtherapeutische IFNα2a-Konzentration von 200 U/ml ausgewählt.

4.1.2 Dosis-Wirkungs-Beziehung von AEE788

Die Zugabe von AEE788 führte zu einen deutlichen hemmenden Effekt auf das Zellwachstum bei Konzentrationen ≥ 0,5 µM (s. Abb.: 9). Eine zunehmende Toxizität wurde ab der Konzentration von 10 µM festgestellt (Daten nicht gezeigt), womit für die Studie eine subtherapeutische Konzentration von 1 µM ausgesucht wurde.

4.1.3 Dosis-Wirkungs-Beziehung von RAD001

Abbildung 10 verdeutlicht die Konzentrationsabhängigkeit der RAD001-Wirkung. Eine signifikante Verringerung der Zellzahl im Vergleich zur Kontrolle erfolgte ab der Konzentration von 0,1 nM bei den PC-3- und DU145-Zellen und von 1 nM bei den LNCaP-Zellen. Die Vitalität der Zellen lag bei allen Konzentrationen etwa bei 95% (Daten nicht gezeigt). Für die Studie wurde die suboptimale Konzentration von 1 nM RAD001 ausgewählt.

Ergebnisse

4.1.4 Dosis-Wirkungs-Beziehung von VPA

Abbildung 11 zeigt die Ergebnisse zum Einfluss von VPA auf das Tumorwachstum. Sämtliche Zelllinien wurden vor Beginn der Wachstumsanalyse 3 oder 5 Tage mit VPA vorinkubiert. Eine direkte Messung unmittelbar nach VPA-Zugabe hatte keine relevanten Auswirkungen auf die Zellzahl (Daten nicht gezeigt). Die Ergebnisse demonstrieren maximale Effekte im Vergleich zu der Kontrolle bei einer VPA-Konzentration von 1 mM und 5 mM, wobei der Effekt durch eine verlängerte Inkubationszeit von 3 Tagen auf 5 Tage deutlich erhöht wurde. Die Wirkung von VPA zeigte sich am deutlichsten bei den Zelllinien DU145 und LNCaP. Die Vitalität bei allen drei Zelllinien betrug durchschnittlich 95% bei 0,25 mM, 0,5 mM und 1 mM VPA. Erst unter einer Konzentration von 5 mM erhöhte sich die Zytotoxizität, verglichen mit den unbehandelten Kontrollzellen (Daten nicht gezeigt). Somit wurde für die Studie die Konzentration von 1 mM VPA ausgewählt.

4.2 Analyse der Effekte der Medikamtentenapplikation bei humanen Nierenzellen und Urothelzellen

Um den Effekt der evaluierten Medikamentenkonzentrationen auf nichtkarzinogene Zellen zu untersuchen, wurde das Wachstum behandelter versus unbehandelter „gesunder" Epithelzellen überprüft. Abbildung 12 verdeutlicht, dass die Applikation mit den Medikamenten keine signifikante Hemmung des Wachstums der Zellen hervorrufen konnte.

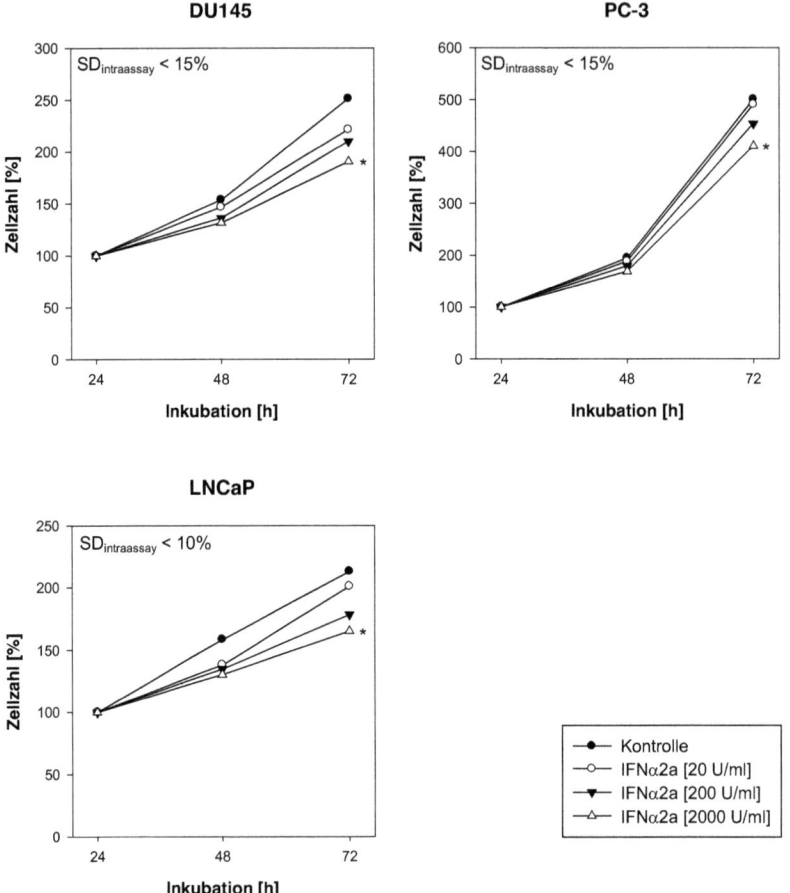

Abbildung 8: Dosis-Wirkungs-Beziehung von IFNα2a: Untersuchung der Zellzahl mittels MTT-Assay. Drei Prostatazelllinien: Oben links: DU145; Oben rechts: PC-3; Unten: LNCaP. Applikation der Zellen mit IFNα2a [20 U/ml], [200 U/ml] und [2000 U/ml]. Auswertung der 96-Loch-Platte nach 24, 48 und 72 Stunden. Zur Vergleichbarkeit des Wachstumsverhaltens der Zellen wurden die 24-Stunden-Werte auf 100% gesetzt und die Daten der 48 Stunden und der 72 Stunden entsprechend in Prozentwerte umgerechnet. Durchschnittswerte aus n = 5 Versuchen mit Standardabweichung und Signifikanz (*).

Ergebnisse

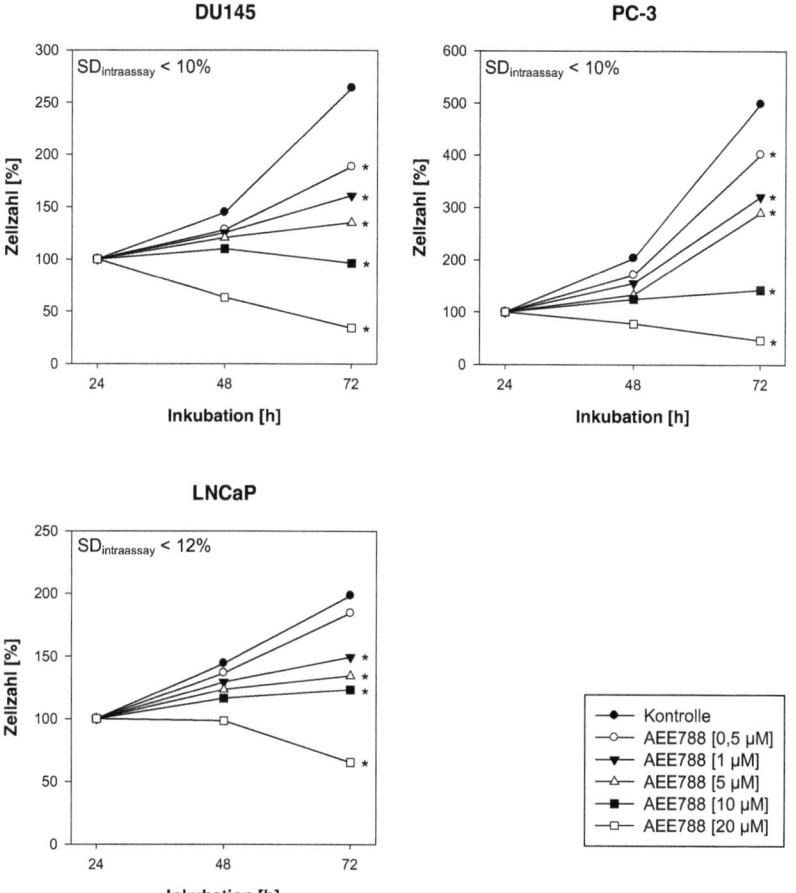

Abbildung 9: Dosis-Wirkungs-Beziehung von AEE788: Untersuchung der Zellzahl mittels MTT-Assay. Drei Prostatazelllinien: Oben links: DU145; Oben rechts: PC-3; Unten: LNCaP. Applikation der Zellen mit AEE788 [0,5 µM], [1 µM], [5 µM], [10 µM] und [20 µM]. Auswertung der 96-Loch-Platte nach 24, 48 und 72 Stunden. Zur Vergleichbarkeit des Wachstumsverhaltens der Zellen wurden die 24- Stunden-Werte auf 100% gesetzt und die Daten der 48 Stunden und der 72 Stunden entsprechend in Prozentwerte umgerechnet. Durchschnittswerte aus n = 5 Versuchen mit Standardabweichung und Signifikanz (*).

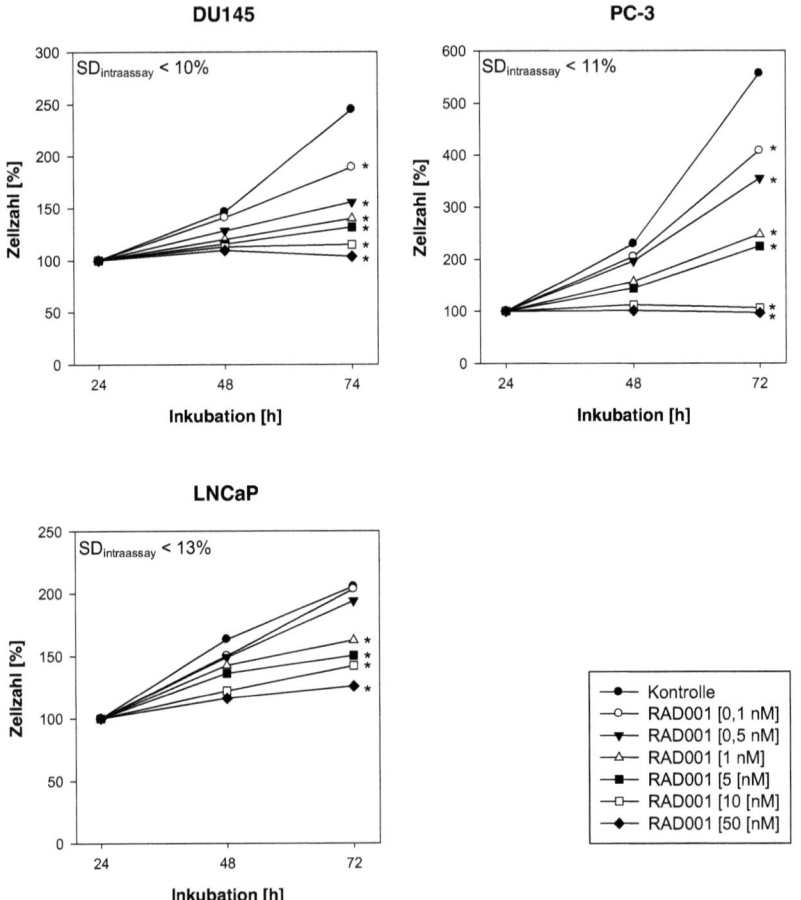

Abbildung 10: Dosis-Wirkungs-Beziehung von RAD001: Untersuchung der Zellzahl mittels MTT-Assay. Drei Prostatazelllinien: Oben links: DU145; Oben rechts: PC-3; Unten: LNCaP. Applikation der Zellen mit RAD001 [0,1 nM], [0,5 nM], [1 nM], [5 nM], [10 nM] und [50 nM]. Auswertung der 96-Loch-Platte nach 24, 48 und 72 Stunden. Zur Vergleichbarkeit des Wachstumsverhaltens der Zellen wurden die 24-Stunden-Werte auf 100% gesetzt und die Daten der 48 Stunden und der 72 Stunden entsprechend in Prozentwerte umgerechnet. Durchschnittswerte aus n = 5 Versuchen mit Standardabweichung und Signifikanz (*).

Ergebnisse

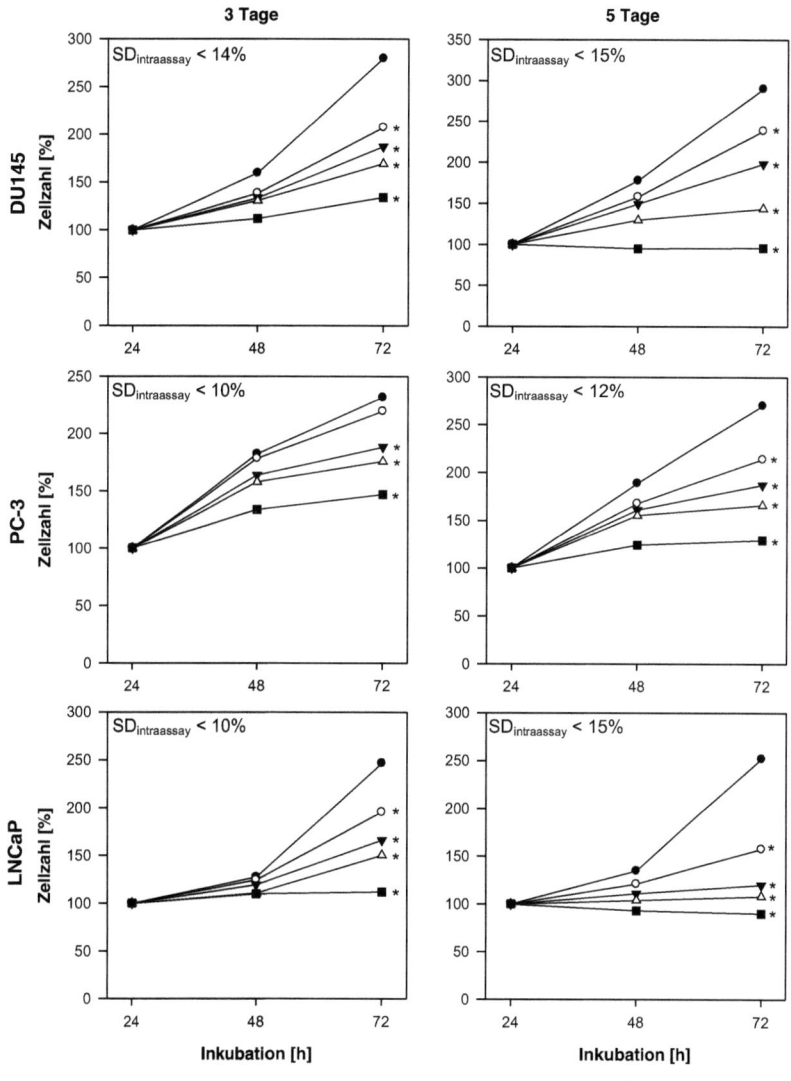

Abbildung 11: Dosis-Wirkungs-Beziehung von VPA: Untersuchung der Zellzahl mittels MTT-Assay. Drei Prostatazelllinien: Oben: DU145; Mitte: PC3; Unten: LNCaP. 3- (links) und 5-tägige (rechts) Applikation der Zellen mit VPA [0,25 mM], [0,5 mM], [1 mM] und [5 mM]. Auswertung der 96-Loch-Platte nach 24, 48 und 72 Stunden. Zur Vergleichbarkeit des Wachstumsverhaltens der Zellen wurden die 24-Stunden-Werte auf 100% gesetzt und die Daten der 48 und 72 Stunden entsprechend in Prozentwerte umgerechnet. Durchschnittswerte aus n = 5 Versuchen mit Standardabweichung und Signifikanz *.

Ergebnisse

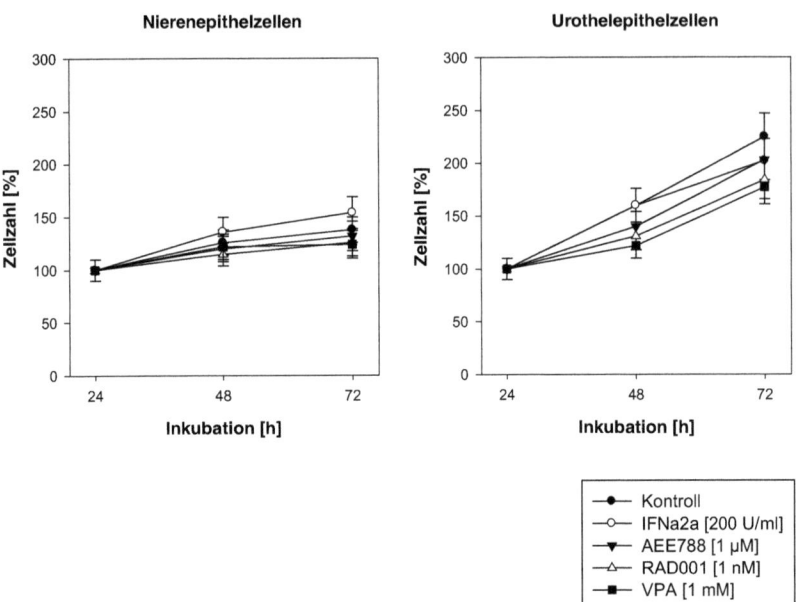

Abbildung 12: Wachstumsanalysen an Nierenepithelzellen und Urothelepithelzellen. Links: humane Nierenepithel-; rechts: Urothelepithelzellen eines Hausschweins. Applikation der Zellen mit IFNα2a [200 U/ml], AEE788 [1 µM], RAD001 [1 nM] und VPA [1 mM]. Auswertung der 96-Loch-Platte nach 24, 48 und 72 Stunden. Zur Vergleichbarkeit des Wachstumsverhaltens der Zellen wurden die 24-Stunden-Werte auf 100% gesetzt und die Daten der 48 Stunden und der 72 Stunden entsprechend in Prozentwerte umgerechnet. Durchschnittswerte aus n = 5 Versuchen mit Standardabweichung.

Ergebnisse

4.3 Analysen des Zellwachstums

Die Vorversuche demonstrieren, dass AEE788, RAD001 oder VPA als Einzelapplikation das Tumorwachstum deutlich zu reduzieren vermögen. Im Folgenden sollte festgestellt werden, ob eine gleichzeitige Gabe von zwei Medikamenten eine Verstärkung dieses Effektes bewirkt.

4.3.1 RAD001/IFNα2a

Wie die Abbildung 13 veranschaulicht, zeigte IFNα2a in der Einzeldosis keine signifikante Inhibition des Wachstums in Vergleich zu der Kontrolle. RAD001 induzierte eine signifikante Hemmung vom Wachstum bei allen drei Zelllinien. Die Kombination IFNα2a/RAD001 inhibierte signifikant das Wachstum der Zellen, jedoch nicht stärker als bei der Einzelgabe von RAD001.

4.3.2 AEE788/RAD001

AEE788 reduzierte signifikant das Wachstum der PCa-Zellen (s. Abb.: 14). Im Gegensatz zur kombinierten RAD001/IFNα2a-Gabe führte die Behandlung mit der Kombination AEE788/RAD001 bei allen Zelllinien zu einem stärkeren wachstumshemmenden Effekt als die Einzeldosierung.

4.3.3 VPA/AEE788

VPA alleine bewirkte bei allen drei Zelllinien eine Wachstumshemmung. Die Wirkung der 3-tägigen Inkubation war dabei stärker als der Effekt nach 5-tägiger Inkubation (s. Abb.: 15). Die Versetzung der Zellen mit VPA/AEE788 zeigte bei den PCa-Zellen keine stärkere Auswirkung auf die Reduktion der Zellzahl als die Einzeldosierungen mit AEE788 und VPA.

4.3.4 VPA/RAD001

Die Effekte der Einzelgabe von VPA und RAD001 sind nach 3 Tagen relativ ähnlich (s. Abb.: 16). Nach 5 Tagen induziert VPA signifikant stärkere wachstumshemmende Effekte als RAD001. Bei der gleichzeitigen Gabe von VPA/RAD001 wurde bei allen drei Zelllinien eine verstärkte Reduktion der Zellzahl gemessen. Wie Abbildung 16 verdeutlicht, ist der Effekt bei allen Zelllinien nach 3-tägiger oder 5-tägiger Inkubation signifikant stärker als die Wirkung der Einzelanwendung.

Ergebnisse

<u>4.3.5 VPA/IFNα2a</u>

Die duale Gabe von VPA/IFNα2a zeigt bei allen drei Zelllinien sowohl nach 3 als auch nach 5 Tagen einen additiven Effekt auf die Reduktion der Zellzahl im Vergleich zur Einzeldosierung (s. Abb.: 17).

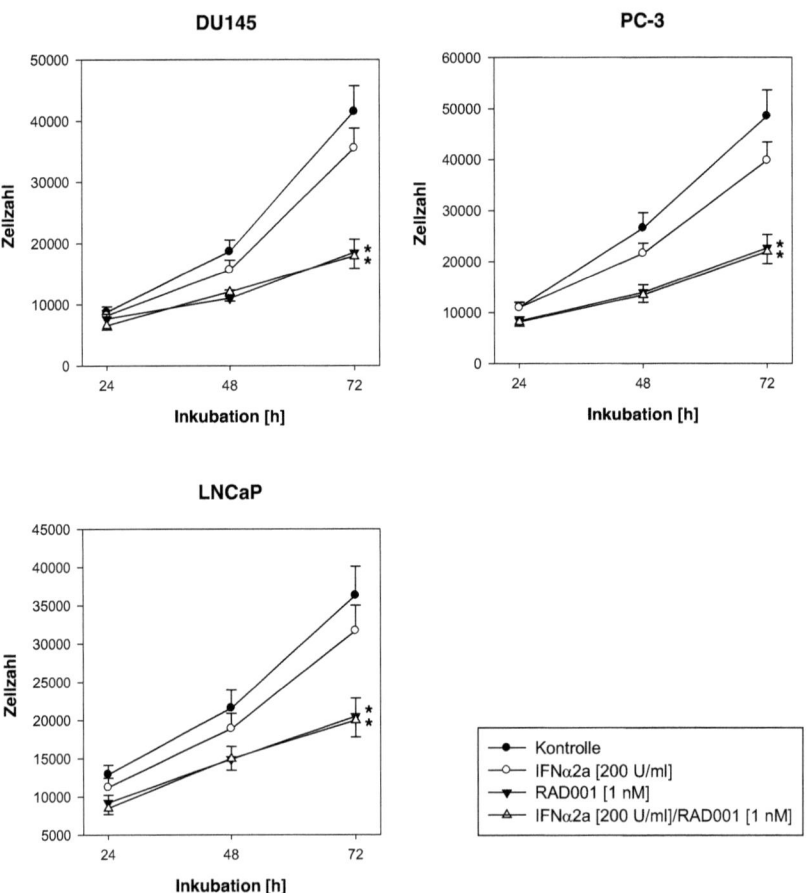

Abbildung 13: Wachstumsanalysen unter IFNα2a/RAD001-Behandlung. Oben links: DU145, Oben rechts: PC-3, Unten: LNCaP. Behandlung mit IFNα2a und RAD001 als Einzelapplikation oder IFNα2a mit RAD001 als Kombination. Feststellung der Zellzahl 24, 48 und 72 Stunden nach Ausplattierung in der 96-Loch-Platte. Durchschnittswerte aus n=5 Versuchen mit Standardabweichung und Signifikanz zur Kontrolle (*).

Ergebnisse

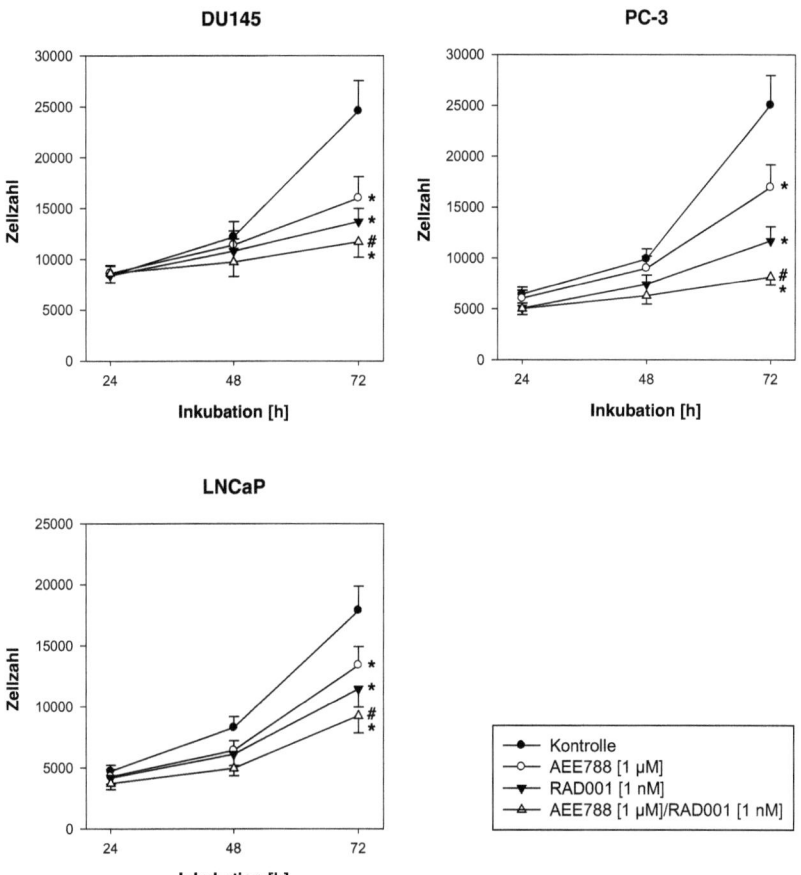

Abbildung 14: Wachstumsanalysen unter AEE788/RAD001-Behandlung. Oben links: DU145, Oben rechts: PC-3, Unten: LNCaP. Behandlung mit AEE788 und RAD001 als Einzelapplikation oder AEE788 mit RAD001 als Kombination. Feststellung der Zellzahl 24, 48 und 72 Stunden nach Ausplattierung in der 96-Loch-Platte. Durchschnittswerte aus n=5 Versuchen mit Standardabweichung und Signifikanz zur Kontrolle (*) und zur Einzelapplikation (#).

Ergebnisse

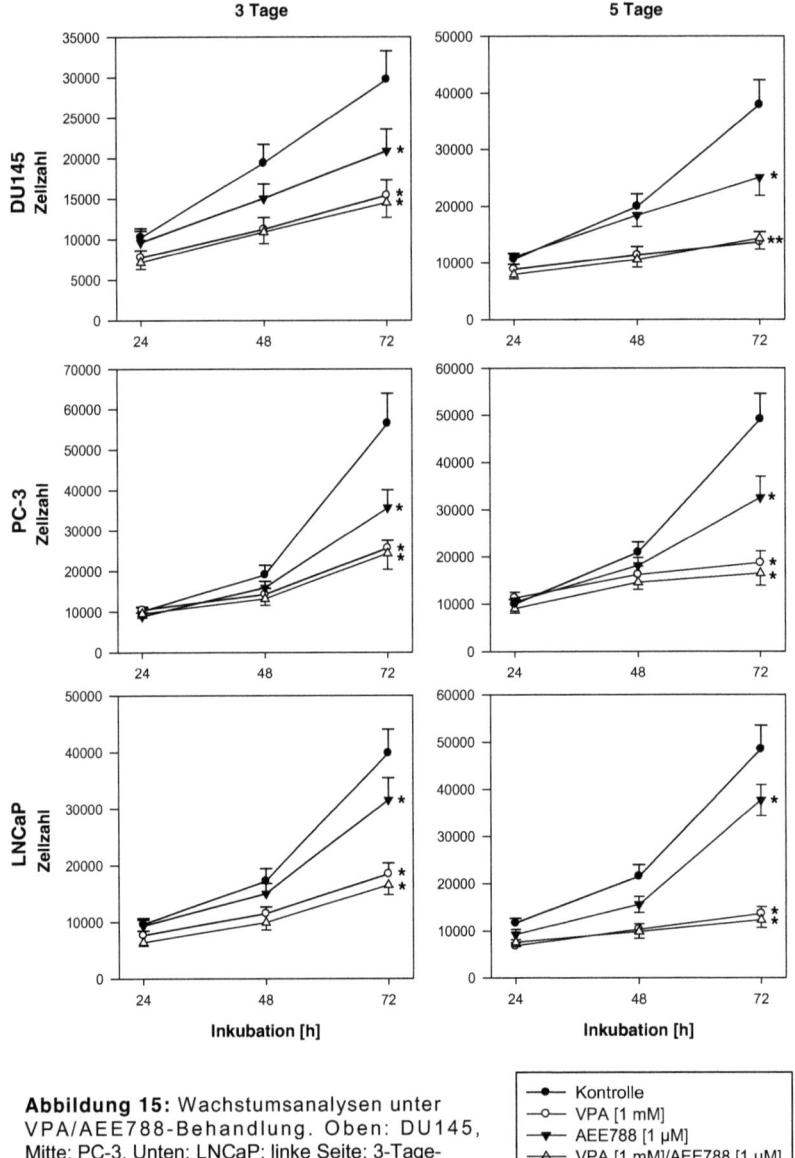

Abbildung 15: Wachstumsanalysen unter VPA/AEE788-Behandlung. Oben: DU145, Mitte: PC-3, Unten: LNCaP; linke Seite: 3-Tage-Applikation, rechte Seite: 5-Tage-Applikation. Behandlung mit VPA, AEE788 als Einzelapplikation oder VPA/AEE788 als Kombination. Fest-stellung der Zellzahl 24, 48 und 72 Stunden nach Ausplattierung in der 96-Loch-Platte. Durchschnittswerte aus n=5 Versuchen mit Standardabweichung und Signifikanz zur Kontrolle (*).

Ergebnisse

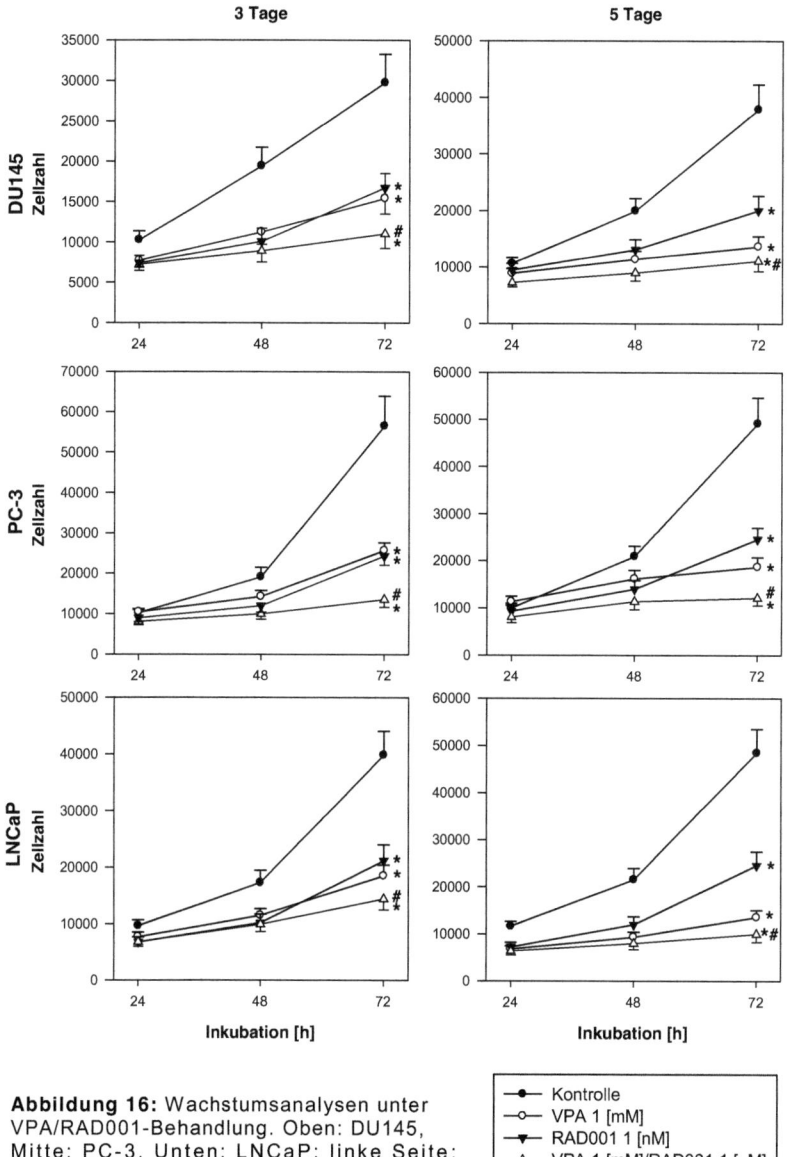

Abbildung 16: Wachstumsanalysen unter VPA/RAD001-Behandlung. Oben: DU145, Mitte: PC-3, Unten: LNCaP; linke Seite: 3-Tage-Applikation, rechte Seite: 5-Tage-Applikation. Behandlung mit VPA, RAD001 als Einzelapplikation oder VPA/RAD001 als Kombination. Feststellung der Zellzahl 24, 48 und 72 Stunden nach Ausplattierung in der 96-Loch-Platte. Durchschnittswerte aus n=5 Versuchen mit Standardabweichung und Signifikanz zur Kontrolle (*) und zur Einzelapplikation (#).

Ergebnisse

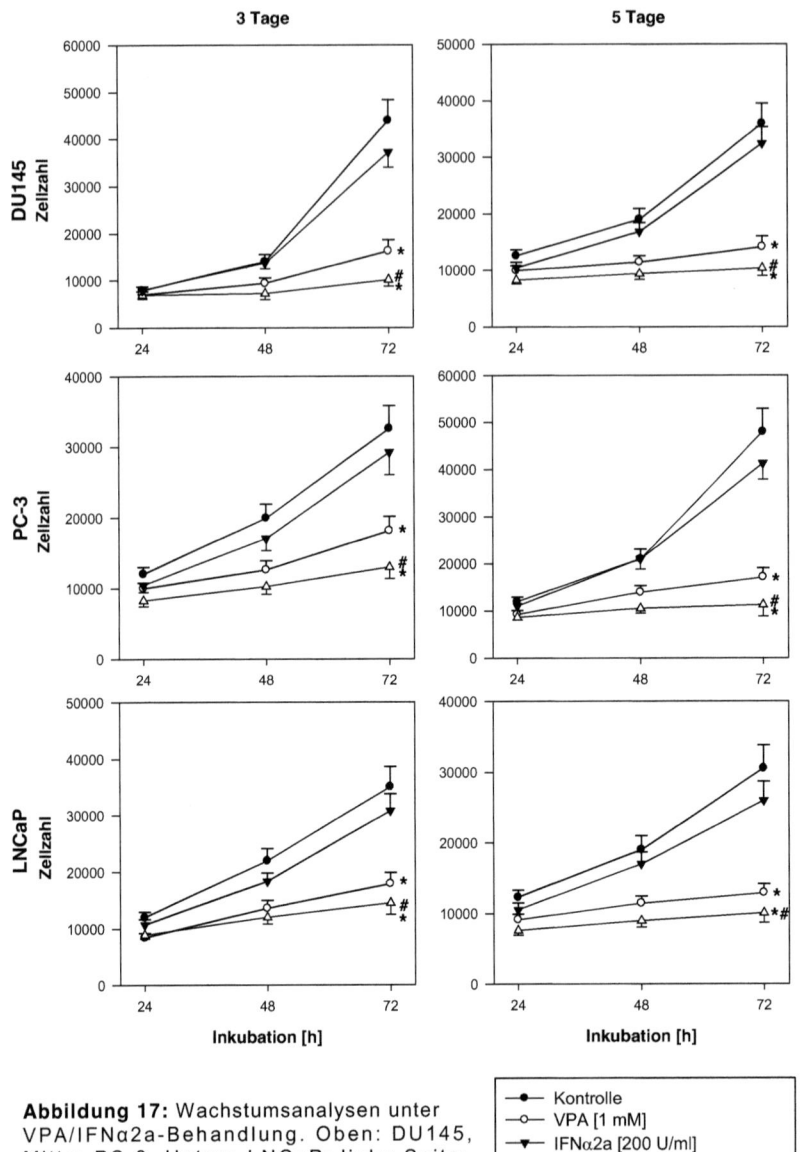

Abbildung 17: Wachstumsanalysen unter VPA/IFNα2a-Behandlung. Oben: DU145, Mitte: PC-3, Unten: LNCaP; linke Seite: 3-Tage-Applikation, rechte Seite: 5-Tage-Applikation. Behandlung mit VPA, IFNα2a als Einzelapplikation oder VPA/IFNα2a als Kombination. Feststellung der Zellzahl 24, 48 und 72 Stunden nach Ausplattierung in der 96-Loch-Platte. Durchschnittswerte aus n=5 Versuchen mit Standardabweichung und Signifikanz zur Kontrolle (*) und zur Einzelapplikation (#).

Ergebnisse

4.3.2 Experimentelle Untersuchungen der Apoptoseinduktion

Anhand der Trypanblau-Färbung konnten keine toxischen Effekte der Substanzen festgestellt werden (Daten nicht gezeigt). In nachfolgenden Untersuchungen wurde das Auftreten apoptotischer Phänomene evaluiert.

4.3.2.1 FACS

Aufgrund der Anfärbung mit Annexin-V-FITC und Propidiumiodid kann mittels Durchflusszytometrie das Verhältnis von apoptotischen Zellen versus vitalen Zellen ermittelt werden. Wie Tabelle 18 veranschaulicht, konnte bei allen drei Zelllinien keine signifikante Zunahme an apoptotischen Zellen aufgrund der Behandlung ermittelt werden. Abbildung 18 veranschaulicht exemplarisch die Ergebnisse der Färbung mit Annexin-V-FITC und Propidiumiodid bei DU145 behandelt mit VPA, IFNα2a und der Kombination VPA/IFNα2a.

Ansätze	Apoptose [%]					
	DU145		PC-3		LNCaP	
	Früh	Spät	Früh	Spät	Früh	Spät
Kontrolle	4,9	11,3	0,1	14	6	24,1
IFNα2a [200 U/ml]	2,8	12	0,1	11,3	3,7	20.1
AEE788 [1 µM]	3,1	11,7	0,1	11,6	7,1	26,1
RAD001 [1 nM]	2,3	11,8	0,3	12,1	4,7	18.3
VPA [1 mM]	6,1	12,9	0,1	15,7	9	24,1
IFNα2a [200 U/ml]/ RAD001 [1 nM]	2,4	11,1	0,1	6,1	5,3	20
AEE788 [1 µM]/ RAD001 [1 nM]	4,8	13,6	0,2	9	7,1	22,8
VPA [1 mM]/ AEE788 [1 µM]	7,4	14,1	0,1	7,5	8	29,1
VPA [1 mM]/ RAD001 [1 nM]	6,7	14,7	0, 2	14,7	8,6	25,4
VPA [1 mM]/ IFNα2a [200 U/ml]	7,1	15,8	0,1	15,7	9,4	24,5

Tabelle 18: Ergebnisse der Färbung mit Annexin-V-FITC und Propidiumiodid. Dargestellt ist die prozentuale Verteilung der frühen und der späten Apoptose. Die mittlere Standardabweichung betrug 20 %. Repräsentativ aus n=4 Versuchen.

Ergebnisse

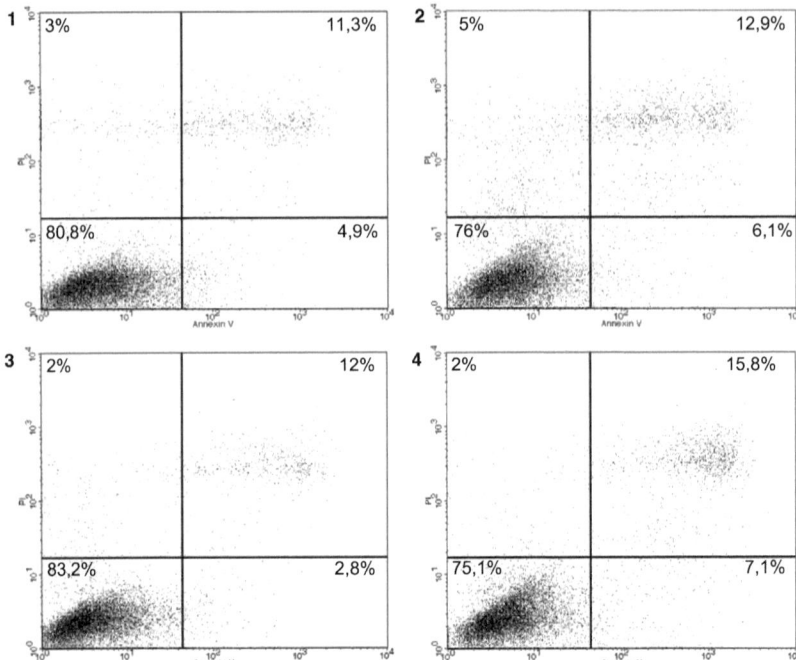

Abbildung 18: Analyse der Apoptoseinduktion. Anfärbung mit Annexin V-FITC und Propidiumiodid, Durchflusszytometrie. Repräsentative Darstellung von DU145 nach 3 Tagen Applikation mit VPA, IFNα2a, VPA/IFNα2a. Achsenverteilung: x-Achse: AnnexinV-FITC Signal; y-Achse: Propidiumiodid (PI). *Scatter Plot:* 1: Kontrolle; 2: VPA [1 mM]; 3: IFNα2a [200 U/ml]; 4: VPA [1 mM]/IFNα2a [200 U/ml]. Verteilung: früh apoptotische Zellen unten rechts, spät apoptotische Zellen oben rechts, vitale Zellen unten links und nekrotische Zellen oben rechts. Repräsentativ aus n=4 Versuchen.

4.3.2.2 Western-Blot-Analyse

Um eine mögliche Apoptose eingehender zu untersuchen, wurden die aktive Form der Caspase3 und ihr direktes Substrat, die gespaltene Form der *poly-ADP-ribose-polymerase* (PARP), mittels einer Western-Blot-Analyse gemessen. Caspase3 ist eine Protease, die im Rahmen der Apoptose vermehrt aktiviert wird und zelleigene Proteine spalten kann, unter anderem PARP. Es konnte weder aktive Caspase3 noch eine gespaltene Form PARP nach Behandlung der Zelllinien mit IFNα2a, AEE788, RAD001 oder VPA in der Einzelgabe oder in der Kombination über eine Western-Blot-Hybridisierung nachgewiesen werden (Daten nicht gezeigt).

Ergebnisse

4.3.3 Untersuchung des Zellzyklus

Zellwachstum wird über den Zellzyklus gesteuert. Somit wurden in weiteren Versuchen die Zellzyklusphasen und die zellzyklusregulierenden Proteine untersucht.

4.3.3.1 Wirkung der Kombinationstherapie auf die Zellzyklusphasen

Mittels der fluorimetrischen Analyse kann zwischen drei Zellzyklus-Phasen unterschieden werden: G2/M-Phase, S-Phase und G0/G1-Phase. Gemessen wurden jeweils die behandelten Zellen versus Kontrollzellen.

4.3.3.1.1 RAD001/IFNα2a

Die Inkubation der Tumorzellen mit RAD001 resultierte in einer signifikanten Zunahme der G0/G1-Phase und einer Abnahme der S- und G2/M-Phase im Vergleich zur Kontrolle (s. Abb.: 19). Die Behandlung der Zellen mit IFNα2a zeigte keine Zunahme der G0/G1-Phase im Vergleich zur Kontrolle bei den PCa-Zellen. Hingegen induzierte IFNα2a bei allen drei Zelllinien eine moderate Reduktion der G2/M-Phase mit einer einhergehenden Erhöhung der S-Phase. Die kombinierte Applikation beider Substanzen induzierte die höchste Zunahme der G0/G1-Phase und die stärkste Reduktion der G2/M-Phase bei allen drei Zelllinien im Vergleich zur Kontrolle und Einzeldosierung.

4.3.3.1.2 AEE788/RAD001

AEE788 in der Einzelapplikation löste bei allen drei Zelllinien eine Reduktion des Zellwachstums aus, mit einer einhergehenden Reduktion der S-Phase und einer moderaten Erhöhung der G0/G1-Phase (s. Abb.: 20). Die Kombination AEE788/RAD001 führte zu einer signifikanten Zunahme der G0/G1-Phase und einer Abnahme der S-Phase (DU145) und der M-Phase (PC-3, LNCaP) im Vergleich zur Einzeldosierung.

4.3.3.1.3 VPA/AEE788

Bei der fluorimetrischen Analyse aller drei PCa-Zelllinien konnte eine signifikante Zunahme der G0/G1-Phase nach Zugabe von VPA gemessen werden. Diese

Ergebnisse

Zunahme steigt von der 3-tägigen Vorinkubation zur 5-tägigen Inkubation signifikant an (s. Abb.: 21). Die Abnahme der G2/M-Phase ist am stärksten nach 3-tägiger Behandlung während dieser Effekt nach 5 Tagen wieder abnimmt. Bei den DU145-Zellen in der 5-Tages Inkubation weist die G2/M-Phase sogar eine moderate Zunahme im Vergleich zur Kontrolle auf. Im Gegenzug ist die Abnahme der S-Phase nach 5-tägiger Inkubation signifikant verstärkt im Vergleich zur 3-tägigen Inkubation. Der Effekt der Kombinationstherapie VPA/AEE788 zeigte keine verstärkende Wirkung auf die Zellzyklusphasen verglichen mit der Einzelapplikation und der Kontrolle.

4.3.3.1.4 VPA/RAD001

Bei der VPA/RAD001-Kombination konnte ein additiver Effekt im Vergleich zur Einzelgabe beobachtet werden. Sowohl bei einer 5-tägigen als auch bei einer 3-tägigen Vorinkubation erhöhte sich der Anteil der Zellen in G0/G1-Phase deutlicher, als dies unter Monotherapie zu beobachten war. Gleichzeitig induzierte die Behandlung eine Reduktion der S-Phase (s. Abb.: 22). Hingegen konnte kein Effekt auf die G2/M-Phase im Vergleich zur Einzelgabe beobachtet werden.

4.3.3.1.5 VPA/IFNα2a

Die Kombination von VPA/IFNα2a zeigte bei allen drei Zelllinien eine deutliche Zunahme der G0/G1-Phase und eine signifikant stärkere Reduktion der S-Phase und G2/M-Phase im Vergleich zur Einzeldosierung und Kontrolle (s. Abb.: 23). Dieser Effekt war nach 5 Tagen stärker ausgeprägt als nach 3 Tagen.

Ergebnisse

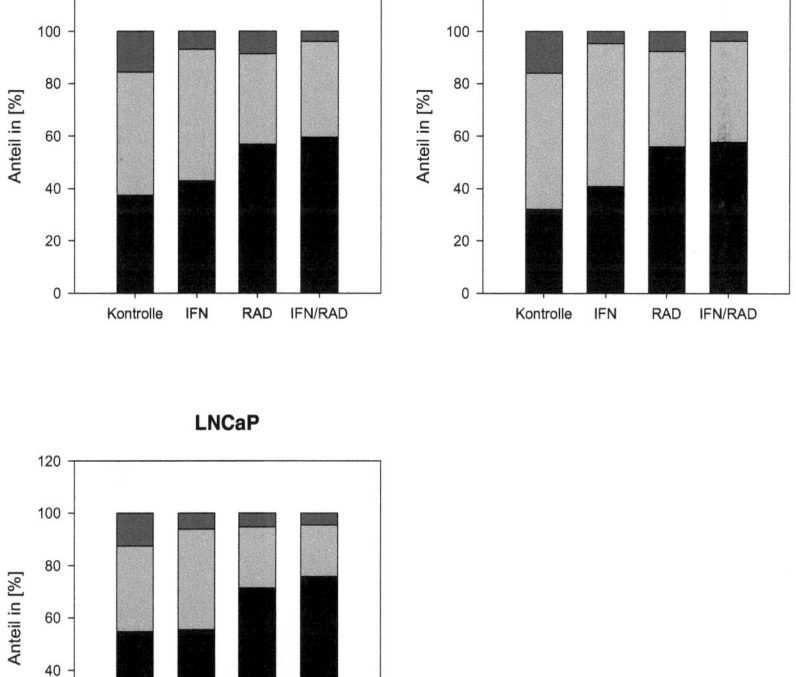

Abbildung 19: Zellzyklusphasenbestimmung unter IFNα2a/RAD001-Behandlung. FACS-Analysen an DU145-, PC-3- und LNCaP-Zellen, behandelt mit IFNα2a [200 U/ml], RAD001 [1 nM] oder IFNα2a [200 U/ml]/RAD001 [1 nM] als Kombination im Vergleich zu unbehandelten Zellen. Darstellung der G0/G1-, S- und G2/M-Phase als prozentualer Anteil. Oben links: DU145, Oben rechts: PC-3, Unten: LNCaP. Repräsentative Darstellung aus n=4 Versuchen.

Ergebnisse

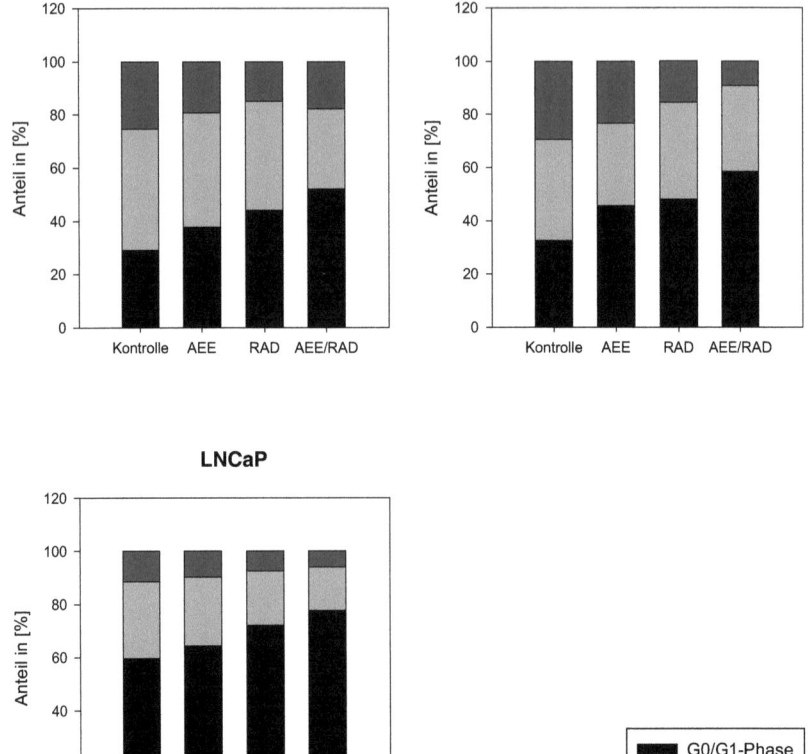

Abbildung 20: Zellzyklusphasenbestimmung unter AEE788/RAD001-Behandlung. FACS-Analysen an DU145-, PC-3- und LNCaP-Zellen, behandelt mit AEE788 [1 µM], RAD001 [1nM] oder AEE788 [1 µM]/RAD001 [1 nM] als Kombination im Vergleich zu unbehandelten Zellen. Darstellung der G0/G1-, S- und G2/M-Phase als prozentualer Anteil. Oben links: DU145, Oben rechts: PC-3, Unten: LNCaP. Repräsentative Darstellung aus n=4 Versuchen.

Ergebnisse

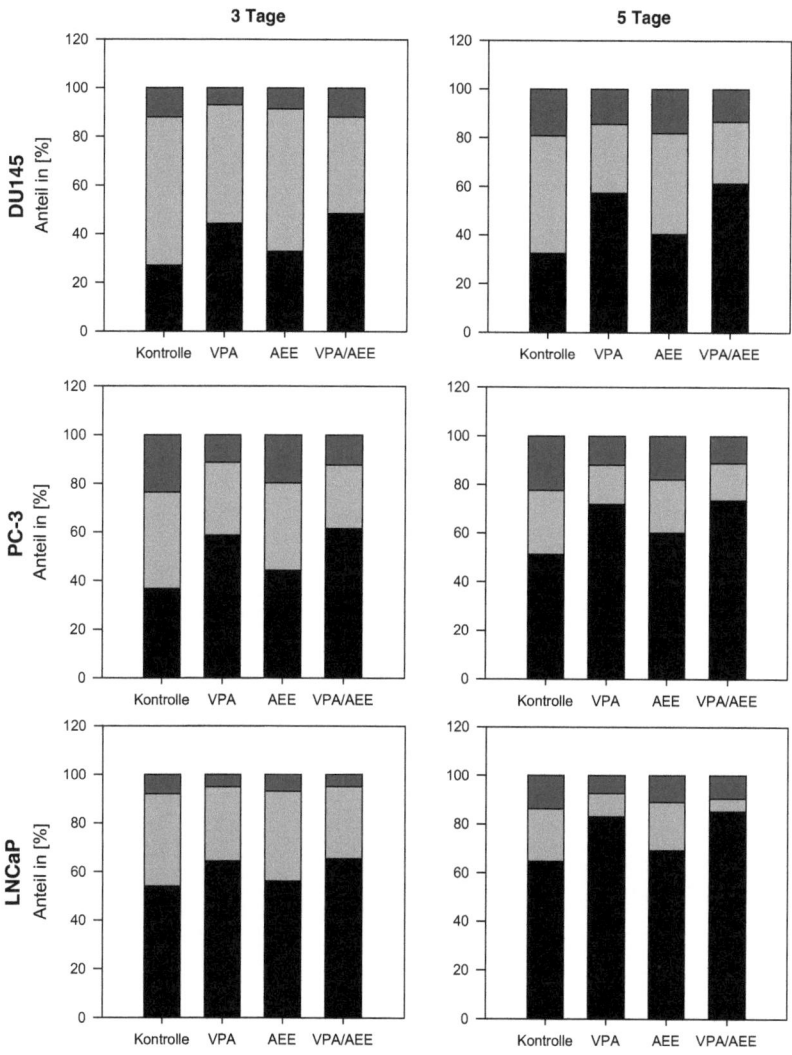

Abbildung 21: Zellzyklusphasenbestimmung unter VPA/AEE788-Behandlung. FACS-Analysen an DU145-, PC-3- und LNCaP-Zellen, behandelt mit VPA [1 mM], AEE788 [1 µM] oder VPA [1 mM]/AEE788 [1 µM] als Kombination im Vergleich zu unbehandelten Zellen. Darstellung der G0/G1-, S- und G2/M-Phase als prozentualer Anteil. Oben: DU145, Mitte: PC-3, Unten: LNCaP; linke Seite: 3-Tages-Applikation, rechte Seite: 5-Tages-Applikation. Repräsentative Darstellung aus n=4 Versuchen.

Ergebnisse

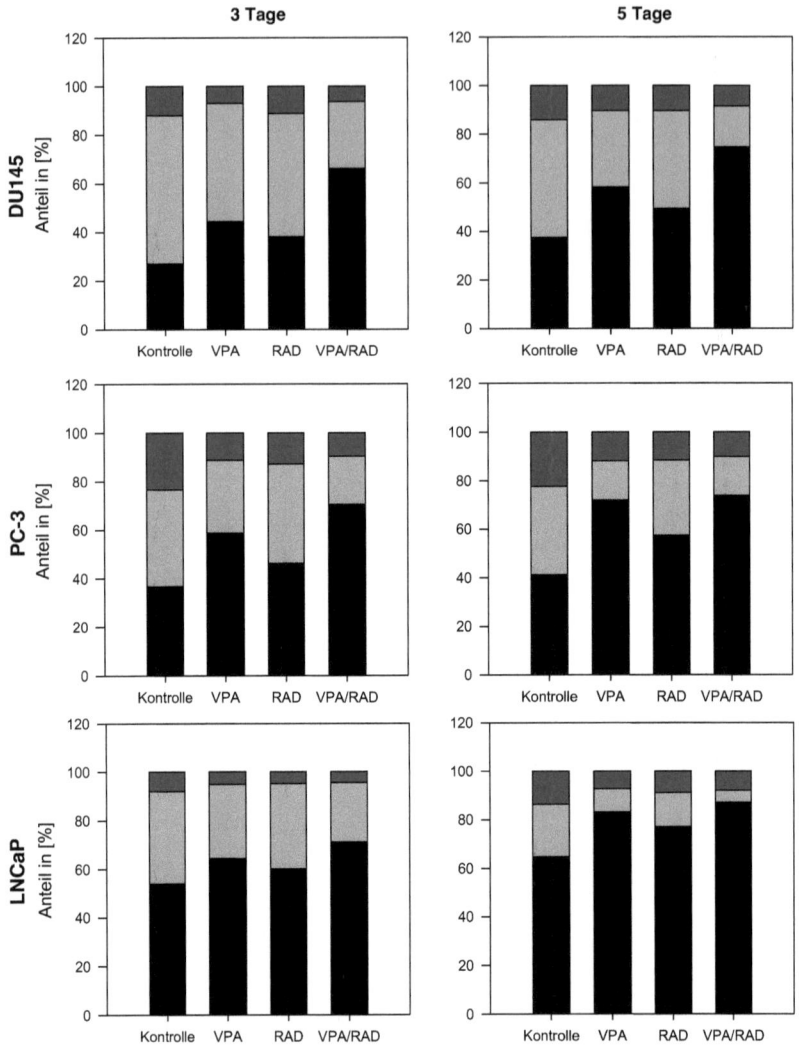

Abbildung 22: Zellzyklusphasenbestimmung unter VPA/RAD001-Behandlung. FACS-Analysen an DU145-, PC-3- und LNCaP-Zellen, behandelt mit VPA [1 mM], RAD001 [1 nM] oder VPA [1 mM]/RAD001 [1 nM] als Kombination im Vergleich zu unbehandelten Zellen. Darstellung der G0/G1-, S- und G2/M-Phase als prozentualer Anteil. Oben: DU145, Mitte: PC-3, Unten: LNCaP; linke Seite: 3-Tages-Applikation, rechte Seite: 5-Tages-Applikation. Repräsentative Darstellung aus n=4 Versuchen.

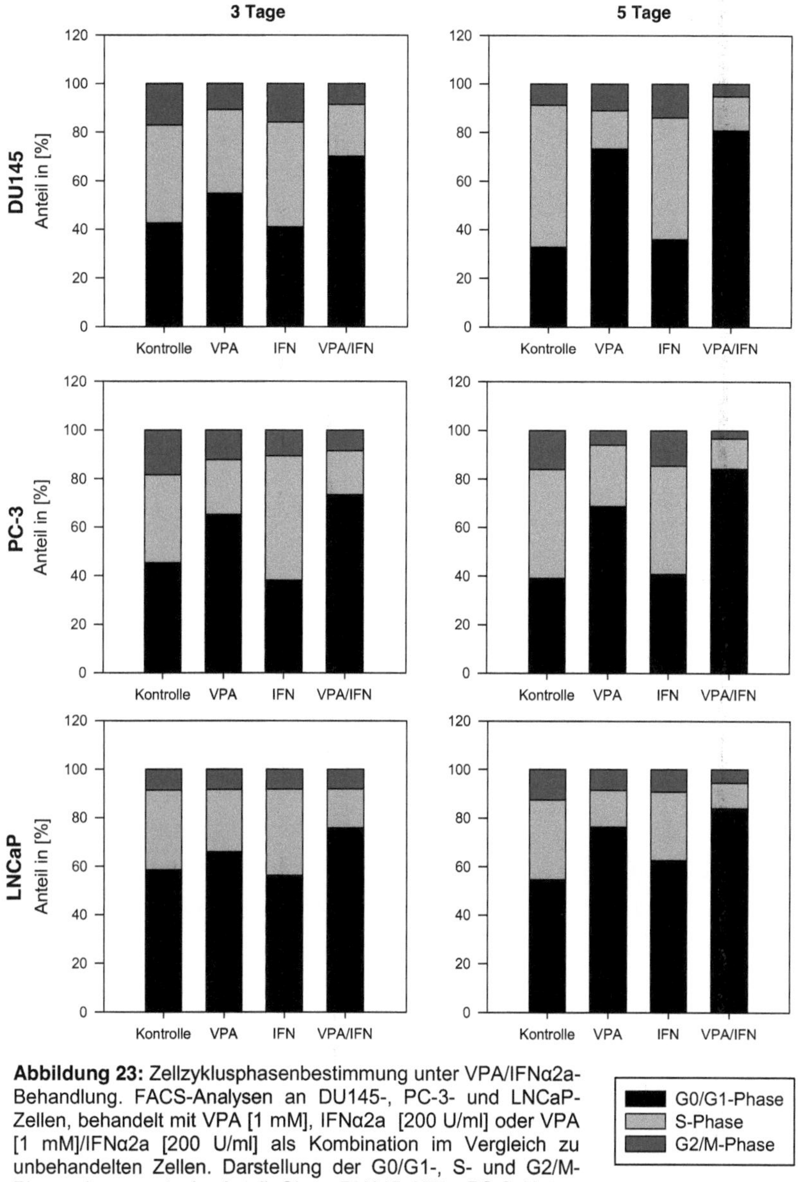

Ergebnisse

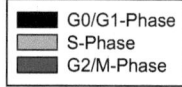

Abbildung 23: Zellzyklusphasenbestimmung unter VPA/IFNα2a-Behandlung. FACS-Analysen an DU145-, PC-3- und LNCaP-Zellen, behandelt mit VPA [1 mM], IFNα2a [200 U/ml] oder VPA [1 mM]/IFNα2a [200 U/ml] als Kombination im Vergleich zu unbehandelten Zellen. Darstellung der G0/G1-, S- und G2/M-Phase als prozentualer Anteil. Oben: DU145, Mitte: PC-3, Unten: LNCaP; linke Seite: 3-Tages-Applikation, rechte Seite: 5-Tages-Applikation. Repräsentative Darstellung aus n=4 Versuchen.

Ergebnisse

4.3.3.2 Effekte der Kombinationstherapie auf die Expression der Zellzyklusproteine und Tumorsuppressoren

Der Zellzyklus und somit das Wachstum der Zellen wird von einer Reihe von Proteinen reguliert. Um eine Wirkung der Kombinationstherapie auf diese Proteine zu studieren, wurden diese einer Western-Blot-Analyse unterzogen. Fokussiert wurden die Untersuchungen auf cyclinabhängige Kinasen wie CDK1, CDK2 und CDK4 und ihre Partnerproteine Cyclin B, E und D1. Ebenso wurden Proteine untersucht, die Cyclin-CDK-Komplexe inhibieren können, wie p21 und p27 und Tumorsuppressor-Proteine wie Rb und Rb2. Da die Effekte der Kombinationen VPA/AEE788 und RAD001/IFNα2a keine signifikante Wirkungsverstärkung im Vergleich zur Einzeldosierung gezeigt hatten, wurden in den nachfolgenden Untersuchungen nur die Kombinationen AEE788/RAD001, VPA/RAD001 und VPA/IFNα2a eingesetzt.

4.3.3.2.1 AEE788/RAD001

Die Einzelapplikation mit AEE788 führte bei Cyclin E und Cyclin D1 zu einer signifikanten Reduktion der Proteinexpression (s. Abb.: 24). Bezüglich Cyclin B war die Reduktion auf die Zelllinien DU145 und PC-3 limitiert. In DU145-Zellen wurden Rb2 und p27 in ihrem Proteingehalt signifikant erhöht. Eine Erhöhung des Proteingehaltes von p21 und p27 wurde bei PC-3 beobachtet. Die Applikation mit RAD001 induzierte eine signifikante Reduktion in der Proteinexpression von Cyclin B bei den Zelllinien DU145 und PC-3 und ebenso von Cyclin E bei den Zelllinien PC-3 und LNCaP (s. Abb.: 24 und 25). Eine moderate Reduktion des Proteingehaltes konnte bei Cyclin E in DU145 und bei CDK1 und CDK2 in LNCaP-Zellen beobachtet werden. Die Einzelgabe von RAD001 konnte bei Cyclin D1 in DU145 keinen Effekt auslösen, während in PC-3 eine moderate Erhöhung und in LNCaP eine Reduktion induziert wurde. P21 und p27 wurden in ihrer Expression durch RAD001 nur in PC-3 aufreguliert. Die Kombinationstherapie AEE788/RAD001 bewirkte eine Verstärkung des Einzeleffektes bezüglich CDK1, CDK2, Cyclin B (DU145 und PC-3), CDK4, Cyclin E (PC-3) und Cyclin D1 (LNCaP). Eine moderate Verstärkung in der Erhöhung des Proteingehaltes konnte nur bei p27 beobachtet werden (LNCaP).

4.3.3.2.2 VPA/RAD001

Die Exposition mit VPA führte bei allen drei Zelllinien zu einem Verlust an CDK1, CDK2 und CDK4 sowie Cyclin B (s. Abb.: 25 und 26). Cyclin E verringerte sich nur in

Ergebnisse

PC-3-Zellen, während der Cyclin D1-Gehalt in DU145 und PC-3 (nach 5 Tagen) aufgrund von VPA erhöht wurde. Auch wurde der Proteingehalt von Cyclin E in DU145 und LNCaP angehoben. Die Inkubationszeit von 3 bzw. 5 Tagen führte zu vergleichbaren Ergebnissen. Der Proteingehalt von p21 und p27 wurde deutlich erhöht, wobei in diesem Fall der Effekt bei p21 stärker nach einer 5-tägigen Vorinkubation und bei p27 stärker nach einer 3-tägigen Vorinkubation zum Tragen kam. Die Kombination von VPA/RAD001 bewirkte eine Steigerung der Einzeleffekte. Dies betraf nach 3 Tagen die Reduktion von CDK2, CDK4 und Cyclin B (alle drei Zelllinien), von CDK1 und Cyclin E (PC-3 und LNCaP), während bei DU145 die Expression von Cyclin E signifikant erhöht wurde (s. Abb.: 25). Die Kombinationstherapie bewirkte bei der 3-tägigen Behandlung (DU145 und PC-3) eine moderate Erhöhung des p27 Proteingehalts, bei LNCaP erfolgte genau das Gegenteil. Hier wurde die Expression von p27 gehemmt. Die 5-tägige Inkubation verstärkte die Effekte der Kombination im Vergleich zur 3-tägigen Inkubation bezüglich p21 (alle drei Zelllinien), CDK1 (DU145), Cyclin B und p27 (LNCaP), CDK2, CDK4 und Cyclin E (PC-3).

4.3.3.2.3 VPA/IFNα2a

Bei Einzelgabe von IFNα2a konnte kein Effekt auf die Expression der Proteine beobachtet werden (s. Abb.: 26). Die Applikation mit der Kombination VPA/IFNα2a hingegen bewirkte in der 3-tägigen- und 5-tägigen-Anwendung bei CDK1, CDK2 und CDK4 eine Verstärkung des VPA-Einzeleffektes, resultierend in einer signifikanten Hemmung der Proteinexpression im Vergleich zur Kontrolle (s. Abb.: 26). Eine verstärkte Reduktion des Proteingehaltes bei Cyclinen konnte nach 5-tägiger Behandlung bei Cyclin B (alle Zelllinien) und Cyclin E (PC-3) beobachtet werden. Eine gesteigerte Zunahme der Proteinexpression hingegen wurde sowohl nach 3-tägiger als auch nach 5-tägiger Inkubation bei den Proteinen Rb, Rb2 p21 und p27 bei allen drei Zelllinien evident.

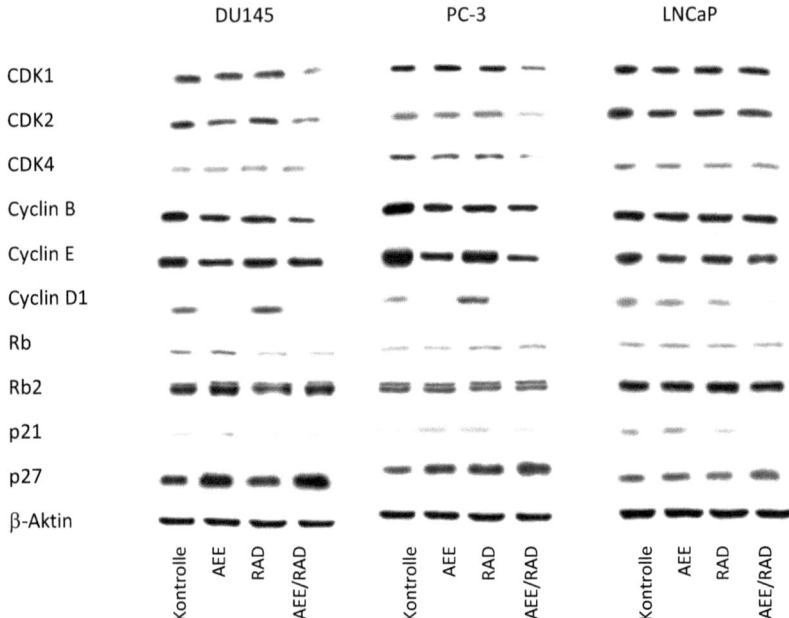

Abbildung 24: Western-Blot-Analysen der Zellzyklusproteine und Tumorsuppressoren unter AEE788/RAD001-Behandlung. Applikation mit AEE788 [1 µM], RAD001 [1nM] oder der Kombination von AEE788 [1µM]/RAD001 [1 nM]. Proteinisolation aus DU145-, PC-3- und LNCaP-Zellen. Repräsentative Darstellung aus n=3 Versuchen. Das Haushaltsprotein β-Aktin diente als Beladungskontrolle. Pro Probe wurden 50µg Protein eingesetzt.

Ergebnisse

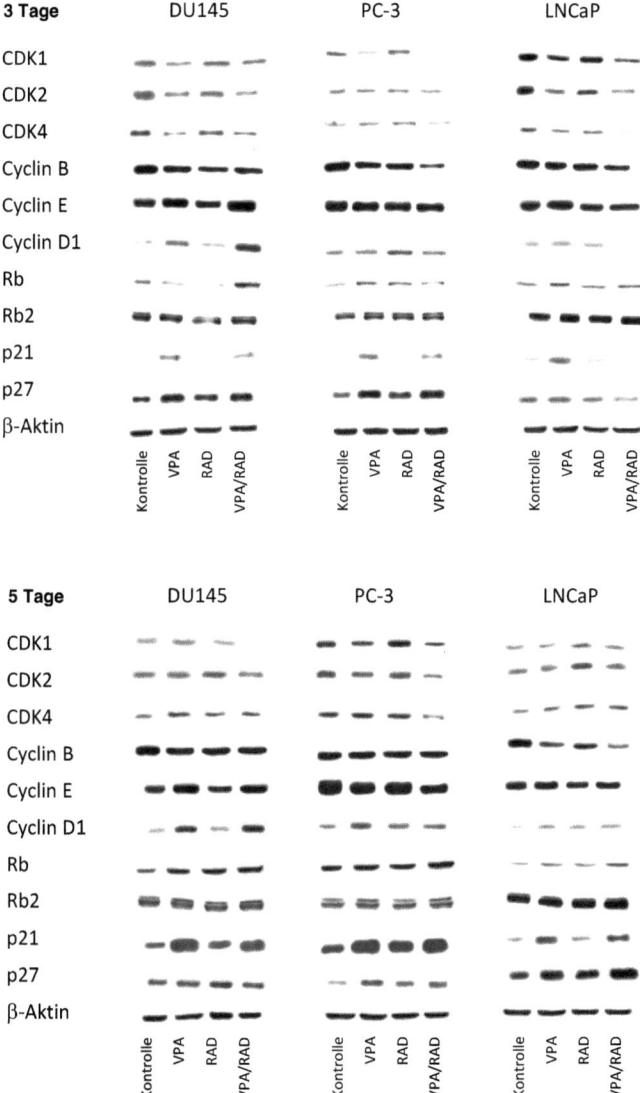

Abbildung 25: Western-Blot-Analysen der Zellzyklusproteine und Tumorsuppressoren unter VPA/RAD001-Behandlung. Applikation mit VPA [1 mM], RAD001 [1 nM] oder der Kombination von VPA [1 mM]/RAD001 [1nM]. Proteinisolation aus DU145-, PC-3- und LNCaP-Zellen nach einer 3- (Darstellung oben) und einer 5-tägigen (Darstellung unten) Vorinkubation. Repräsentative Darstellung aus n=3 Versuchen. Das Haushaltsprotein β-Aktin diente als Beladungskontrolle. Pro Probe wurden 50µg Protein verwendet.

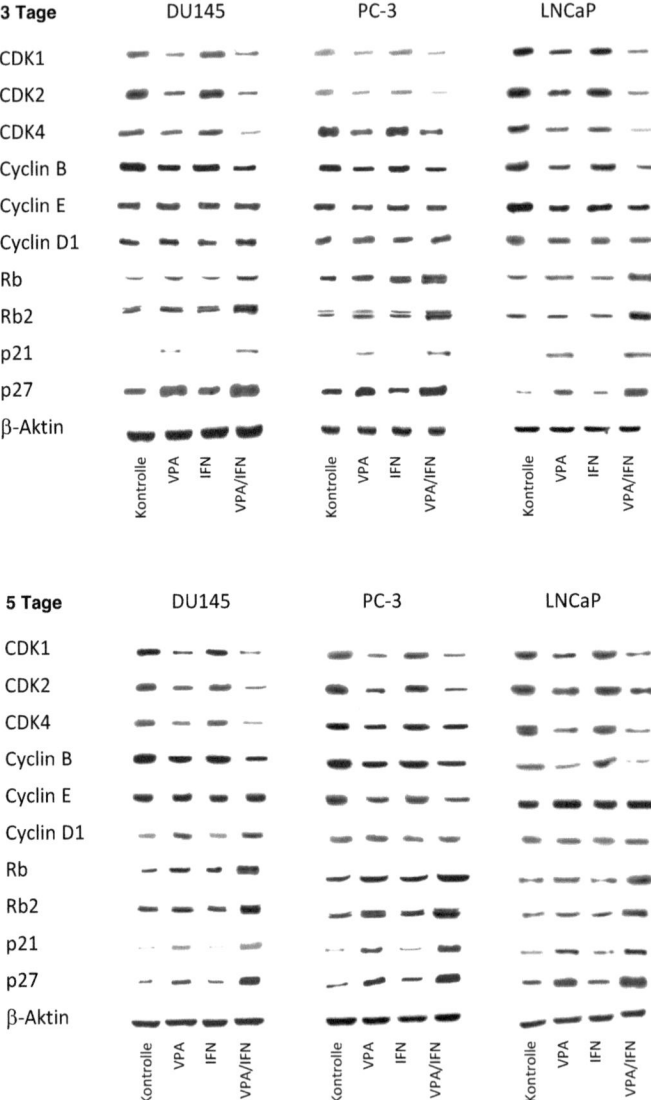

Abbildung 26: Western-Blot-Analysen der Zellzyklusproteine und Tumorsuppressoren unter VPA/IFNα2a-Behandlung. Applikation mit VPA [1 mM], IFNα2a [200 U/ml] oder der Kombination von VPA [1 mM]/IFNα2a [200 U/ml]. Proteinisolation aus DU145-, PC-3- und LNCaP-Zellen nach einer 3- (Darstellung oben) und einer 5-tägigen (Darstellung unten) Vorinkubation. Repräsentative Darstellung aus n=3 Versuchen. Das Haushaltsprotein β-Aktin diente als Beladungskontrolle. Pro Probe wurden 50µg Protein verwendet.

Ergebnisse

4.4 Modulation der Zelladhäsion

Die Interaktion der Tumorzellen mit Endothelzellen und der subendothelialen extrazellulären Matrix spielt eine wichtige Rolle bei der Einleitung der Migration und dem anschließenden Eindringen in ein Wirtsgewebe. Daher ist die Analyse des Effektes der Mono- und Kombinationstherapie auf diesen Vorgang besonders wichtig und wurde im Folgenden untersucht.

4.4.1 Adhäsionsstudie an Endothelzellen (HUVEC)

Bei der Untersuchung der Adhäsion an HUVEC wurden zwei Aspekte analysiert: die Initialanheftung der Zellen, die beim ersten Zeitpunkt der Messung ausgewertet wurde und das Adhäsionsverhalten innerhalb der nachfolgenden vier Stunden. Bei der Initialanheftung wurde die Zellzahl der sich zu Anfang des Versuches anheftenden Zellen ausgewertet. Die nachfolgende Veränderung dieser Zellzahl spiegelt die Adhäsionsdynamik der Zellen wieder.

4.4.1.1 AEE788/RAD001

Sowohl die Einzelgabe von RAD001 als auch die von AEE788 führte zu einer signifikanten Verringerung der Initialanheftung der behandelten Zelllinien im Vergleich zu den unbehandelten Zellen (s. Abb.: 27). Dabei waren die Wirkeffekte der Substanzen auf DU145 und PC-3 gleichermaßen stark ausgeprägt, während bei LNCaP der Effekt von RAD001 stärker zum Tragen kam als der von AEE788. Im weiteren zeitlichen Verlauf wurde die Adhäsion von DU145, nicht aber von PC-3 oder LNCaP, durch AEE788 reduziert, wobei die Differenz zur Kontrolle konstant geblieben ist (s. Abb.: 27). Die Applikation mit RAD001 verringerte signifikant das Adhäsionsverhalten bei allen drei Zelllinien (s. Abb.: 27). Die Kombination AEE788/RAD001 konnte bei allen drei Zelllinien den adhäsionshemmenden Effekt signifikant verstärken (s. Abb.: 27).

4.4.1.2 VPA/RAD001

Die Gabe von VPA resultierte bei allen drei Zelllinien in einer signifikanten Reduktion der Initialanheftung an Endothel im Vergleich zu den unbehandelten Zellen (s. Abb.: 28). Dabei wurde keine Veränderung des Effektes zwischen der 3-tägigen und der 5-tägigen Behandlung verzeichnet. Ebenso wurde bei allen drei Zelllinien eine

Ergebnisse

signifikante Reduktion im zeitlichen Verlauf der Adhäsion beobachtet, wobei keine nennenswerte Verstärkung des Effektes zwischen der 3-tägigen und der 5-tägigen Inkubation gemessen wurde. Die Kombination von VPA/RAD001 zeigte eine analoge Wirkung auf die Initialanheftung und das Adhäsionsverhalten der Zellen in Vergleich zur Einzelgabe von VPA (s. Abb.: 28).

4.4.1.3 VPA/IFNα2a

Die Einzelgabe von IFNα2a bewirkte bei allen drei Zelllinien keine Veränderung in der Initialanheftung und dem Adhäsionsverhalten der Zellen (s. Abb.: 29). Hingegen konnten die VPA-Applikation und die Kombination VPA/IFNα2a gleichermaßen die initiale Anheftung signifikant hemmen. Im weiteren zeitlichen Verlauf konnte VPA/IFNα2a das Adhäsionsverhalten bei allen drei Zelllinien blockieren. Dabei wurde dieser Effekt aufgrund der simultanen Behandlung im Vergleich zur Einzeldosierung mit VPA explizit bei 5 Tagen signifikant verstärkt (s. Abb.: 29).

Abbildung 30 zeigt exemplarisch die mikroskopische Darstellung des Adhäsionsverhaltens von DU145-Zellen nach Behandlung mit IFNα2a, AEE788, RAD001 und VPA sowie der Kombination AEE788/EAD001, VPA/RAD001 und VPA/IFNα2a im Vergleich zu unbehandelten Kontrollzellen.

Ergebnisse

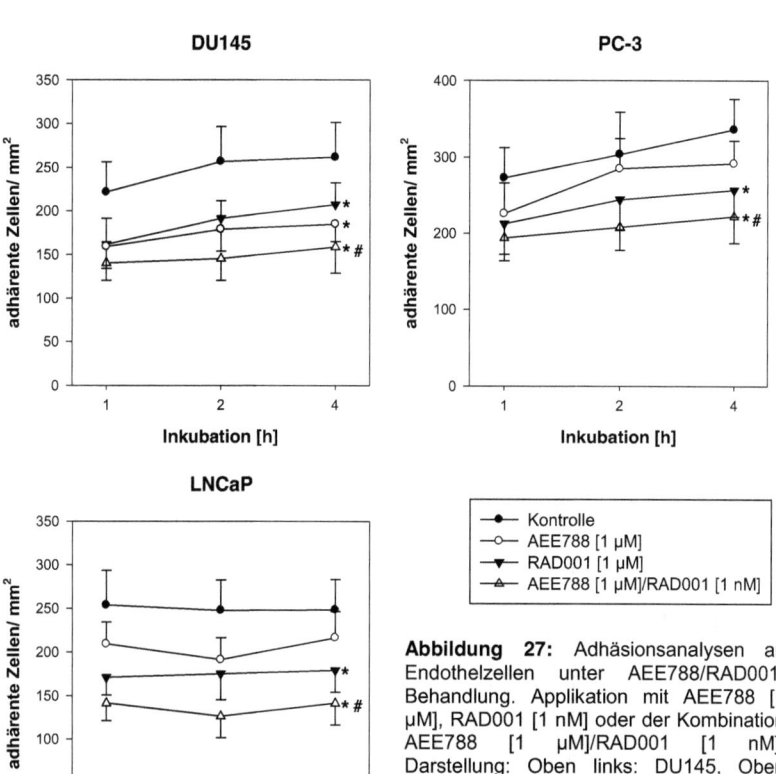

Abbildung 27: Adhäsionsanalysen an Endothelzellen unter AEE788/RAD001-Behandlung. Applikation mit AEE788 [1 µM], RAD001 [1 nM] oder der Kombination AEE788 [1 µM]/RAD001 [1 nM]. Darstellung: Oben links: DU145, Oben rechts: PC-3, Unten: LNCaP. Mikroskopische Auswertung der Anzahl der adhärenten Zellen nach 1, 2 und 4 Stunden Inkubation in einer 6-Loch-Platte. Gezählt wurden jeweils 5 Sichtfelder von 0,25 mm² bei einer 200-fachen Vergrößerung. Durchschnitts-werte aus n=5 Versuchen mit Standard-abweichung und Signifikanz zur Kontrolle (*) und zur Einzelapplikation (#).

Ergebnisse

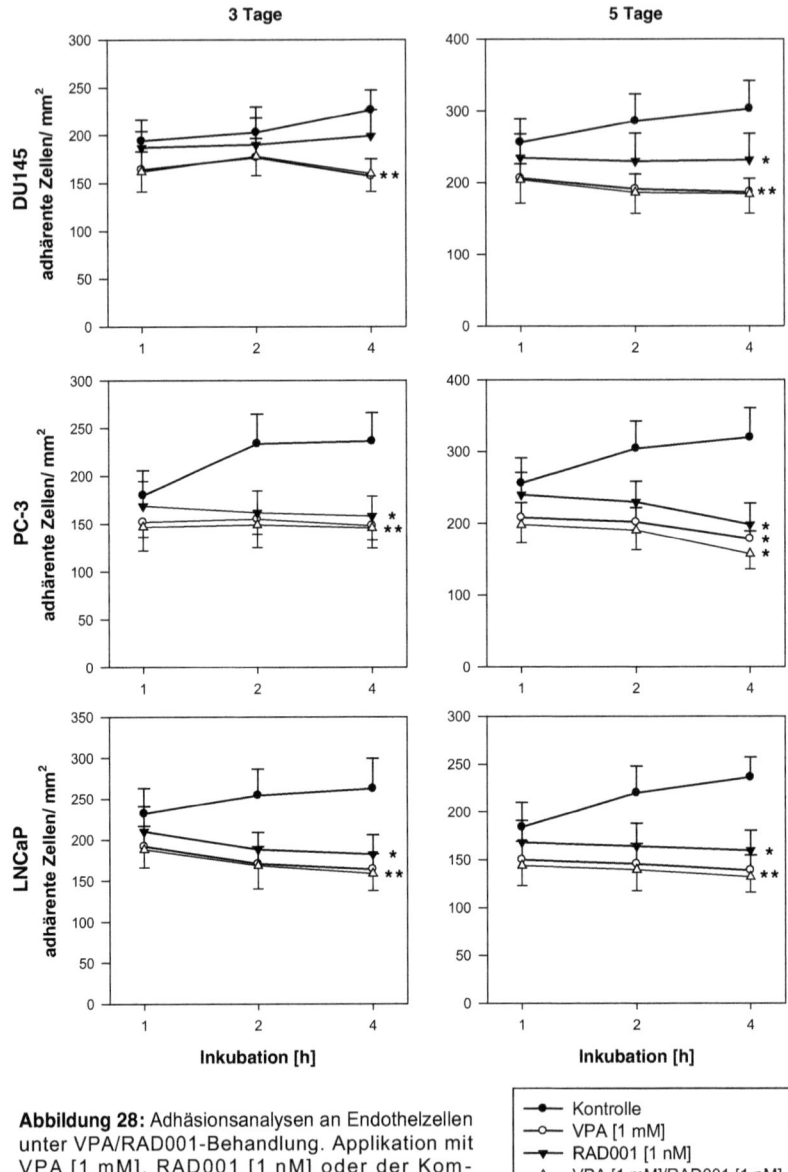

Abbildung 28: Adhäsionsanalysen an Endothelzellen unter VPA/RAD001-Behandlung. Applikation mit VPA [1 mM], RAD001 [1 nM] oder der Kombination VPA [1 mM]/RAD001 [1 nM]. Darstellung: Oben: DU145, Mitte: PC-3, Unten: LNCaP; Links: 3 Tage Inkubation, Rechts: 5 Tage Inkubation. Mikroskopische Auswertung der Anzahl der adhärenten Zellen nach 1, 2 und 4 Stunden Inkubation in einer 6-Loch-Platte. Gezählt wurden jeweils 5 Sichtfelder von 0,25 mm² bei einer 200-fachen Vergrößerung. Durchschnittswerte aus n=5 Versuchen mit Standardabweichung und Signifikanz zur Kontrolle (*).

Ergebnisse

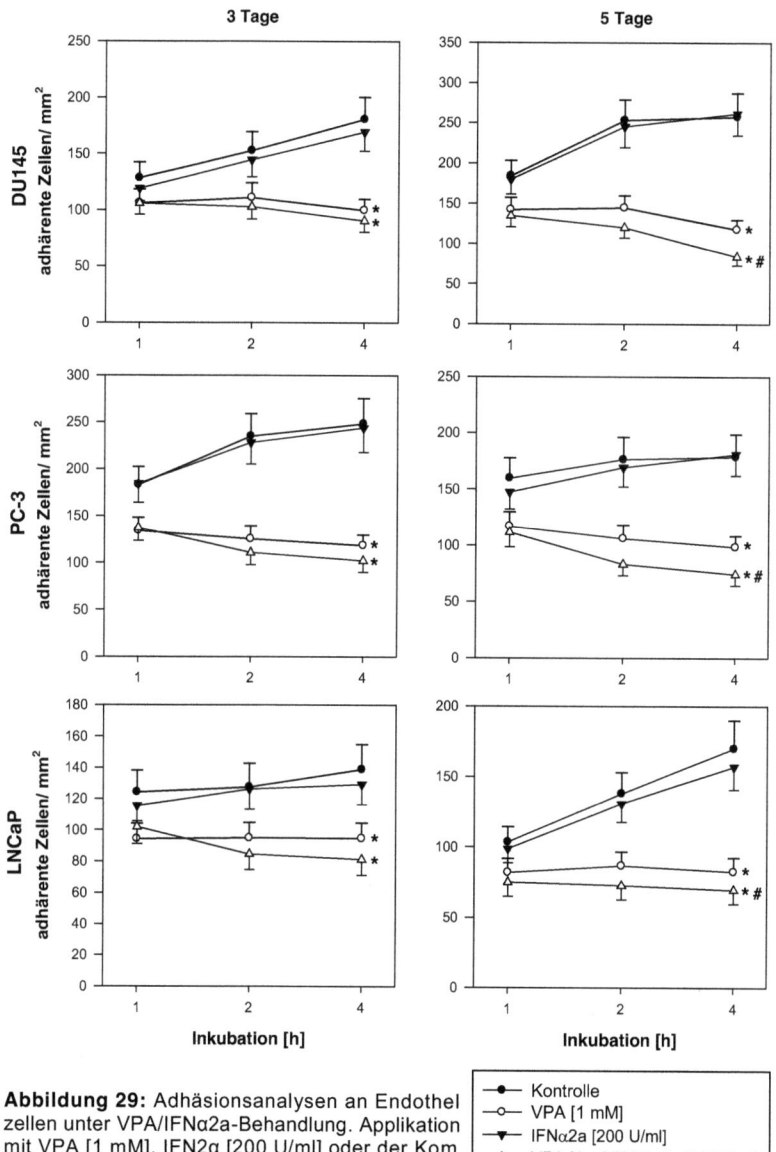

Abbildung 29: Adhäsionsanalysen an Endothelzellen unter VPA/IFNα2a-Behandlung. Applikation mit VPA [1 mM], IFN2α [200 U/ml] oder der Kombination VPA [1 mM]/IFN2α [200 U/ml]. Darstellung: Oben: DU145, Mitte: PC-3, Unten: LNCaP; Links: 3 Tage Inkubation, Rechts: 5 Tage Inkubation. Mikroskopische Auswertung der adhärenten Zellen nach 1, 2 und 4 Stunden Inkubation in einer 6-Loch-Platte. Gezählt wurden jeweils 5 Sichtfelder von 0,25 mm² bei einer 200-fachen Vergrößerung. Durchschnittswerte aus n=5 Versuchen mit Standardabweichung und Signifikanz zur Kontrolle (*) und zur Einzelapplikation (#).

Ergebnisse

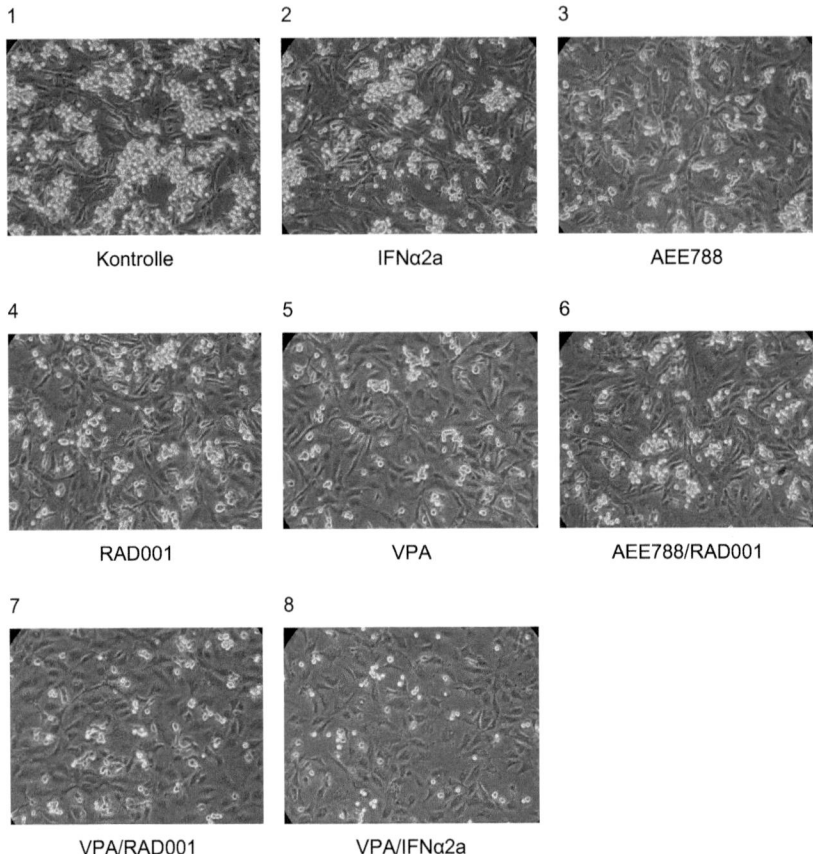

Abbildung 30: Adhäsion an Endothelzellen (HUVEC). Fotographische Darstellung nach einer 1-stündigen Inkubation der 6-Loch-Platte mit DU145-Zellen. Unbehandelt als Kontrolle (**1**), behandelt mit der Monoapplikation IFNα2a [200 U/ml] (**2**), AEE788 [1 µM] (**3**), RAD001 [1 nM] (**4**), VPA [1 mM] (**5**) oder mit der Dualapplikation AEE788 [1 µM]/RAD001 [1 nM] (**6**), VPA [1mM]/RAD001 [1 nM] (**7**), VPA [1 mM]/IFNα2a [200 U/ml] (**8**). Aufnahme bei 200-facher Vergrößerung.

Ergebnisse

4.4.2 Adhäsionsstudie an immobilisierten extrazellulären Matrixproteinen

Um die Auswirkung der Medikamentengabe auf die Interaktion der PCa-Zelllinien mit der extrazellulären Matrix (EZM) zu simulieren, wurden das Adhäsionsverhalten behandelter Zellen an immobilisiertes Kollagen, Laminin und Fibronektin studiert. Dabei diente eine Poly-D-Lysin beschichtete Platte zum Ausschluss unspezifischer Effekte und eine unbeschichtete Platte als Negativkontrolle.

4.4.2.1 AEE788/RAD001

Die Zelllinie DU145 führte zu äquivalenten Ergebnissen wie die Zelllinie PC-3. Aus diesem Grund wird exemplarisch für beide Zelllinien nur PC-3 gezeigt und auf die Darstellung des Adhäsionsverhaltens von DU145 verzichtet. Des Weiteren konnte keine nennenswerte Adhäsion von LNCaP an Laminin gemessen werden, sowohl bei den unbehandelten als auch bei den behandelten Zellen.

Wie die Abbildungen 31 und 32 darstellen, führte die Monogabe von RAD001 zu einer Reduktion der PC-3-Anheftung an Kollagen um etwa 20%, bei LNCaP um 35%. Die Verringerung der Interaktion aufgrund der Wirkung von AEE788 betrug bei PC-3 und LNCaP etwa 30% (s. Abb.: 31 und Abb.: 32). In Gegenwart von Fibronektin reduzierte RAD001 die Anheftung von PC-3 um etwa 15%, von LNCaP um ca. 40%. AEE788 bewirkte bei PC-3 ebenfalls eine Inhibition der Anheftung um etwa 15% und bei LNCaP um etwa 20%. Die Dualgabe von AEE788/RAD001 führte bei PC-3 zur Verstärkung in der Blockade der Tumoranheftung an Kollagen (s. Abb.: 31). An Laminin (PC-3), Fibronektin (PC-3 und LNCaP) und Kollagen (LNCaP) konnte die Bindungskapazität der Tumorzellen durch die Substanzkombination nicht weiter geblockt werden, verglichen zur Einzelgabe. Bei allen Zelllinien konnte keine signifikante Adhäsion an Plastik gemessen werden (Daten nicht gezeigt). Die Adhäsion an Poly-D-Lysin wurde durch die Einzelgabe von AEE788 und RAD001, sowie der Kombination AEE788/RAD001 nicht modifiziert (s. Abb.: 31 und 32).

4.4.2.2 VPA/RAD001

Bei der Behandlung mit VPA konnte bei allen Zelllinien eine verminderte Interaktion mit Kollagen, Fibronektin und bei PC-3 zusätzlich mit Laminin im Vergleich zu unbehandelten Zellen festgestellt werden (s. Abb.: 33 und Abb.: 34). Jedoch ergaben

Ergebnisse

sich keine gravierenden Unterschiede zwischen der 3-Tages- und der 5-Tages-Applikation. Die Kombination VPA/RAD001 konnte keine signifikante Verstärkung in der Hemmung des Adhäsionsverhaltens hervorrufen (s. Abb.: 33 und Abb.: 34).

4.4.2.3 VPA/IFNα2a

Die alleinige Behandlung mit IFNα2a löste bei allen Zellen keine nennenswerte Reduktion der Tumoranheftung im Vergleich zur Kontrolle aus (s. Abb.: 35 und Abb.: 36). Jedoch konnte die Kombination VPA/IFNα2a eine Verstärkung des durch VPA ausgelösten Effektes erzielen. Bezüglich PC-3 konnte auf Fibronektin und Laminin die Tumorbindung signifikant vermindert werden und das sowohl bei der 3- als auch bei der 5-tägigen Applikation (s. Abb.: 35). Auch bei LNCaP ergaben die Versuche an Kollagen und Fibronektin eine deutliche Verstärkung des Effektes der Dualgabe im Vergleich zur Monogabe (s. Abb.: 36).

Ergebnisse

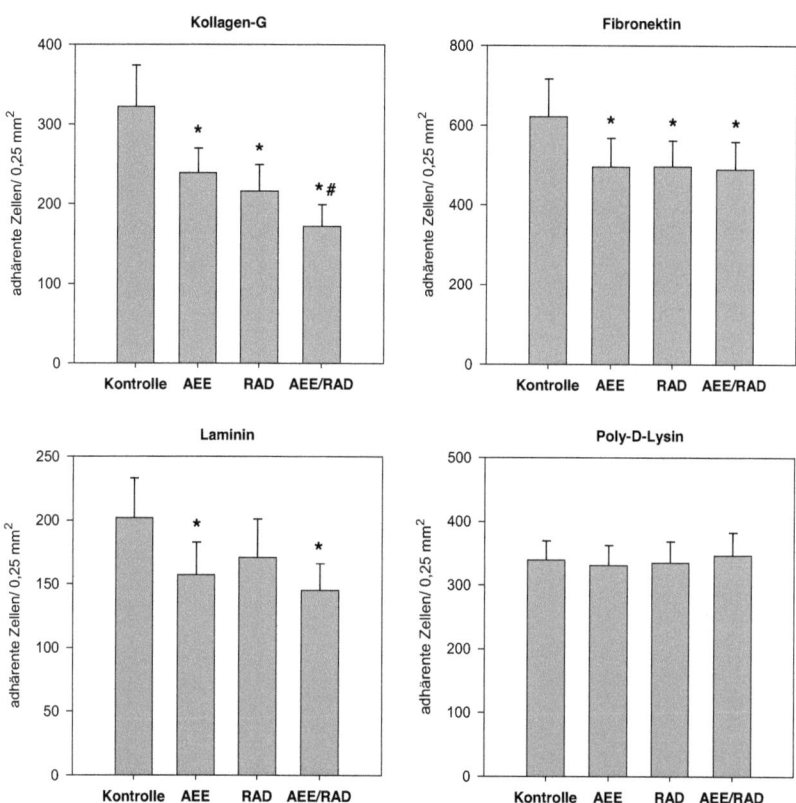

Abbildung 31: Adhäsion der PC-3-Zellen an EZM. Applikation von AEE788 [1 µM], RAD001 [1 nM] oder der Kombination AEE788 1 [µM]/RAD001 [1 nM]. Adhäsion oben links: Kollagen G [400 µg/ml], Oben rechts: Fibronektin [100 µg/ml], Unten links: Laminin [50 µg/ml], Unten rechts: beschichtete Poly-D-Lysin Platte. Mikroskopische Auswertung von 5 Sichtfeldern von jeweils 0,25 mm² bei einer 200-fachen Vergrößerung. Durchschnittswerte aus n=5 Versuchen mit Standardabweichung und Signifikanz zur Kontrolle (*) und zur Einzelapplikation (#).

Ergebnisse

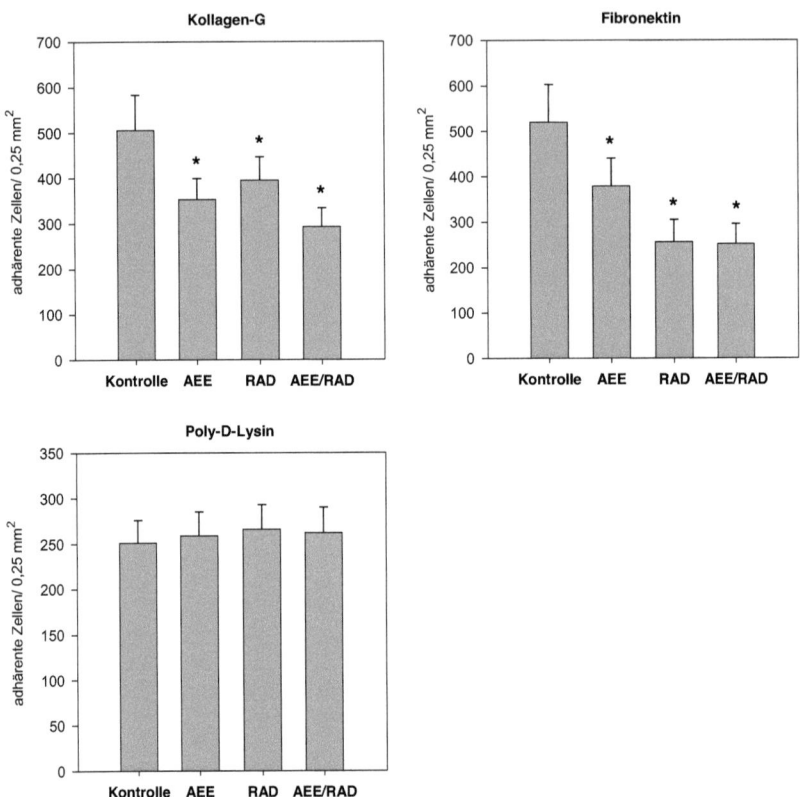

Abbildung 32: Adhäsion der LNCaP-Zellen an EZM. Applikation von AEE788 [1 µM], RAD001 [1 nM] oder der Kombination AEE788 [1 µM]/RAD001 [1 nM]. Adhäsion Oben links: Kollagen G [400 µg/ml], Oben rechts: Fibronektin [100 µg/ml], Unten links: beschichtete Poly-D-Lysin Platte. Mikroskopische Auswertung von 5 Sichtfeldern von jeweils 0,25 mm² bei einer 200-fachen Vergrößerung. Durchschnittswerte aus n=5 Versuchen mit Standardabweichung und Signifikanz zur Kontrolle (*).

Ergebnisse

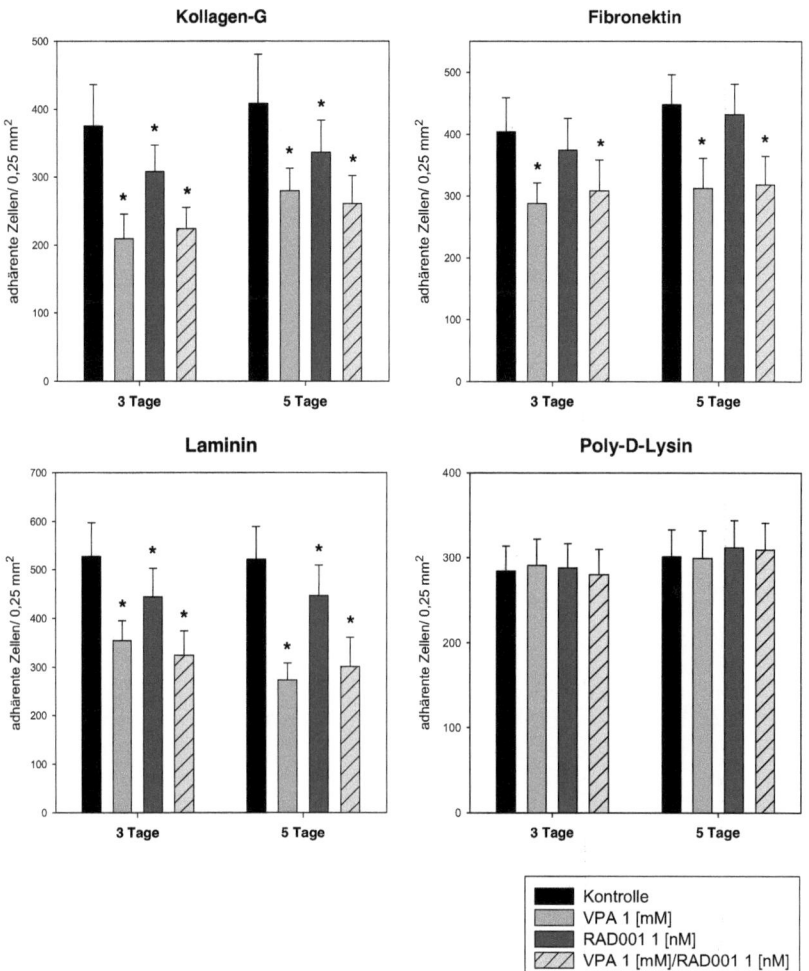

Abbildung 33: Adhäsion der PC-3-Zellen an EZM. Applikation von VPA [1 mM], RAD001 [1 nM] oder der Kombination VPA [1 mM]/RAD001 [1 nM] der PC-3-Zellen mit einer 3- und 5-tägigen Inkubationszeit. Adhäsion Oben links: Kollagen G [400 µg/ml], Oben rechts: Fibronektin [100 µg/ml], Unten links: Laminin [50 µg/ml], Unten rechts: beschichtete Poly-D-Lysin Platte. Mikroskopische Auswertung von 5 Sichtfeldern von jeweils 0,25 mm² bei einer 200-fachen Vergrößerung. Durchschnittswerte aus n=5 Versuchen mit Standardabweichung und Signifikanz zur Kontrolle (*).

Ergebnisse

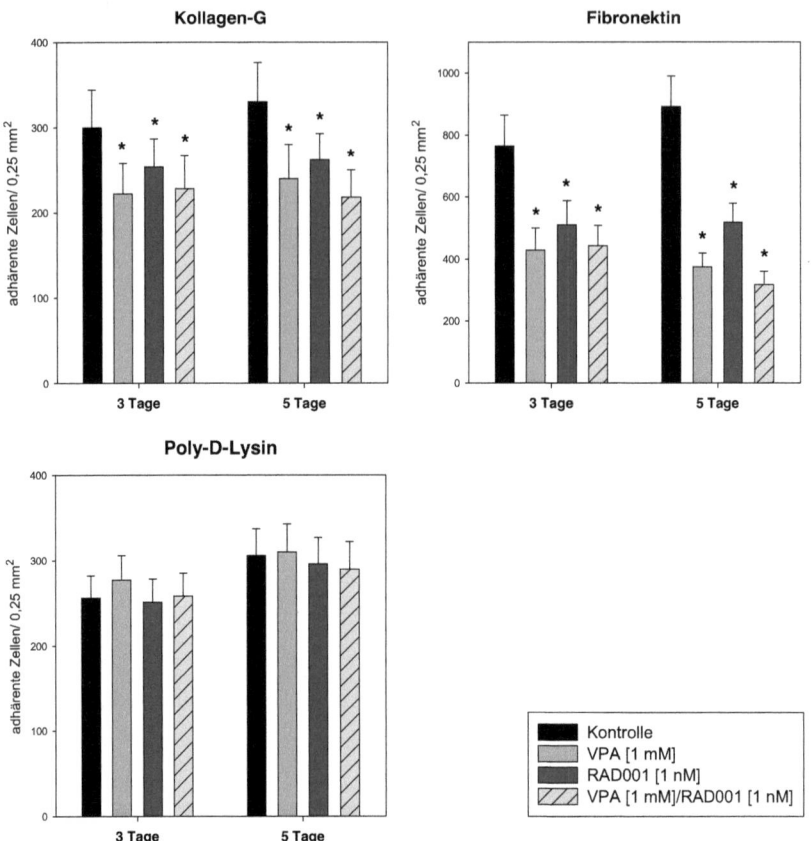

Abbildung 34: Adhäsion der LNCaP-Zellen an EZM. Applikation von VPA [1 mM], RAD001 [1 nM] oder der Kombination VPA [1 mM]/RAD001 [1 nM] der LNCaP-Zellen. Adhäsion Oben links: Kollagen G [400 µg/ml], Oben rechts: Fibronektin [100 µg/ml], Unten links: beschichtete Poly-D-Lysin Platte. Mikroskopische Auswertung von 5 Sichtfeldern von jeweils 0,25 mm² bei einer 200-fachen Vergrößerung. Durchschnittswerte aus n=5 Versuchen mit Standardabweichung und Signifikanz zur Kontrolle (*).

Ergebnisse

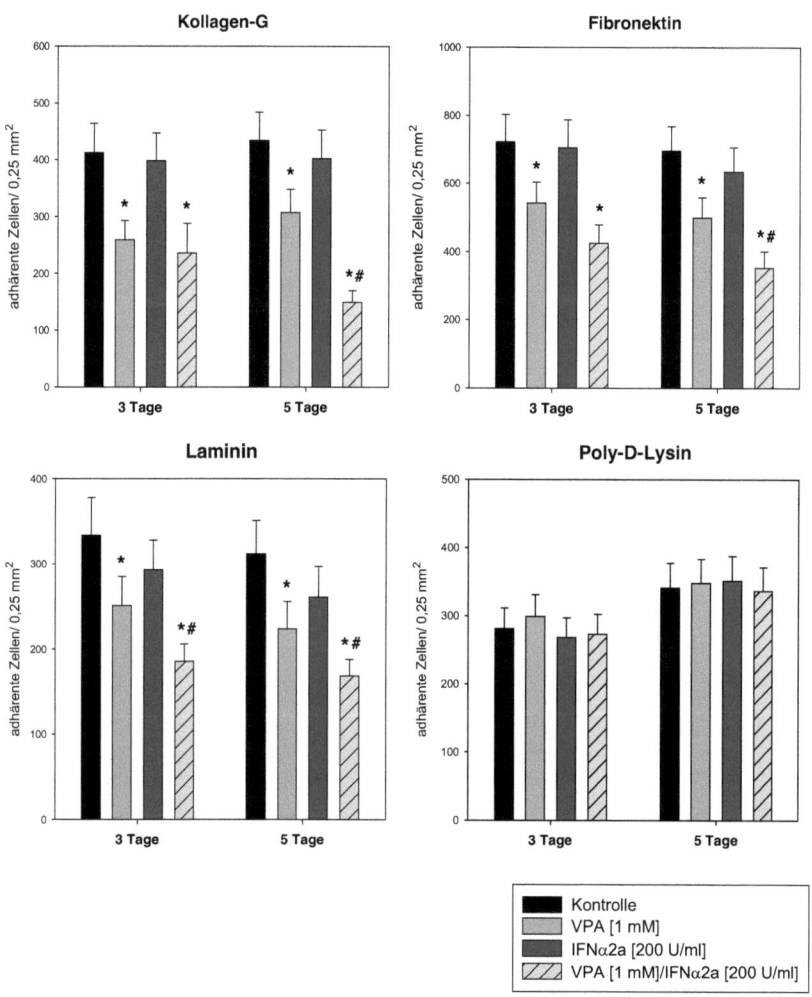

Abbildung 35: Adhäsion der PC-3-Zellen an EZM. Applikation von VPA [1 mM], IFNα2a [200 U/ml] oder der Kombination VPA [1 mM]/IFNα2a [200 U/ml] der PC-3-Zellen mit einer 3- und 5-tägigen Inkubationszeit. Adhäsion Oben links: Kollagen G [400 µg/ml], Oben rechts: Fibronektin [100 µg/ml], Unten links: Laminin [50 µg/ml], Unten rechts: beschichtete Poly-D-Lysin Platte. Mikroskopische Auswertung von 5 Sichtfeldern von jeweils 0,25 mm² bei einer 200-fachen Vergrößerung. Durchschnittswerte aus n=5 Versuchen mit Standardabweichung und Signifikanz zur Kontrolle (*) und zur Einzelapplikation (#).

Ergebnisse

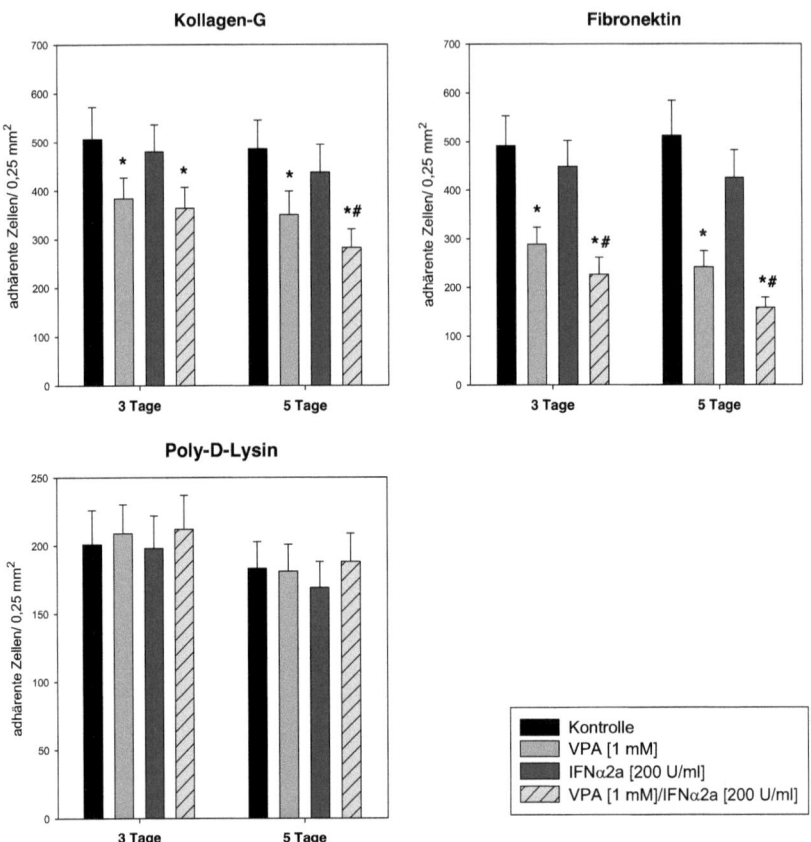

Abbildung 36: Adhäsion der LNCaP-Zellen an EZM. Applikation von VPA [1 mM], IFNα2a [200 U/ml] oder der Kombination VPA [1 mM]/IFNα2a [200 U/ml] der LNCaP-Zellen. Adhäsion Oben links: Kollagen G [400 µg/ml], Oben rechts: Fibronektin [100 µg/ml], Unten links: beschichtete Poly-D-Lysin Platte. Mikroskopische Auswertung von 5 Sichtfeldern von jeweils 0,25 mm² bei einer 200-fachen Vergrößerung. Durchschnittswerte aus n=5 Versuchen mit Standardabweichung und Signifikanz zur Kontrolle (*) und zur Einzelapplikation (#).

Ergebnisse

4.4.3 Integrin-Expressionsmuster

4.4.3.1 Oberflächenanalyse der Oberflächen-Expression der Integrinsubtypen mittels FACS-Assay

Um eine mögliche Veränderung im Oberflächenprofil der Integrinsubtypen unter Therapie zu untersuchen, wurden die behandelten versus unbehandelten Zellen mittels Durchflusszytometrie evaluiert. Wie Abbildung 37 verdeutlicht, waren bei der Zelllinie PC-3 die Integrinuntereinheiten α2, α3, α5, α6, β1 und β4 stark, die Untereinheiten α1 und β3 gering auf der Oberfläche der Zelle vertreten. Auf LNCaP waren α2, α3, α5, α6 und β1 deutlich nachweisbar, α1 hingegen nur schwach (s. Abb.: 38). Bei beiden Zelllinien waren α4 und bei LNCaP-Zellen zusätzlich β3 und β4 gegenüber der Hintergrundfluoreszenz kaum erhöht.

4.4.3.1.1 AEE788/RAD001
Die Zelllinien PC-3 und DU145 zeigten ein ähnliches Adhäsionsverhalten, daher konzentrierten sich die Folgeversuche auf PC-3 und LNCaP als repräsentative Zelllinien. Die Einzeldosierung von AEE788 (s. Abb.: 39) führte zu einer signifikanten Verstärkung der Oberflächenexpression bei α1 und einer signifikanten Reduktion von α5 bei PC-3. Bei LNCaP konnte eine starke Reduktion von α1 gemessen werden. Die übrigen Integrinsubtypen wurden unter AEE788 im Vergleich zur Kontrolle nicht in ihrer Expressionsdichte verändert. Die Einzelapplikation mit RAD001 führte bei PC-3 zu einer signifikanten Verstärkung des Oberflächenprofils von α2 und β3 und einer Reduktion der Oberflächenrezeptoren bei α5 (s. Abb.: 39). Bei LNCaP führte die Behandlung mit RAD001 zu keinen signifikanten Veränderungen des Oberflächenprofils der Integrinsubtypen. Ebenfalls konnte die Kombination AEE788/RAD001 keine additiven Effekte induzieren (s. Abb.: 39).

4.4.3.1.2 VPA/RAD001
Eine 3- oder 5-Tages-Inkubation der Tumorzellen mit VPA führte zu ähnlichen Veränderungen im Integrin-Expressionsprofil. Exemplarisch wurden im Folgenden die Auswirkungen der 3-tägigen Vorinkubation präsentiert. Wie Abbildung 40 zeigt, erhöhten sich auf PC-3 mittels VPA α1 und α3 signifikant, während die Expression von α5, α6, β3 und β4 signifikant reduziert wurde. Bei LNCaP konnte bei allen Integrinsubtypen unter VPA-Gabe eine signifikante Verstärkung der

Ergebnisse

Oberflächenexpression gemessen werden. Die größte Amplifikation wurde beim Integrinsubtyp α1 bei PC-3 (+ 100%) und α3 bei LNCaP (+ 250%) gemessen. Die Kombination VPA/RAD001 bewirkte eine signifikante Wirkungsverstärkung versus Einzelapplikation bei β3 (PC-3) und α2, α3 (LNCaP) (s. Abb.: 40). Die Integrinsubtypen α2, α3, β4 (PC-3), β1 (LNCaP) und α1, α5, α6 (PC-3 und LNCaP) zeigten eine vergleichbare Tendenz der relativen Fluoreszenz wie die Einzelapplikation.

4.4.3.1.3 VPA/IFNα2a

Es konnte keine Veränderung des Integrinspiegels auf der Oberfläche von PC-3 und LNCaP durch die Behandlung mit IFNα2a gemessen werden (s. Abb.: 41). Kombiniert mit VPA jedoch evozierte IFNα2a bei den Integrinsubtypen β1 (PC-3), α2 (LNCaP) und α1, α3 (PC-3 und LNCaP) eine signifikante Verstärkung des Signals im Vergleich zur Einzelgabe (s. Abb.: 41).

Ergebnisse

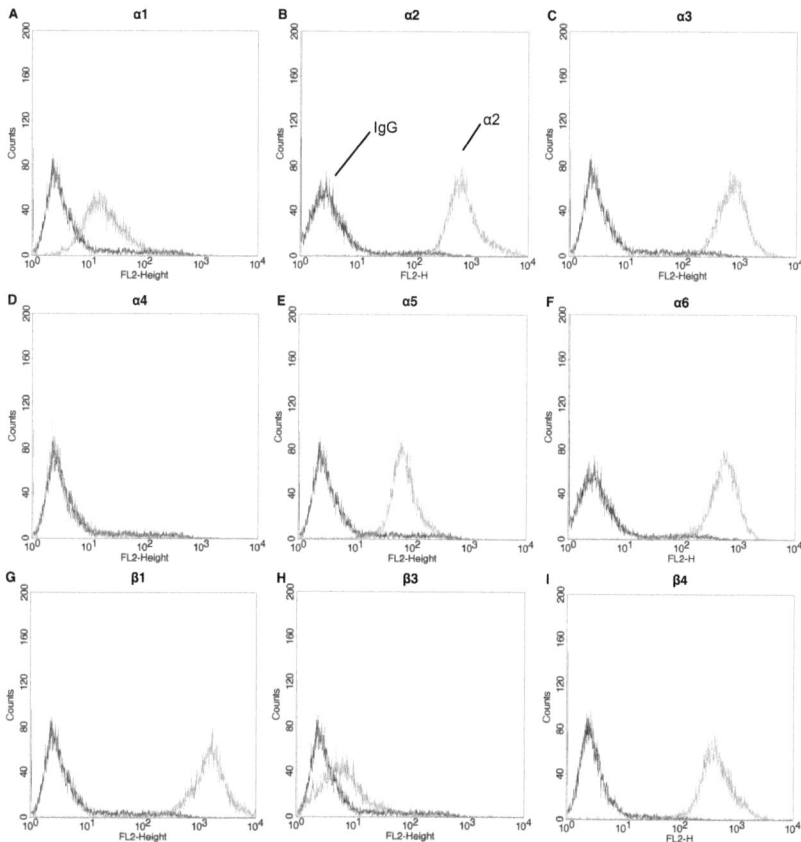

Abbildung 37: Oberflächenexpression der Integrinsubtypen auf PC-3-Zellen. Durchflusszytometrie. Histogramme der Kontrollproben der PC-3-Zellen: **A**: α1, **B**: α2, **C**: α3, **D**: α4, **E**: α5, **F**: α6, **G**: β1, **H**: β3 und **I**: β4. Abszisse: relative logarithmische Verteilung der Fluoreszenzintensität. Ordinate: relative Zellzahl. Schwarzer Graph = Isotypenkontrolle Ig-FITC, grauer Graph = Oberflächenexpression der Integrinsubtypen der PC-3-Zellen. Repräsentativ aus n=6 Versuchen. Gezählt wurden jeweils 10.000 Zellen.

Ergebnisse

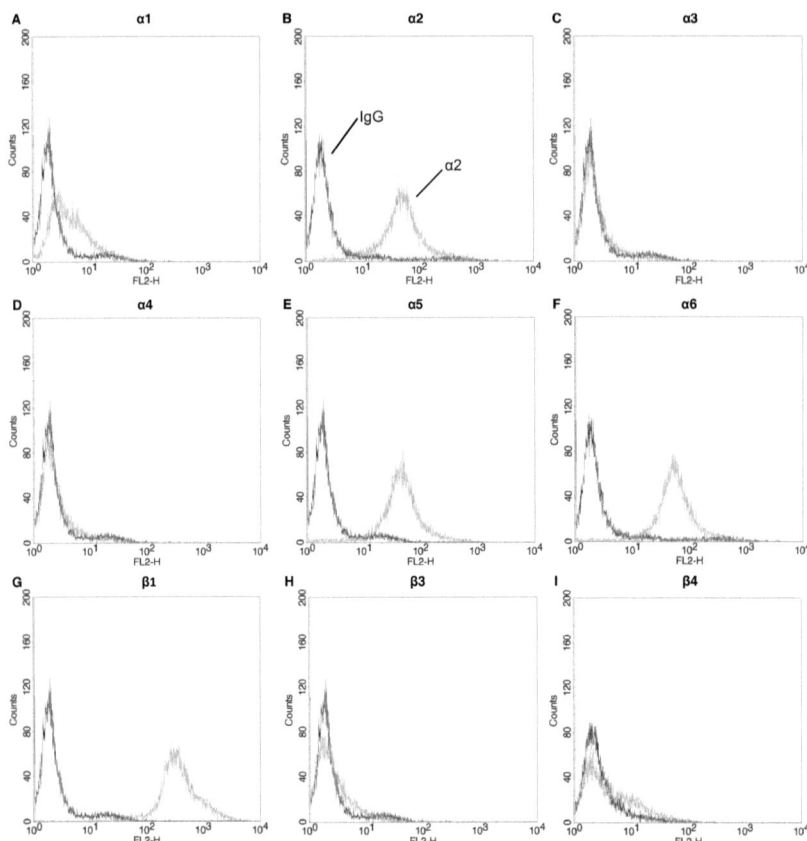

Abbildung 38: Oberflächenexpression der Integrinsubtypen auf LNCaP-Zellen. Durchflusszytometrie. Histogramme der Kontrollproben der LNCaP-Zellen: **A**: α1, **B**: α2, **C**: α3, **D**: α4, **E**: α5, **F**: α6, **G**: β1, **H**: β3 und **I**: β4. Abszisse: relative logarithmische Verteilung der Fluoreszenzintensität. Ordinate: relative Zellzahl. Schwarzer Graph = Isotypenkontrolle Ig-FITC, grauer Graph = Oberflächenexpression der Integrinsubtypen der LNCaP-Zellen. Repräsentativ aus n=6 Versuchen. Gezählt wurden jeweils 10.000 Zellen.

Ergebnisse

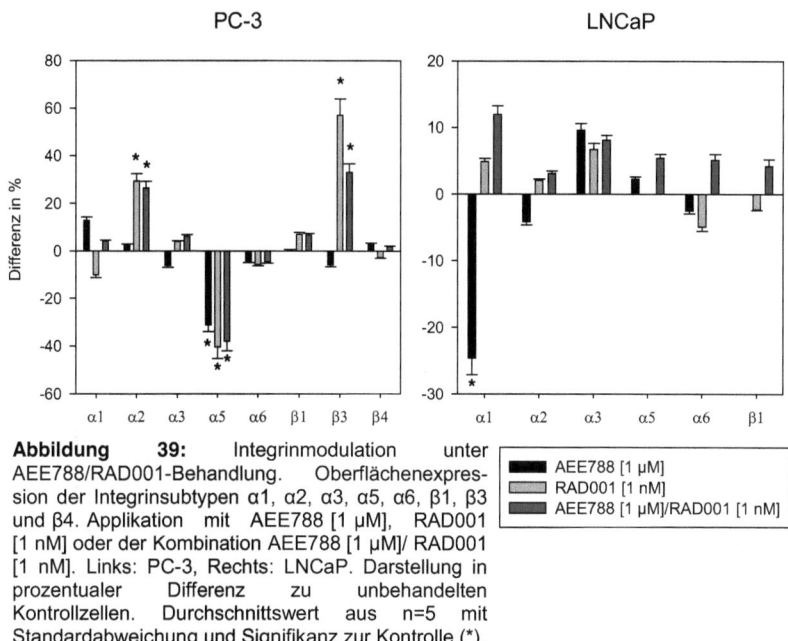

Abbildung 39: Integrinmodulation unter AEE788/RAD001-Behandlung. Oberflächenexpression der Integrinsubtypen α1, α2, α3, α5, α6, β1, β3 und β4. Applikation mit AEE788 [1 µM], RAD001 [1 nM] oder der Kombination AEE788 [1 µM]/ RAD001 [1 nM]. Links: PC-3, Rechts: LNCaP. Darstellung in prozentualer Differenz zu unbehandelten Kontrollzellen. Durchschnittswert aus n=5 mit Standardabweichung und Signifikanz zur Kontrolle (*).

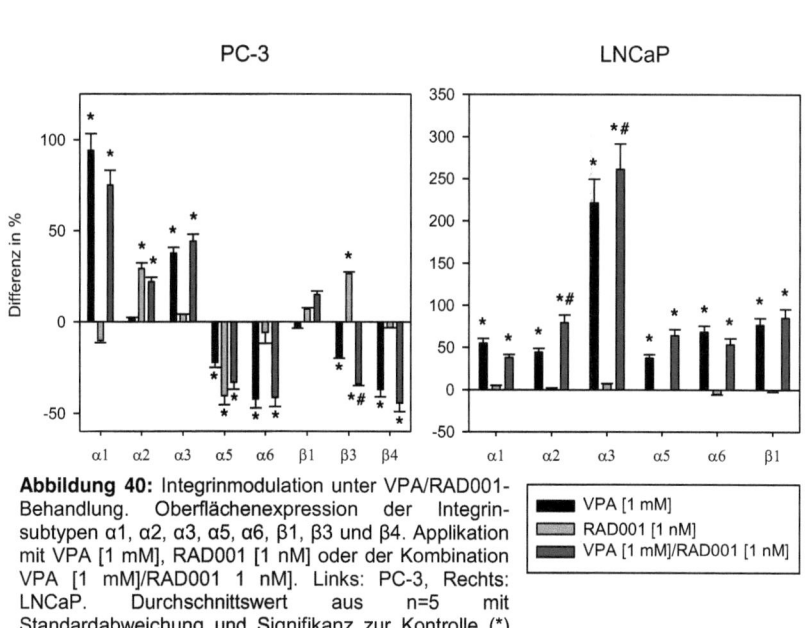

Abbildung 40: Integrinmodulation unter VPA/RAD001-Behandlung. Oberflächenexpression der Integrinsubtypen α1, α2, α3, α5, α6, β1, β3 und β4. Applikation mit VPA [1 mM], RAD001 [1 nM] oder der Kombination VPA [1 mM]/RAD001 1 nM]. Links: PC-3, Rechts: LNCaP. Durchschnittswert aus n=5 mit Standardabweichung und Signifikanz zur Kontrolle (*) und zur Einzelapplikation (#).

Ergebnisse

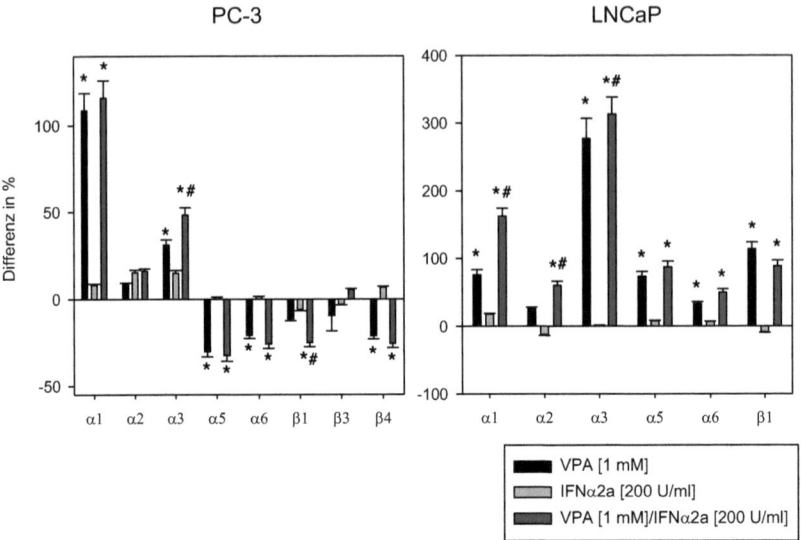

Abbildung 41: Integrinmodulation unter VPA/IFNα2a-Behandlung. Oberflächenexpression der Integrinsubtypen α1, α2, α3, α5, α6, β1, β3 und β4. Applikation mit VPA [1 mM], IFNα2a [200 U/ml] oder der Kombination VPA [1 mM]/IFNα2a [200 U/ml]. Links: PC-3, Rechts: LNCaP. Durchschnittswert aus n=5 mit Standardabweichung und Signifikanz zur Kontrolle (*) und zur Einzelapplikation (#).

4.4.3.2 Untersuchung des cytoplasmatischen Integringehalts sowie integrinspezifischer Kinasen

Um die Proteinexpression der Integrinsubtypen zu analysieren, wurde die Western-Blot Analyse herangezogen. Die Subtypen α1 und α4 bei beiden Zelllinien und die Subtypen β3 und β4 bei LNCaP konnten nicht detektiert werden. Zusätzlich zu den Integrinsubtypen wurde die Proteinexpression der *integrin-linked kinase* (ILK), der *focal adhesion kinase* (FAK) und der aktivierten Form von FAK (pFAK) untersucht, mittels derer Rückschlüsse auf den Aktivitätszustand der Integrine gezogen werden können.

4.4.3.2.1 AEE788/RAD001

Die Einzelapplikation von AEE788 und RAD001 zeigte keinen Effekt auf den Proteingehalt der Integrinsubtypen. Eine Ausnahme bildete β3 und β4 bei PC-3 nach

Ergebnisse

Applikation von RAD001 (s. Abb.: 42). Hier kam es zu einer signifikant stärkeren Proteinexpression im Vergleich zur Kontrolle. Zusätzlich konnte eine Reduktion von pFAK und ILK aufgrund der Einzelbehandlung mit AEE788 bzw. RAD001 bei den LNCaP-Zellen beobachtet werden. Die Kombination AEE788/RAD001 führte in PC-3-Zellen zu einer Verstärkung des Proteingehalts von α2, β3 und β4, ähnlich dem Effekt der RAD001-Einzelgabe (s. Abb.: 42). In LNCaP-Zellen führte die Dualgabe zu keinen relevanten Integrin-Veränderungen, jedoch war eine signifikante Reduktion von ILK und pFAK zu beobachten.

4.4.3.2.2 VPA/RAD001
VPA induzierte eine moderate Zunahme von α2, α3, α5, β1 und β4 in PC-3, von α2, α3 und α5 in LNCaP (s. Abb.: 43). Im Gegensatz zu PC-3 wurden in LNCaP α6 und β1 Integrine deutlich reduziert. Die Kinasen FAK und ILK konnten ebenfalls in Gegenwart von VPA reduziert werden, wobei der Effekt bei LNCaP stärker ausfiel. In LNCaP wurde zudem unter VPA die phosphorylierte Form von FAK (pFAK) deutlich vermindert. Mittels kombinierter VPA/RAD001-Anwendung konnte eine Wirkungsverstärkung bezüglich der α2 und β1 Modulation in PC-3 erzielt werden (s. Abb.: 43). Die Integrinsubtypen α3, α5 und β4 (PC-3) bzw. α2, α3, α5, α6 und β1 (LNCaP) veränderten sich unter Kombinationstherapie ähnlich wie unter VPA-Monotherapie.

4.4.3.2.3 VPA/IFNα2a
Die Applikation von IFNα2a induzierte keine relevanten Veränderungen in der Proteinexpression (s. Abb.: 44). Die gemeinsame Anwendung von VPA/IFNα2a erhöhte allerdings den Proteingehalt von α2, α3, α5, β1 und β4 in PC-3-Zellen, wobei nur α3 in Vergleich zur Einzelgabe mit VPA zusätzlich erhöht wurde (s. Abb.: 44). Die Integrinsubtypen α6 und β1 wurden aufgrund der VPA/RAD001-Applikation genauso wie bei der alleinigen VPA-Gabe reduziert. In LNCaP wurden α2 und α5 signifikant im Vergleich zur Kontrolle und VPA-Einzelapplikation erhöht. Der Proteingehalt des Subtyps α3 wurde ebenfalls moderat erhöht, derjenige von α6 reduziert, beide äquivalent zu dem Effekt der Einzelgabe mit VPA. Der Proteingehalt der relevanten Signalkaskaden ILK, FAK und pFAK wurde aufgrund der Dualapplikation von VPA/IFNα2a im Vergleich zur Kontrolle sowohl bei PC-3 als auch bei LNCaP drastisch reduziert.

Ergebnisse

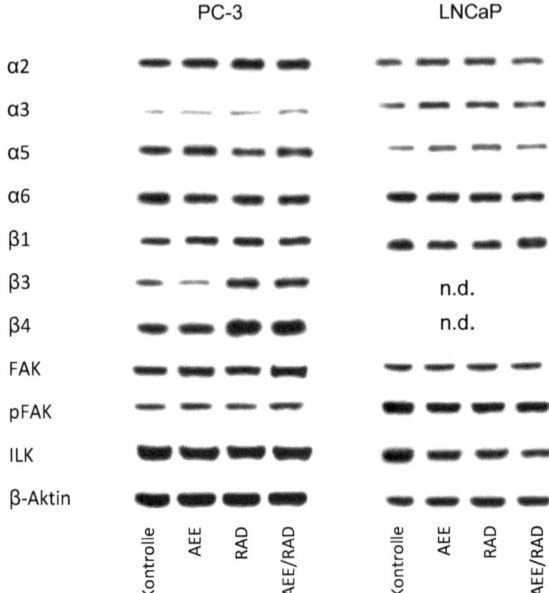

Abbildung 42: Western-Blot-Analysen zur Integrinexpression und –aktivität. Integrinsubtypen α2, α3, α5, α6, β1, β3, β4 und die integrinaktivitätsspezifischen Kinasen FAK, pFAK und ILK. Applikation mit AEE788 [1 µM], RAD001 [1 nM] oder der Kombination von AEE788 [1 µM]/RAD001 [1 nM]. Links: Proteinisolation aus PC-3, Rechts: Proteinisolation aus LNCaP. Eine repräsentative Darstellung aus n=3 Versuchen. Das Haushaltsprotein β-Aktin diente als Beladungskontrolle. Pro Probe wurden 50 µg Protein eingesetzt.

Ergebnisse

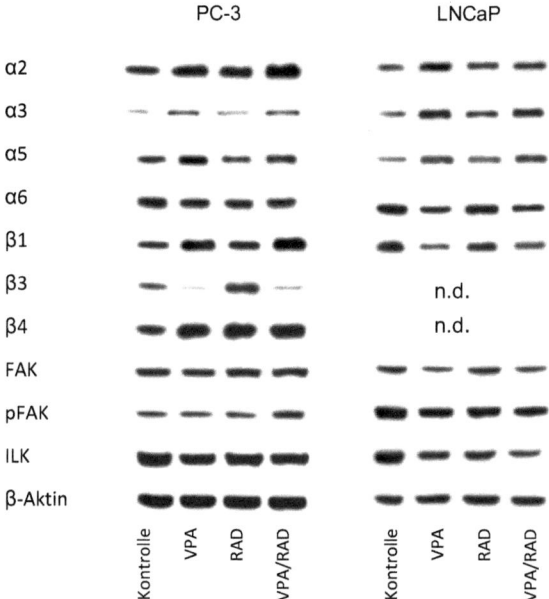

Abbildung 43: Western-Blot-Analysen zur Integrinexpression und –aktivität. Integrinsubtypen α2, α3, α5, α6, β1, β3, β4 und die integrinaktivitätsspezifischen Kinasen FAK, pFAK und ILK. Applikation mit VPA [1 mM], RAD001 [1 nM] oder der Kombination von VPA [1 mM]/RAD001 [1 nM]. Links: Proteinisolation aus PC-3, Rechts: Proteinisolation aus LNCaP. Eine repräsentative Darstellung aus n=3 Versuchen. Das Haushaltsprotein β-Aktin diente als Beladungskontrolle. Pro Probe wurden 50 µg Protein verwendet.

Ergebnisse

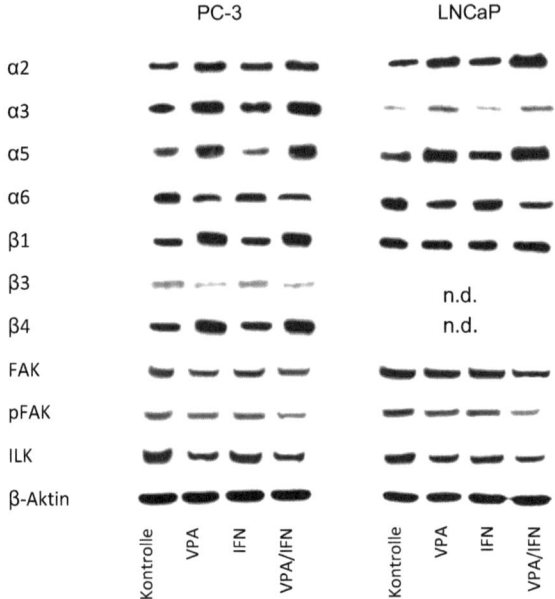

Abbildung 44: Western-Blot-Analysen zur Integrinexpression und –aktivität. Integrinsubtypen α2, α3, α5, α6, β1, β3, β4 und die integrinaktivitätsspezifischen Kinasen FAK, pFAK und ILK. Applikation mit VPA [1 mM], IFNα2a [200 U/ml] oder der Kombination von VPA [1 mM]/IFNα2a [200 U/ml]. Links: Proteinisolation aus PC-3, Rechts: Proteinisolation aus LNCaP. Eine repräsentative Darstellung aus n=3 Versuchen. Das Haushaltsprotein β-Aktin diente als Beladungskontrolle. Pro Probe wurden 50 µg Protein verwendet.

Ergebnisse

4.4.3.3 Transkriptionsanalyse der Integrinsubtypen mittels *RealTime qPCR*

4.4.3.3.1 AEE788/RAD001

Wie Abbildung 45 veranschaulicht, führte die Zugabe von AEE788 zu einer moderaten Reduktion der Transkription von α1, α2, α3, α5, β3 und β4 bei PC-3-Zellen. Bei LNCaP erfolgte eine moderate Reduktion der mRNS bei β1 (s. Abb. 48). Die Applikation mit RAD001 führte zu einer moderaten Verminderung der Transkription von α1, α2, α3, α5, β3 und β4 bei PC-3, bei LNCaPhingegen zu einer moderaten Erhöhung des mRNS-Gehaltes von α1 und α3 (s. Abb.: 45 und Abb.: 48). Die Kombinationsgabe AEE788/RAD001 resultierte in einer signifikanten Wirkungsverstärkung bei α1, α3, α5, β3 und β4 in PC-3 und in LNCaP bei α1 (s. Abb.: 45 und Abb.: 48).

4.4.3.3.2 VPA/RAD001

VPA verminderte β3 und erhöhte die mRNS Transkription von α1, α5 in PC-3-Zellen (s. Abb.: 46). In LNCaP führte VPA zu einer moderaten Erhöhung der mRNS-Transkription von α1 und α3 (s. Abb.: 49). Die gemeinsame Anwendung von VPA und RAD001 induzierte eine signifikante Wirkungsverstärkung bezüglich β3 in PC-3-Zellen (s. Abb.: 46). In LNCaP ließ sich aufgrund von VPA/RAD001 kein gesteigerter Effekt bezüglich des Integrinsubtypen feststellen (s. Abb.: 49).

4.4.3.3.3 VPA/IFNα2a

Die Einzelgabe von IFNα2a führte bei allen Zelllinien zu keinen Veränderungen in der mRNS-Transkription der Integrinsubtypen (s. Abb.: 47 und Abb.: 50). Die Kombinationsapplikation VPA/IFNα2a erzielte eine signifikante Verstärkung des VPA-Einzeleffektes in PC-3 bei α1 und α5 (s. Abb.: 47). In LNCaP-Zellen konnte aufgrund der Kombinationsbehandlung keine Intensivierung der Effekte im Vergleich zur Einzeltherapie beobachtet werden (s. Abb.: 50).

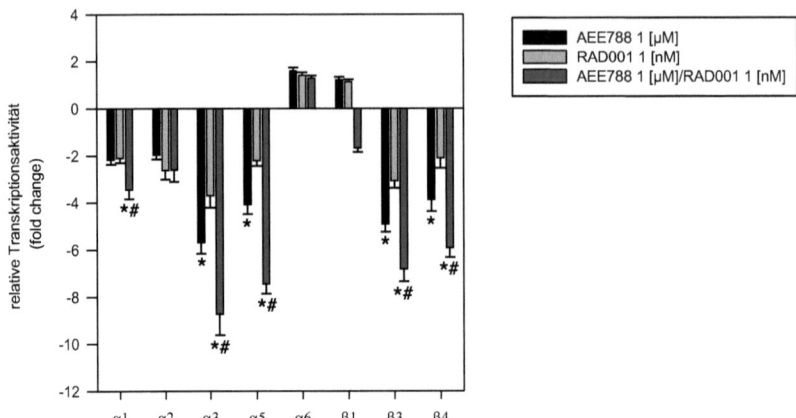

Abbildung 45: Integrintranskription in PC-3 unter AEE788/RAD001-Behandlung. RT qPCR: Darstellung der relativen Transkriptionsrate der Gene für die Integrinsubtypen. PC-3-Zellen unter Behandlung von AEE [1 µM], RAD001 [1 nM] oder AEE788 [1 µM]/RAD001 [1 nM]. Als Kontrolle dienten die Haushaltsgene β-Aktin und GAPDH. Durchschnittswerte aus n=5 Versuchen mit Standard-abweichung und Signifikanz zur Kontrolle (*) und zur Einzelapplikation (#).

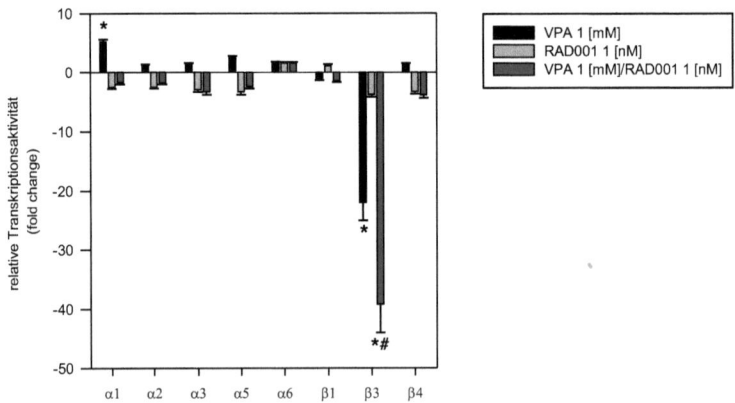

Abbildung 46: Integrintranskription in PC-3 unter VPA/RAD001-Behandlung. RT qPCR: Darstellung der relativen Transkriptionsrate der Gene für die Integrinsubtypen. PC-3-Zellen unter Behandlung von VPA [1 mM], RAD001 [1 nM] oder VPA [1 mM]/RAD001 [1 nM]. Als Kontrolle dienten die Haushaltsgene β-Aktin und GAPDH. Durchschnittswerte aus n=5 Versuchen mit Standard-abweichung und Signifikanz zur Kontrolle (*) und zur Einzel-applikation (#).

Ergebnisse

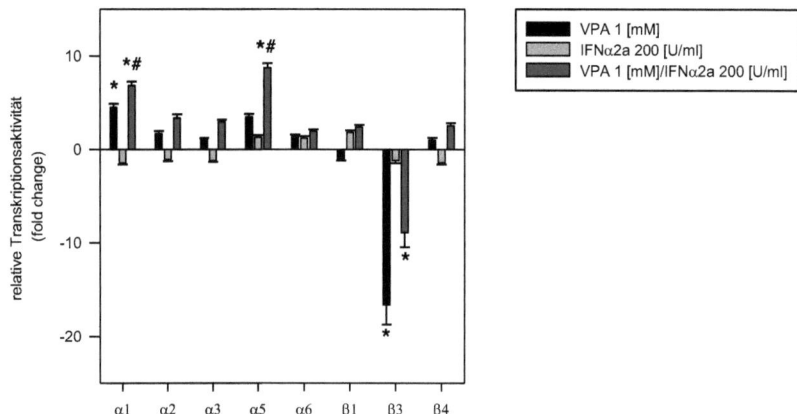

Abbildung 47: Integrintranskription in PC-3 unter VPA/IFNα2a-Behandlung. RT qPCR: Darstellung der relativen Transkriptionsrate der Gene für die Integrinsubtypen. PC-3-Zellen unter Behandlung von VPA [1 mM], IFNα2a [200 U/ml] oder VPA [1 mM]/IFNα2a [200 U/ml]. Als Kontrolle dienten die Haushaltsgene β-Aktin und GAPDH. Durchschnittswerte aus n=5 Versuchen mit Standard-abweichung und Signifikanz zur Kontrolle (*) und zur Einzel-applikation (#).

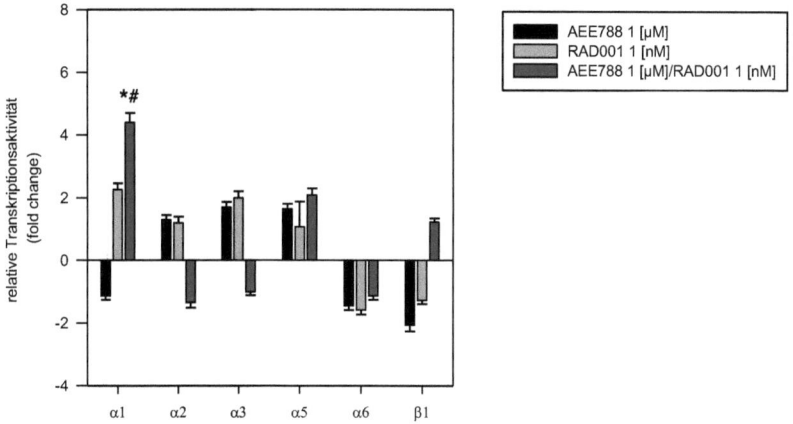

Abbildung 48: Integrintranskription in LNCaP unter AEE788/RAD001-Behandlung. RT qPCR: Darstellung der relativen Transkriptionsrate der Gene für die Integrinsubtypen. LNCaP-Zellen unter Behandlung von AEE [1 µM], RAD001 [1 nM] oder AEE788 [1 µM]/RAD001 [1 nM]. Als Kontrolle dienten die Haushaltsgene β-Aktin und GAPDH. Durchschnitts-werte aus n=5 Versuchen mit Standardabweichung und Signifikanz zur Kontrolle (*) und zur Einzel-applikation (#).

Ergebnisse

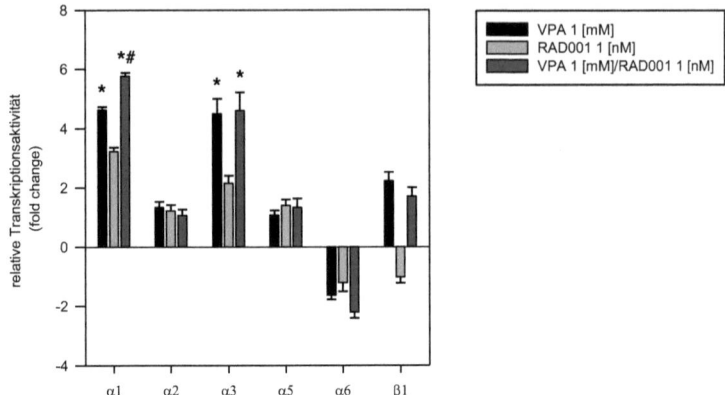

Abbildung 49: Integrintranskription in LNCaP unter VPA/RAD001-Behandlung. RT qPCR: Darstellung der relativen Transkriptionsrate der Gene für die Integrinsubtypen. LNCaP-Zellen unter Behandlung von VPA [1 mM], RAD001 [1 nM] oder VPA [1 mM]/RAD001 [1 nM]. Als Kontrolle dienten die Haushaltsgene β-Aktin und GAPDH. Durchschnitts-werte aus n=5 Versuchen mit Standardabweichung und Signifikanz zur Kontrolle (*).

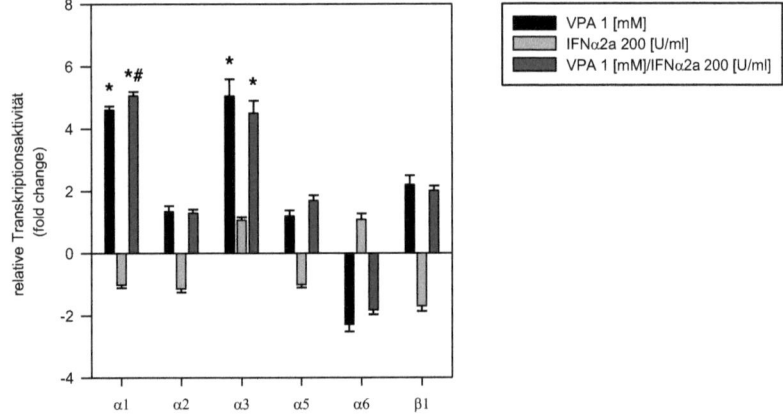

Abbildung 50: Integrintranskription in LNCaP unter VPA/IFNα2a-Behandlung. RT qPCR: Darstellung der relativen Transkriptionsrate der Gene für die Integrinsubtypen. LNCaP-Zellen unter Behandlung von VPA [1 mM], IFNα2a [200 U/ml] oder VPA [1 mM]/IFNα2a [200 U/ml]. Als Kontrolle dienten die Haushaltsgene β-Aktin und GAPDH. Durchschnitts-werte aus n=5 Versuchen mit Standardabweichung und Signifikanz zur Kontrolle (*).

Ergebnisse

4.4.3.4 Blockadestudien

Die eingesetzten Substanzen induzierten in PC-3-Zellen insbesondere deutliche Veränderungen der β3-, β4- und α5-Expression. Die funktionelle Bedeutung dieser Rezeptoren wurde daher in Blockadestudien vertiefend analysiert. Über eine Hemmung der Integrinsubtypen β3, β4 und α5 wurde die integrinvermittelte Adhäsion der PC-3-Zellen an EZM und HUVEC-Zellen untersucht. Abbildung 51 zeigt die Ergebnisse der Blockadestudien. Eine Hemmung von β3, β4 und α5 induzierte eine signifikante Reduktion der Adhäsion der PC-3 an HUVEC, Kollagen, Fibronektin und Laminin.

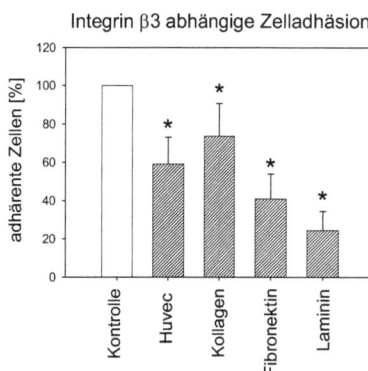

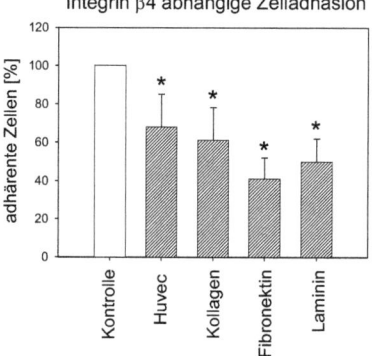

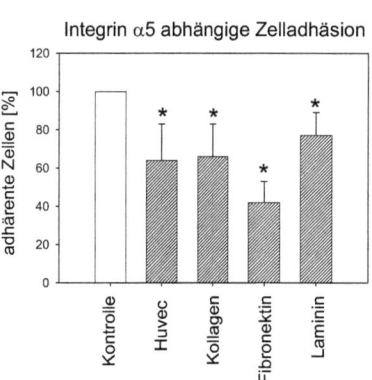

Abbildung 51: Blockadestudien an EZM-Proteinen und Endothelzellen. Behandlung der PC-3-Zellen mit Antikörpern gegen β3 [20 ng/ml] (Oben links), β4 [20 ng/ml] (Oben rechts) und α5 [20 ng/ml] (Unten links). Kontrollzellen wurden nicht behandelt. Die Adhäsionsblockade wurde als prozentuale Differenz gegenüber den Kontrollzellen, die auf 100% eingestellt wurden, dargestellt. Mikroskopische Aus-wertung von 5 Sichtfeldern von jeweils 0,25 mm^2 bei einer 200-fachen Vergrößerung. Durchschnittswerte aus n=5 Versuchen mit Standardabweichung und Signifikanz (*).

Ergebnisse

4.5 Untersuchung des PSA-Spiegels

Die PSA-Bestimmung dient als wichtiger diagnostischer Parameter des PCa. Da nur LNCaP PSA in einem messbaren Bereich synthetisieren und sezernieren, wurde die PSA-Analyse auf LNCaP-Zellen beschränkt.

Die Einzelanwendung von AEE788 und RAD001 bewirkte keine signifikante Reduktion des tPSA- und des cPSA-Spiegels im Überstand der LNCaP-Kulturen (Daten nicht gezeigt). Wie Abbildung 52 verdeutlicht, ging die Einzelgabe von IFNα2a mit einer moderaten Reduktion von cPSA einher, hatte jedoch keine Wirkung auf den tPSA-Spiegel. VPA in der Einzelapplikation löste eine deutliche Reduktion von tPSA um etwa 25% und von cPSA um etwa 50% aus (s. Abb.: 52). Die Kombination von VPA/IFNα2a erzielte eine signifikante Wirkungsverstärkung bei tPSA und bei cPSA (s. Abb.: 52). Die Kombination AEE788/RAD001 und VPA/RAD001 hingegen konnte keine signifikante Wirkungsverstärkung in der Reduktion von sowohl tPSA als auch cPSA erzielen (Daten nicht gezeigt).

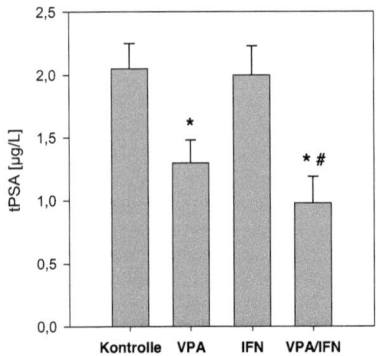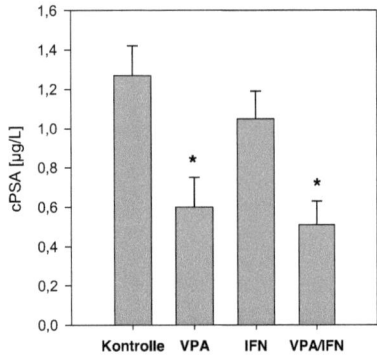

Abbildung 52: PSA-Untersuchung an LNCaP unter VPA/IFNα2a-Behandlung. ELISA: Behandlung der LNCaP-Zellen mit VPA [1 mM], IFNα2a [200 U/ml] oder VPA [1 mM]/IFNα2a [200 U/ml]. Links: Darstellung der gesamten PSA-Menge (tPSA); rechts: Darstellung der aktiven (freien) PSA-Menge (cPSA). Durchschnittswerte aus n=5 Versuchen mit Standardabweichung und Signifikanz zur Kontrolle (*) und zur Einzelapplikation (#).

Ergebnisse

4.6 Modulation der intrazellulären Signalsysteme

4.6.1 Einfluss der Therapeutika auf die Modulation intrazellulärer Signalproteine

Mit Hilfe der Western-Blot-Hybridisierung wurden intrazelluläre Signalmechanismen studiert, mit besonderem Fokus auf die relevanten Zielproteine der eingesetzten Pharmaka.

4.6.1.1 AEE788/RAD001

Die Inkubation mit AEE788 inhibierte die Expression von EGFR, pEGFR und pERK1/2 in PC-3- und LNCaP-Zellen (s. Abb.: 53), wobei die Wirkung bei PC-3 stärker als bei LNCaP ausfiel. Die Behandlung der Zellen mit RAD001 führte jeweils zu einer verminderten pEGFR und pP70S6K Expression, in PC-3 zusätzlich zur Reduktion von pERK1/2, AKT und P70S6K (s. Abb.: 53). Die Kombination AEE788/RAD001 verstärkte nicht die Wirkung der Einzelgabe von AEE788 bzw. RAD001 (s. Abb.: 53).

4.6.1.2 VPA/RAD001

Unter VPA konnte eine Verminderung des Proteingehaltes im Vergleich zur Kontrolle bei EGFR, pEGFR, ERK1 und ERK2, pERK1/2, AKT, P70S6K und pP70S6K sowohl bei PC-3 als auch bei LNCaP beobachtet werden (s. Abb.: 54). Die Expression der aktivierten Kinase pAKT wurde interessanterweise im Vergleich zur Kontrolle erhöht. Die Kombination von VPA/RAD00 reduzierte den Proteingehalt von EGFR, pEGFR, pERK1/2, AKT, P70S6K und pP70S6K in beiden Zelltypen (s. Abb.: 54). Die Reduktion war jedoch nur bei pP70S6K und pEGFR stärker im Vergleich zur Wirkung von VPA als Einzelapplikation. Die Proteinexpression von pAKT wurde in beiden Zelllinien amplifiziert, vergleichbar der Einzelwirkung von VPA.

4.6.1.3 VPA/IFNα2a

IFNα2a erzielte keine signifikanten Veränderungen im Proteinspiegel im Vergleich zur Kontrolle (s. Abb.: 55). Die Kombination VPA/IFNα2a führte allerdings in beiden Zelllinien zu einer starken Reduktion der Expression aller Kinasen, außer pAKT, die eine signifikante Hochregulation im Vergleich zur Kontrolle und zur Einzelapplikation erfuhr (s. Abb.: 55). Bei den folgenden Proteinen wurde der Effekt durch die

Ergebnisse

Kombination in Vergleich zur Einzelapplikation mit VPA verstärkt: EGFR, pERK1/2, AKT (PC-3 und LNCaP), pP70S6K und ERK2 (PC-3).

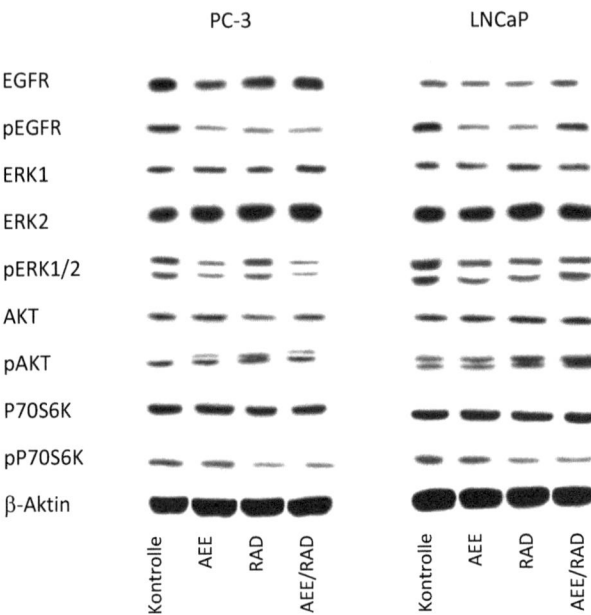

Abbildung 53: Western-Blot-Analysen der intrazellulären Signalwege unter AEE788/RAD001-Behandlung. Applikation mit AEE788 [1 µM], RAD001 [1 nM] oder der Kombination AEE788 [1 µM]/RAD001 [1 nM]. Proteinisolation Links: PC-3, Rechts: LNCaP. Eine repräsentative Darstellung aus n=3 Versuchen. Das Haushaltsprotein β-Aktin diente als Beladungskontrolle. Pro Probe wurden 50 µg Protein eingesetzt.

Ergebnisse

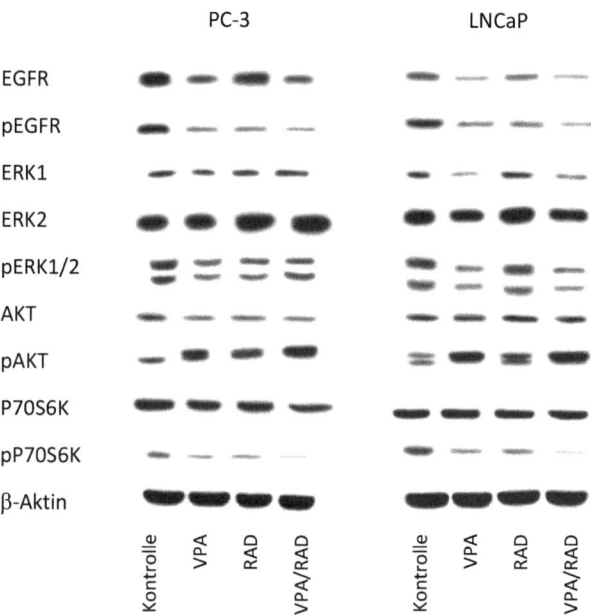

Abbildung 54: Western-Blot-Analysen der intrazellulären Signalwege unter VPA/RAD001-Behandlung. Applikation mit VPA [1 mM], RAD001 [1 nM] oder der Kombination VPA [1 mM]/RAD001 [1 nM]. Proteinisolation Links: PC-3, Rechts: LNCaP. Eine repräsentative Darstellung aus n=3 Versuchen. Das Haushaltsprotein β-Aktin diente als Beladungskontrolle. Pro Probe wurden 50 µg Protein verwendet.

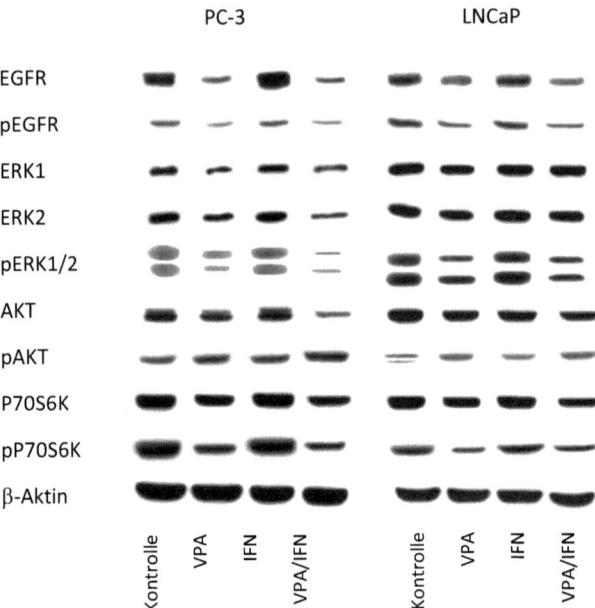

Abbildung 55: Western-Blot-Analysen der intrazelluläre Signalwege unter VPA/IFNα2a-Behandlung. Applikation mit VPA [1 mM], IFNα2a [200 U/ml] oder der Kombination VPA [1 mM]/IFNα2a [200 U/ml]. Proteinisolation Links: PC-3, Rechts: LNCaP. Eine repräsentative Darstellung aus n=3 Versuchen. Das Haushaltsprotein β-Aktin diente als Beladungskontrolle. Pro Probe wurden 50 µg Protein eingesetzt.

Ergebnisse

4.6.2 Inhibition des HDAC-Systems

Über eine Western-Blot-Hybridisierung wurde die Acetylierung der Histone H3 und H4 überprüft sowie die Expression von HDAC3 und HDAC4. Die Behandlung der Zellen mit VPA resultierte in einer konzentrationsabhängigen Hemmung der Deacetylierung von Histon 3 (H3) und Histon 4 (H4) (s. Abb.: 56). Beide Histone zeigten eine signifikante Hochregulation der acetylierten Form bei 1 mM VPA, diese Wirkung konnte mittels 5 mM VPA signifikant verstärkt werden.

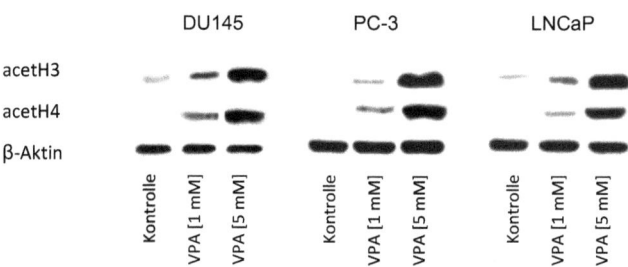

Abbildung 56: Analysen der Acetylierung der Histone H3 und H4: Western-Blot-Analyse. Applikation mit VPA [1 mM[und VPA [5 mM]. Proteinisolation nach 24-stündiger Inkubation. Links: DU145; Mitte: PC-3; rechts: LNCaP. Eine repräsentative Darstellung aus n=3 Versuchen. Das Haushaltsprotein β-Aktin diente als Beladungskontrolle. Pro Probe wurden 50 µg Protein verwendet.

Wie Abbildung 57 verdeutlicht, wurde die Proteinexpression von den Histondeacetylasen HDAC3 und HDAC4 durch VPA sowohl in DU145 als auch in PC-3 und LNCaP signifikant reduziert. Dabei war der Effekt von VPA nach einer 12- und 24-stündigen-Inkubation zu beobachten. Bei DU145 wurde HDAC3 signifikant nach einer 24-stündigen-Inkubation reduziert, bei PC-3 nach einer 12-stündigen- und bei LNCaP sowohl bei einer 12- wie auch einer 24-stündigen-Inkubation. Die Proteinexpression von HDAC4 wurde bei allen drei Zelllinien unabhängig von der Inkubationszeit reduziert.

Ergebnisse

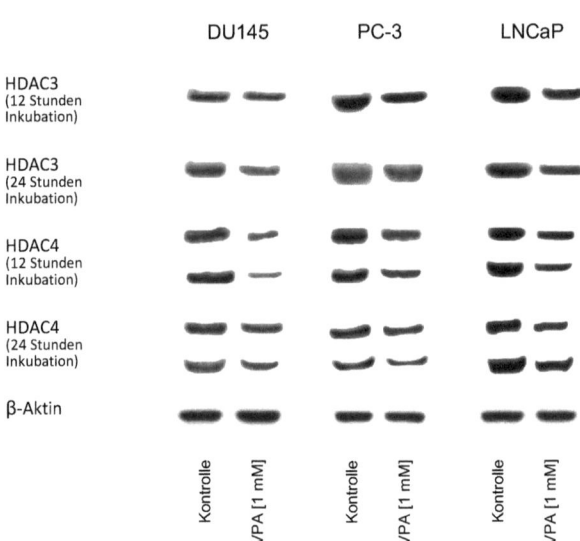

Abbildung 57: Analysen der Proteinexpression von HDAC3 und HDAC4: Western-Blot-Analyse. Applikation mit [1 mM] VPA, Proteinisolation nach einer 12-stündigen- und 24-stündigen-Inkubation. Links: DU145; mitte: PC-3; rechts: LNCaP. Eine repräsentative Darstellung aus n=3 Versuchen. Das Haushaltsprotein β-Aktin diente als Beladungskontrolle. Pro Probe wurden 50 µg Protein eingesetzt.

Ergebnisse

4.7 *In-vivo*-Studie am Nacktmausmodell

Die *in-vivo*-Studie am Nacktmausmodell konzentrierte sich auf die Kombinationsbehandlung VPA/IFNα2a, die *in-vitro* ausgeprägte antitumorale Effekte auslöste. Wie Abbildung 58 verdeutlicht, konnte eine chronische IFNα2a Applikation keine signifikanten Veränderungen im Tumorvolumen der Mäuse erzielen. Aufgrund der chronischen Behandlung mit VPA wurde das Tumorvolumen signifikant reduziert, wobei nach einer 31-tägigen Behandlung das Volumen des Tumors sogar um 50% im Vergleich zu den mit PBS behandelten Tieren vermindert war. Die Kombination VPA/IFNα2a verstärkte diesen Effekt zusätzlich und reduzierte das Tumorvolumen nach einer 31-tägigen Behandlung um mehr als 50%.

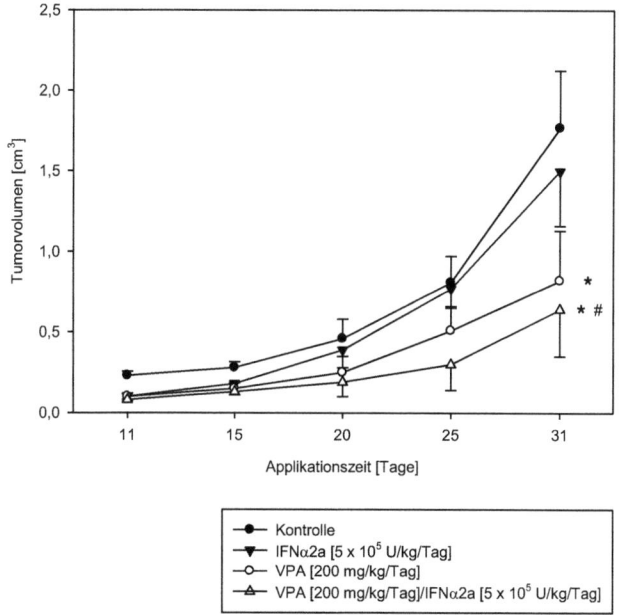

Abbildung 58: *In-vivo*-Studie mit VPA/IFNα2a. Tumorwachstum xenogen transplantierter CWR-22-Zellen in Nacktmäusen: Eine chronische Behandlung der Mäuse mit PBS [Kontrolle], VPA [200 mg/kg/Tag], IFNα2a [5 x 10^5 U/kg/Tag] oder der Kombination VPA [200 mg/kg/Tag]/IFNα2a [5 x 10^5 U/kg/Tag]. Durchschnittswerte von n = 8-10 Versuchstieren mit Standardabweichung und Signifikanz zur Kontrolle (*) und zur Einzelapplikation (#).

5 Diskussion

In vielzelligen Organismen werden Wachstum und Differenzierung einer Zelle über ein komplexes regulatorisches Netzwerk kontrolliert. Wachstumsfaktoren, Signalmoleküle und Nährstoffe sind in diesem Netzwerk als auslösende Faktoren stark involviert. Heutige Erkenntnisse in der Karzinomforschung erlauben ein recht präzises Bild der Karzinogenese und Funktionalität der entarteten Zellen. Es scheint, dass Störungen in der Kontrolle der Signaltransduktionskaskaden die Karzinogenese einleiten und eine Akkumulation dieser Ereignisse die Malignität der Karzinomentitäten erhöht. Solche Stellen der Disregulation sind in den *hallmarks of cancer* zusammengefasst: die Fähigkeit der Zelle zur Angiogenese, Metastasierung und Selbstversorgung mit Wachstumssignalen, die Unempfindlichkeit der Zelle gegenüber den Antiwachstumssignalen sowie eine Resistenz gegenüber der Apoptose und eine unbegrenzte Replikation (Hanahan et al., 2000). Selbst nach zehn Jahren findet diese Liste auch heute noch eine uneingeschränkte Gültigkeit und zeigt vor allem die Punkte, an denen Karzinomzellen verwundbar sind und eine *targeted* Therapie eingreifen könnte. Da bei vielen Monobehandlungen eine zunehmende Resistenzentwicklung wegen der hohen Adaptionsfähigkeit der Karzinomzellen beobachtet wird, scheint eine kombinierte Therapieform, die mehrere Signalwege gleichzeitig inhibiert, einen geeigneten Lösungsansatz zu bieten. (Rodon et al., 2010; Miller et al., 2009; Gross-Goupil et al., 2010; Agarwal et al., 2000; Heidenreich et al., 2006). Insofern sollte das Ziel einer kombinierten *targeted* Therapie die Hemmung von mehreren Hauptsignalwegen sein. Die kombinierte Applikation sollte synergetische Effekte induzieren und die möglichen *feedback*-Mechanismen umgehen.

In dieser Arbeit wurden essentielle Schlüsselproteine, die an der Kontrolle von Proliferation, Apoptose, Zelldifferenzierung, Zelladhäsion und Migration beteiligt sind, therapeutisch gehemmt. Dazu zählen das Protein mTOR, das in den PI3-K/AKT/mTOR-Signalweg involviert ist, die Tyrosinkinasen EGFR und VEGFR sowie die HDACs. Die Inhibitoren dieser Proteine wurden einzeln und kombiniert auf ihre Wirkung in der Proliferation und der Adhäsion der PCa-Zelllinien DU145, PC-3 und LNCaP untersucht. Bei der Auswahl der Zelllinien lag das Augenmerk darauf, androgenresistente und androgensensitive Zellen miteinander zu vergleichen. Es ist

Diskussion

bekannt, dass androgenresistente PCa-Zellen eine aggressivere Progredienz und Metastasierung aufweisen und somit für den Patienten schlechte Überlebenschancen bedingen (Feldman et al., 2001). Neben der Hemmung der Signaltransduktionswege wurde zusätzlich der Effekt des Immunmodulators IFNα2a als Einzelapplikation und in der Kombinationsgabe bei der Behandlung der PCa-Zellen untersucht. In der vorliegenden Arbeit konnte gezeigt werden, dass nur bestimmte Kombinationsbehandlungen eine Verstärkung der einzelnen Effekte erzielen und somit entscheidend in das Zellwachstum und die Motilität der PCa-Zellen eingreifen.

5.1 Einfluss der Kombinationsbehandlung auf die Proliferation der PCa-Zelllinien

Die unkontrollierte Proliferation zeichnet fast alle Karzinomzellen aus. Das invasive Wachstum eines Tumorherdes in die angrenzenden Organe bildet die Voraussetzung für maligne metastasierende Karzinome. Die vergleichende Analyse verschiedener molekular agierender Pharmaka sollte Aufschluss darüber geben, in welchem Rahmen ein klinischer Einsatz zur Therapie der progredienten PCa sinnvoll erscheint. Dies insbesondere unter dem Gesichtspunkt einer kombinierten Anwendung zweier Substanzen.

Die Inhibition von EGFR und VEGFR durch AEE788 bewirkte eine starke Hemmung des Zellwachstums. Diese Hemmung fiel vor allem bei den androgenresistenten Zellen, wie PC-3 und DU145 stärker aus als bei den androgensensitiven LNCaPs. Beide RTKs regulieren die Zellproliferation über die Aktivierung des PI3-K/AKT/mTOR- und des MAPK-Weges (Holmes et al., 2007; Brunet et al., 1999; Oda et al., 2005). Eigene Daten zeigen, dass eine Hemmung dieser RTKs einen starken antiproliferativen Effekt vor allem bei den androgenresistenten PCa-Zellen auslösen kann.

Eine essentielle Rolle in der Kontrolle der Zellzyklusphasen spielen die Cycline und die cyclinabhängigen Kinasen (CDKs). Dabei bilden die Cycline Komplexe mit den CDKs und aktivieren deren Kinasefunktion (Galderisi et al., 2003). So leitet CDK1/Cyclin B die mitotische Phase ein, während CDK2/Cyclin E für den Übergang in die S-Phase verantwortlich ist (Alao et al., 2007).

Diskussion

Der Zellzyklus ist bei vielen Tumorentitäten disreguliert. Eine Überexpression von Cyclinen wird häufig bei Karzinomen beobachtet. So wurde eine erhöhte Amplifikation von Cyclin D und Cyclin E in vielen soliden Tumoren wie z.B. Brustkrebs festgestellt, einhergehend mit einer schlechten Überlebensprognose der Patienten (Waltersson et al., 2009; Ko et al., 2009). Eine Überexpression von Cyclin D1 wurde bei der Entstehung von hormonresistenten Brustkarzinomzellen festgestellt (Hui et al., 2002; Kenny et al., 1999; Gillett et al., 1994). Eine erhöhte Expression von Cyclin B gilt als ein verlässlicher Indikator beim Plattenepithelkarzinom (Watanabe et al., 2010). Bei der Untersuchung der Expression dieser Zellzyklusproteine konnte die Behandlung bei Applikation der Zellen mit AEE788 eine starke Verminderung der Proteinexpression von Cyclin B, Cyclin E und eine vollständige Reduktion von Cyclin D1 bei androgenresistenten Zellen induzieren. Es ist bekannt, dass der MAPK-Weg eine positive Transkriptionskontrolle auf Cyclin D1 in glatten Muskelzellen ausübt (Du et al., 2008). AEE788 inhibiert VEGFR und EGFR und somit den MAPK-Weg, was sich wiederum in der Reduktion der Cyclin D1-Expression ausdrückt und eine Hemmung der Zellzyklusphasenverschiebung induzieren kann (Alao et al., 2007; Cook et al., 2001; Serrano et al., 1993). Der Einsatz des Multi-Kinase-Inhibitors AEE788 scheint somit vor allem bei den androgenresistenten Zellen eine potentielle Wirkung auf die Expression der Cycline auszuüben und dadurch ihr Wachstum zu hemmen.

Die Behandlung der PCa-Zellen mit RAD001 induzierte bei allen Zelllinien ebenfalls eine signifikante Hemmung des Zellwachstums. MTOR, das Zielprotein von RAD001, ist beteiligt an der Umwandlung extrazellulärer in intrazelluläre Signale und nimmt somit eine Schlüsselrolle bei der Weiterleitung wichtiger Signale ein, wie die der Wachstumsfaktoren EGF, VEGF und Östrogen und der metabolischen Signalwege, die Aminosäuren, Adenosintriphophat und Glukose beinhalten. Somit befindet sich mTOR im Schnittpunkt vieler wichtiger Signalwege. Seine zentrale Rolle liegt in der Kontrolle und Weiterleitung dieser Signale und somit der Regulation der Proteinbiosythese (Ciuffreda et al. 2010). Die vorliegenden Ergebnisse lassen die Schlussfolgerung zu, dass die Anwendung von RAD001 eine signifikante antiproliferative Wirkung bei PCa-Zellen erzielen kann. Die Behandlung der Zellen mit RAD001 führte darüber hinaus zu einer Reduktion der CDK2, Cyclin B und Cyclin E. Dies spiegelt sich auch in der signifikanten Erhöhung der G1/G0-Phase und der

Diskussion

damit einhergehenden Reduktion der M- und G2/S-Phase wider. Die Zelle reagiert mit einer Wachstumsverzögerung. In der Tat konnte die wachstumshemmende Wirkung einer Behandlung mit RAD001 schon bei vielen Tumorarten nachgewiesen werden, so auch beim RCC (Motzer et al., 2008; Sun et al., 2010a). RAD001 verlängerte in dieser Studie im Vergleich zur Behandlung mit Placebo ein progressionsfreies Überleben bei Patienten mit fortgeschrittenen metastasierenden RCC.

In Kombination mit AEE788 konnte die antiproliferative Wirkung von RAD001 auf die Tumorzellen deutlich verstärkt werden. Das erscheint logisch, da sowohl die Tyrosinkinase EGFR über den MAPK-Weg als auch der PI3-K/AKT/mTOR-Signalweg das Zellwachstum maßgeblich regulieren. Womöglich könnte AEE788 in der Kombination mit RAD001 eine separate Einflussnahme auf zwei Aktivierungsebenen induzieren und somit einen Verstärkereffekt sowohl bei androgenresistenten als auch bei androgensensitiven PCa-Zellen herbeiführen. Tatsächlich führte die simultane Behandlung zu einer drastischeren Blockade des Zellzyklusses in der G0/G1-Phase, als dies unter Einzelgabe zu beobachten war. Der Zellzyklus ist bei vielen Tumorentitäten häufig disreguliert und wird von einer erhöhten Expression der CDKs begleitet (Malumbres and Barbacid et al., 2009; Weinberg et al., 1996). So ließ sich eine erhöhte Expression von CDK1, CDK2 und CDK4 in Magen- und Kolonkrebszellen nachweisen (Ishihara et al. 2005; Salh et al., 1999). Ebenfalls konnte eine erhöhte Aktivität von CDK1 und CDK2 beim Brustkarzinom von Kim et al. festgestellt werden und korreliert mit einem schlechteren Überleben (Kim et al., 2008). Die eigenen Untersuchungen demonstrieren einen hemmenden Effekt der AEE788/RAD001-Kombination auf die Expression der CDK1, CDK2 und CDK4 sowie der Cycline B, E und D1. In androgenresistenten Zellen wurde die Expression von Cyclin D1 sogar vollständig gehemmt, was in diesem Fall auf den Effekt von AEE788 zurückzuführen ist. In der Tat verursachte AEE788 alleine eine quantitativ vergleichbare Änderung dieses Proteins. Es lässt sich daraus ableiten, dass eine Hemmung der Zellzyklusprogression mit einer Reduktion der Cycline und CDKs einhergeht. Im Einklang mit dieser Hypothese wurde aufgrund der Behandlung mit der Kombination AEE788/RAD001 die Expression von p27 hochreguliert. P27 wirkt als ein Suppressor der Komplexe Cdk4/Cyclin D1 und Cdk2/Cyclin E, womit ein Restriktionspunkt

Diskussion

erreicht werden kann, der die Zelle in die Ruhephase zwingt (Polyak et al., 1994; Toyoshima et al., 1994). Die Inaktivierung bzw. der Verlust von p27 ist eine häufige Begleiterscheinung während der Karzinogenese und gilt als ein zuverlässiger Prognosefaktor z.b. beim RCC (Sgambato et al., 2010; Pertia et al. 2007, Langner et al. 2004). Umgekehrt könnte somit die Re-Expression von p27 Aufschluss über das Therapieansprechen geben.

Im Gegensatz zu RAD001 und AEE788 ist der Wirkungseintritt von VPA verzögert. Eine längere Applikation mit VPA war notwendig, um das Tumorwachstum signifikant zu hemmen. Die 5-tägige Inkubation mit VPA zeigte dabei deutlich stärkeren Effekt als die 3-tägige Behandlung. Studien mit VPA beim RCC und Neuroblastom zeigten Übereinstimmungen mit den vorliegenden Beobachtungen (Jones et al., 2009a; Xia et al., 2006; Beecken et al., 2005). Offensichtlich löst ein Angriff auf das HDAC-System nur allmählich und zeitverzögert phäno- und genotypische Veränderungen aus. Zellzyklusanalysen bestätigen diesen Befund. VPA induzierte eine signifikante Erhöhung der G1/G0-Phase und eine signifikante Reduktion der G2/S- und der M-Phase erst nach längerer Anwendung, wobei der Effekt bei allen drei Zelllinien nach 5-tägiger Inkubation signifikant stärker ausfiel als nach 3-tägiger. Es ist möglich, dass VPA zunächst eine Disregulation der Zellzyklusphasen einleitet, wobei die einzelnen Phasen des Zellzyklus aktiviert und deaktiviert werden und letztendlich im Zellzyklusarrest in der G1/G0-Phase münden. Das Phänomen der Aktivierung apoptotischer Mechanismen und der Initiation des Zellzyklusarrest durch HDAC-Inhibitoren (HDACI) wurde schon von Marks et al. postuliert und scheint ein gängiger Mechanismus als Antwort auf die Hemmung der HDAC-Aktivität zu sein (Marks et al., 2004). Korrelierend mit der signifikanten Erhöhung der G1/G0-Phase induzierte VPA eine erhebliche Reduktion der Expression der CDK1, CDK2, CDK4 und des Cyclin B. Gleichzeitig führte die Behandlung der Zellen mit VPA zu einer Hochregulation der Tumorsuppressorproteine p21 und p27. Wie schon oben erwähnt, liegt die Hauptrolle von p27 in der Regulation des Zellzyklus beim Eintritt in die S-Phase, induziert durch die Inhibition des CDK2/Cyclin E-Komplexes (Massagué et al., 2004). P21, ein weiterer Inhibitor aus der CIP/KIP-Familie (*cyclin-dependent-kinase inhibitor proteins*), reguliert ebenfalls die Zellzyklusphasenverschiebung am G1-Checkpoint. So induziert p21 eine Hemmung der Aktivität von CDK2, das den Übergang von der G1- in die S-Phase einleitet. Dabei wird normalerweise die Transkription von p21

Diskussion

aufgrund einer DNS-Schädigung aktiviert (Martin et al., 2005; Walworth et al. 2000). Eine über p21 induzierte Hemmung der CDK1-Aktivität, die für den Eintritt der Zelle in die M-Phase verantwortlich ist, konnte ebenfalls beobachtet werden (Dulic et al., 1998; Bates et al., 1998; Medema et al., 1998). Zusätzlich kann p21 über die Bindung an den *proliferting cell nuclear antigen* (PCNA) den Aufbau der Replikationsgabel stoppen und somit einen Zellzyklusarrest in der S-Phase hervorrufen (Gulbis et al., 1996). So ist p21 ein potentieller Suppressor der Zellzyklusprogression. Vermutlich löst eine Hemmung der HDACs über VPA eine Modulierung der Chromatinstruktur aus, die wiederum die p21-Expression induziert mit nachfolgender Verschiebung der Zellzyklusphasen in Richtung G1/G0. Zahlreiche Studien konnten diesbezüglich vergleichbare Effekte von HDACI im Hinblick auf Zellzyklus und Zellwachstum an verschiedenen Tumorentitäten beschreiben (Krämer et al., 2001; Göttlicher et al., 2004; Mei et al., 2004; Marks et al., 2004; Cinatl et al., 2002; Kim et al., 1999).

VPA kombiniert mit RAD001 induzierte eine erhebliche Potenzierung in der Hemmung des Tumorwachstums. Bei allen drei Zelllinien führte die Kombination zu einem verbesserten Effekt in der Reduktion von CDK1, CDK2, CDK4 und Cyclin B. Der aus der simultanen Behandlung resultierende Verstärkereffekt konnte zugleich in der Verschiebung der Zellzyklusphasen beobachtet werden. So verstärkte VPA/RAD001 signifikant den Effekt auf die Erhöhung der G1/G0-Phase und auf die Reduktion der G2/M- und S-Phase. Eine solche Wirkungsverstärkung, einhergehend mit einer Induktion von Zellzyklusarrest wurde schon bei einer Behandlung der akuten myeloischen Leukämie mit VPA in Kombination mit RAD001 festgestellt (Nishioka et al. 2008). Vermuten lässt sich ein *crosstalk* zwischen mTOR-Aktivität und dem HDAC-System. Entweder induzieren der PI3-K/AKT/mTOR-Signalweg und die HDACs auf paralleler Ebene ähnliche Wirkungsmuster, die sich letztendlich addieren, oder eines der Systeme greift verstärkt in das andere ein. Untersuchungen mit Inhibitoren gegen die AKT/mTOR-Signalachse zeigen, dass aufgrund der Hemmung dieser Signalkaskade die Antwortbereitschaft gegenüber HDACI erhöht wird (Ozaki et al., 2010). Chen et al. wiederum postuliert einen direkten Einfluss der HDACI auf die AKT/mTOR-Achse. In der Tat konnte er in seinen Untersuchungen beobachten, dass HDACI einen direkten Einfluss auf AKT nehmen kann (Chen et al., 2005). Studien von Verheul et al. und Brugarolas et al. zeigen, dass eine mTOR-

Diskussion

Inhibition die Expression von proliferationsfördernden Proteinen wie HIF-1α deutlich zu reduzieren vermag, eine simultane Behandlung mit HDACI jedoch diesen Effekt erheblich potenzieren kann (Verheul et al., 2008; Brugarolas et al., 2003). Im Hinblick auf die eigenen Untersuchungen lässt sich vermuten, dass VPA AKT/mTOR gegenüber RAD001 sensibilisiert und so die Wachstumsblockade verstärkt.

Interessant ist der durch IFNα2a erzielte Verstärkereffekt auf die VPA-Wirkung. Die gilt insbesondere, als IFNα2a alleine keine diesbezüglichen Veränderungen in der Tumorzelle auslöste. Die Kombination VPA/IFNα2a zeigte eine deutliche antiproliferative Wirkung anhand der Wachstumsanalysen. Dies spiegelte sich in den Untersuchungen der Zellzyklusproteine wieder. VPA/IFNα2a induzierte im Vergleich zur Einzelapplikation eine Wirkungsverstärkung in der Reduktion der Proteinexpression der CDK1, CDK2, CDK4, Cyclin E und Cyclin B. Zugleich konnte die Kombination die Expression der Tumorsuppressorproteine p21 und p27 deutlich hochregulieren.

Ein weiteres Regulationsprotein des Zellzyklus ist der Tumorsuppressor Retinoblastom (Rb). Rb fungiert in aktiver Form als ein Inhibitor der Transkription und hemmt, durch eine direkte Bindung an die Domäne des Transkriptionsfaktors E2F-1, die Transkription der Proteine, die für den Übergang von der G1- in die S-Phase verantwortlich sind. Darüber hinaus rekrutiert es Korepressoren zum Promotor, was als eine aktive Repression bezeichnet wird (Zhang et al., 2000, Harbour and Dean et al., 2000). So kann Rb den Übergang zwischen der G1/G0-Phase in die S-Phase blockieren (Chicas et al., 2010; Hume et al., 2009; Lee et al., 1989). VPA/IFNα2a erhöhte signifikant die Proteinexpression von Rb und Rb2 in PCa-Zellen. Der Tumorsuppressor Rb2 zeigt dabei Äquivalenz zu Rb im Aufbau von konservierten Bindungsmotiven. Beide können über die Bindung an virale Proteinpartikel wie die des Adenovirus A1A, SV40 und Papillomavirus E7 die Transkription von zellzyklusregulierenden Faktoren auslösen (Mayol et al., 1993; Laplatine et al., 2002, Soprano et al., 2006). Die wichtige Rolle dieser Tumorsuppressorproteine bei der Tumorgenese des PCa konnte Wu et al. an einem Mausmodell zeigen. Eine Ablation dieser Tumorsuppressoren führte zu hochinvasiven PCa-Formen (Wu et al., 2009). Vermutlich löst VPA/IFNα2a die Reduktion des Wachstums der PCa-Zellen aufgrund der Verminderung der Expression der CDKs und Cycline und einer gleichzeitigen Erhöhung der Tumorsuppressoren aus. Dieser Effekt der Kombination resultiert in

Diskussion

der Hemmung der Zellzyklusprogression. VPA/IFNα2a induzierte dabei eine signifikante Verschiebung der PCa-Zellen in die G1/G0-Phase mit einer einhergehenden Reduktion der G2/M- und der S-Phase.

Es ist unklar, über welchen Mechanismus IFNα2a die Wirkungsverstärkung von VPA steuert. Vlasáková et al. untersuchte den Einfluss von HDACI auf die Wirkung von IFNα2a-stimulierten Genen mit dem Hintergrund, dass sowohl eine Stimulation mit IFNα2a als auch die durch HDACI ausgelöste Hyperacetylierung des Chromatins eine erhöhte Transkription von Genen induziert. Erstaunlicherweise demonstrierte die Studie, dass eine von IFNα2a ausgelöste Transkriptionsrate über eine Hemmung des HDAC-Systems deutlich herabgesetzt wird (Vlasáková et al., 2007). Somit scheint die Wirkungsverstärkung nicht explizit über die Transkriptionsebene abzulaufen. Studien am Melanom zeigten, dass IFNα2a alleine keine Apoptose auslöste, in Kombination mit VPA jedoch dessen pro-apoptotischen Effekt markant erhöht (Krämer et al., 2006). In diesen Studien resultierte die alleinige Behandlung der Zellen mit IFNα2a in einer deutlichen Expressionserhöhung des *signal transducers and activators of transcription 1*-Proteins (STAT1) und somit in einer verstärkten Zugänglichkeit des HDAC-Systems gegenüber VPA (Krämer et al., 2006; Wong et al., 2002). Wahrscheinlich akkumuliert der von IFNα2a induzierte Anstieg von STAT1 auch beim PCa die Antwortbereitschaft von VPA. Ähnliche Studien am Neuroblastom und RCC demonstrieren, dass eine effektive Wirkungsverstärkung bei der Verwendung von IFNα2a in Kombination mit HDACI ausgelöst werden kann (Jones et al., 2009a; Michaelis et al., 2004; Cinatl et al., 2002). Eigene Untersuchungen am PCa demonstrieren ebenfalls, dass der antiproliferative Effekt von VPA über die Zugabe von IFNα2a effektiv erhöht wird.

Die in der vorliegenden Arbeit eingesetzten Substanzen konnten keine Apoptose in den Tumorzellen induzieren. Die Analysen des Wachstums und die signifikante Erhöhung der G1/G0-Phase mit einer gleichzeitigen Reduktion der CDKs und Cycline bei einhergehender Erhöhung der Tumorsuppressorproteine lassen auf einen Zellzyklusarrest schließen. Dieses Phänomen ist nicht neu. So konnte Mansure et al., aufgrund einer Behandlung des Blasenkrebs mit RAD001 eine Erhöhung des Zellzyklusarrests ohne eine Induktion der Apoptose beobachten (Mansure et al., 2009). Tatsächlich belegen zahlreiche Studien, dass eine kombinierte Behandlung mit mTOR-Inhibitoren zur Restriktion der Zellzyklusphasen

Diskussion

beiträgt (Nagata et al., 2010; Yang et al., 2010; Zuo et al., 2009; Fechner et al., 2009). Ebenfalls zeigen Untersuchungen am HDAC-System, dass nicht zwangsweise durch eine HDAC-Inhibition die Apoptose induziert wird, sondern vielmehr ein Zellzyklusarrest der Grund für die Proliferationshemmung der Zellen sein kann (Wang et al., 2008; Xiao et al., 2009; Xu et al., 2010). Nachgewiesenermaßen kann allerdings eine Hemmung von mTOR alleine bzw. in Kombination mit anderen Therapieformen den Prozess der Autophagie auslösen (Iwamaru et al., 2007; Jaboin et al., 2007; Crazzolara et al., 2009; Wu et al., 2010b; Buss et al., 2010). Weitere Studien belegen den gleichen Effekt nach Hemmung der HDAC-Aktivität (Long et al., 2009; Oh et al., 2008). Die Autophagie ist ein natürlicher Prozess bei eukaryotischen Zellen und ist verantwortlich für den Abbau von cytosolischen Bestandteilen wie Organellen oder Membranen. Im Unterschied zur Apoptose, die in der Selbstzerstörung der Zelle endet, bietet die Autophagie den Zellen die Möglichkeit zur Regeneration. Die Ursachen für die Autophagie liegen z.B. im Mangel an Nährstoffen, Wachstumsfaktoren oder Zellstress und können gleichzeitig Zellzyklusarrest hervorrufen (Jung et al., 2010; He et al., 2009b). Die Verlangsamung der Zellzyklusprogression, hervorgerufen durch die Hemmung von mTOR, EGFR bzw. HDAC könnte somit beim PCa eine Induktion der Autophagie auslösen.

5.2 Adhäsionsdynamik

Die Zelladhäsion bildet einen wichtigen Bestandteil der Tumormetastasierung. Die Fähigkeit eines Tumors, Tochtergeschwülste auszubilden, reduziert die Heilungschancen bei einem Krebspatienten erheblich (Friedl et al., 2003, Eccles et al., 2007). Die Bindung der metastasierenden Tumorzellen an Endothel und die Matrix-Proteine bildet den Initialschritt der Invasion in ein Zielgewebe. Es ist daher positiv zu bewerten, dass AEE788 die Adhäsion der PCa-Zellen an Endothel und den Matrix-Proteinen Kollagen, Fibronektin und Laminin zu reduzieren vermag. VEGFR und EGFR scheinen offensichtlich in die Zelladhäsion und Migration involviert zu sein. Tatsächlich konnte Martinelli et al. eine Reduktion der Zellmigration über eine Hemmung des VEGFR herbeiführen. Eine Kombination des VEGFR-Inhibitors mit einem EGFR-Inhibitor führte dabei zu einer Wirkungssteigerung (Martinelli et al., 2010). Die vorliegenden Daten zeigen analog, dass der Einsatz des Multikinase-

Diskussion

Inhibitors AEE788 effektiv die Adhäsionsdynamik der PCa-Zellen zu reduzieren vermag. Um auszuschließen, dass die Reduktion der Tumoradhäsion ausschließlich über eine Abnahme der proliferativen Aktivität herbeigerufen wird, erfolgte zum einen die Adhäsionsmessung bereits nach 1-stündiger Inkubationszeit (in der keine mitotischen Ereignisse ablaufen), zum anderen wurden die Tumorzellen (Kontrolle versus behandelte Zellen) jeweils in identischer Konzentration ausplattiert. Der Einfluss der Testsubstanzen auf die Tumoradhäsion ist somit als spezifischer Effekt zu werten.

RAD001 induzierte eine signifikante Hemmung der Adhäsion sowohl an Kollagen und Fibronektin als auch an HUVEC. So scheint RAD001 durch seine Blockade von mTOR die Zell-Matrix und die Zell-Zell-Kommunikation zu modulieren. Meng et al. gelang es über eine Ausschaltung von PI3-K die Zelladhäsion und Zellmigration von Ovarialkarzinomzellen zu reduzieren (Meng et al., 2006). Zusätzlich zu seiner proliferationsregulierenden Aktivität ist mTOR an der Reorganisation des Aktin-Zytoskeletts beteiligt und zwar über die Phosphorylierung der GTPasen Rho und Rac (Jacinto et al., 2004; Sarbassov et al., 2004). Eine Überexpression von Rho wird in Zusammenhang mit einer erhöhten Zellmotilität gebracht (Klein et al., 2009; Wong et al., 2009). Vermutlich hemmt RAD001 diesen Prozess und induziert auf diese Weise die Hemmung der Adhäsionsdynamik. Studien belegen die Beteiligung von mTOR an der Zellmigration. Aus den eigenen und anderen Daten lässt sich postulieren, dass eine deutliche Verringerung der Zellmotilität und der Adhäsionsdynamik aufgrund der Inhibition von mTOR hervorgerufen wird (Okui et al., 2010; Clark et al., 2010; Sun et al., 2010b; Karam et al., 2010; Wu et al., 2010).

Interessanterweise verstärkte die Kombination AEE788/RAD001 signifikant den Effekt der Einzeldosierung auf den Adhäsionsprozess am Endothel. Bianco et al. konnte in seinen Studien demonstrieren, dass eine mTOR-Blockade die Antwortbereitschaft für EGFR-Inhibitoren deutlich steigert (Bianco et al., 2008b). Aktuelle Untersuchungen zu der Dualblockade von EGFR und mTOR belegen eine hohe Ansprechrate der Behandlung zahlreicher Tumorentitäten. So konnte eine simultane Hemmung von EGFR und mTOR zu einer Verstärkung der antitumoralen Aktivität beim Lungen-, Darm-, Plattenepithelkarzinom und Glioblastom führen

Diskussion

(Schmid et al., 2010; Herberger et al., 2009; Jimeno et al., 2007; Wang et al., 2006). Aus eigenen Untersuchungen lässt sich ableiten, dass AEE788/RAD001 einen Verstärkereffekt auf die Hemmung der Zell-Zell-Interaktion auslöst.

Der Einsatz von VPA bewirkte ebenfalls eine deutliche Hemmung in der Bindungsaktivität der PCa-Zellen. Die Hemmung der Adhäsionsdynamik zeigte keine gravierenden Unterschiede zwischen der 3-tägigen und der 5-tägigen Inkubation im Gegensatz zu der zeitabhängigen Wirkung von VPA bei der Untersuchung des Wachstums der PCa-Zellen. So scheint der maximale Effekt von VPA auf die Adhäsion schon früh erreicht. In diesem Fall könnten zwei verschiedene regulatorische Mechanismen einerseits für das Wachstum und adererseits für die Invasion verantwortlich sein. Über den Zusammenhang zwischen Zellmotilität und HDAC-Inhibition ist wenig bekannt. Proteine, die die Adhäsionsdynamik hemmen, könnten negativ von HDAC kontrolliert werden. So postuliert Jeon et al., dass eine erhöhte HDAC-Expression bei aggressiven Karzinomen für deren invasiven Charakter und deren erhöhte Zellmigration verantwortlich ist und eine Inhibition der HDACs diese Eigenschaften aufheben könnte (Jeon et al., 2010; Wang et al., 2009; Kuwajima et al., 2007). Dies korreliert mit den eigenen Beobachtungen, wonach VPA in die Zelladhäsionsdynamik eingreift und sie signifikant hemmt.

Im Gegensatz zur AEE788/RAD001-Kombination konnte RAD001 den Wirkeffekt von VPA auf die Adhäsionsdynamik nicht verstärken. Womöglich erzielt VPA bereits die maximale Hemmung, die über eine zusätzliche Behandlung mit RAD001 nicht mehr verstärkt werden kann. Eine andere Möglichkeit wäre, dass VPA und RAD001 zwei unterschiedliche adhäsionsrelevante Signalwege beeinflussen, die in Konkurrenz zueinander stehen und somit die Einzeleffekte dieser Substanzen vermindern. Ganz anders die kombinierte Gabe von VPA und IFNα2a. Obwohl IFNα2a in der Monoapplikation keinerlei Veränderung in der Adhäsionsdynamik der Zellen an HUVEC bzw. an EZM-Proteine auslöste, verstärkte es signifikant den Effekt von VPA. Diese Beobachtung scheint sich in anderen Studien zu bestätigen. So konnte Kuljaca et al. ebenfalls eine Wirkungsverstärkung der HDACI über deren Kombination mit IFNα2a beobachten und somit die Motilitätsverminderung der Zellen deutlich steigern (Kuljaca et al., 2007).

Diskussion

5.3 Integrine

Integrine vermitteln die Zell-Zell- und die Zell-Matrix-Interaktion. Sie sind Transmembran-Heterodimer-Moleküle, die aus zwei verschiedenen Subtypen, einer α-Kette und einer β-Kette, bestehen. Es gibt 16 α-Subtypen und 8 β-Subtypen, die zu einer Vielzahl von Integrinen assemblieren könnten, wobei bis heute nur 24 Heterodimere bekannt sind (Humphries et al., 2000; Hynes et al., 2002). Interessanterweise ergaben Oberflächenprofile der Integrinsubtypen der PC-3- und der LNCaP-Zellen kein einheitliches Bild. Es scheint, dass Integrine zelltypspezifisch an der Oberfläche präsentiert werden. Eine Kausalität zwischen der Oberflächenexponation der Integrine und dem Stadium des Tumors konnte in zahlreichen Studien hergestellt werden. So wird eine veränderte Oberflächenexpression von Integrinen als Unterschied zwischen normalen, hyperplastischen, neoplastischen androgensensitiven und androgenresistenten Prostatazellen postuliert (Bonkhoff et al., 1993; Knox et al., 1994; Nagle et al., 1995; Trikha et al., 1998; Zheng et al., 1999; Zhu et al., 2010). Dies korreliert mit eigenen Ergebnissen. Während auf der Oberfläche der androgenresistenten PC-3 verstärkt α2-, α3-, α5-, α6-, β1- und β4-, α1- und β3- schwach, jedoch keine α4-Rezeptoren vorhanden waren, präsentierten die androgensensitiven LNCaP ein anderes Integrinprofil. Bei LNCaP wurden α2, α5, α6 und β1 verstärkt auf der Oberfläche detektiert, α1 nur schwach, während α3, α4, β3 und β4 gänzlich fehlten. Beide Zelllinien zeigten ein unterschiedliches Adhäsionsverhalten an die Matrix-Proteine. Während bei PC-3 eine signifikant hohe Adhäsion an Laminin beobachtet wurde, waren LNCaP zu dieser Interaktion nicht fähig. Zahlreiche Studien beschreiben die α5-, β3- und β4- vermittelte Adhäsion und deren Beteiligung an der Zellmotilität (Rowland et al., 2010; Murillo et al., 2007; Nakashima et al., 2007; Li et al., 2009; Takayama et al., 2005; de Pereda et al., 2009). Blockadestudien von α5, β3 und β4 an den PC-3-Zellen zeigten eine signifikante Reduktion der Bindung an Laminin. Somit scheint das veränderte Oberflächenprofil der Integrine zumindest teilweise für die unterschiedliche Adhäsionscharakteristik der eingesetzten Tumorzelllinien verantwortlich zu sein.

Zellbiologische und genetische Untersuchungen an der Maus, Fliege und am Wurm haben offengelegt, dass Integrine neben der Adhäsion und Migration auch die Signalübertragung und somit das Wachstum und das Überleben der Zelle zu steuern

Diskussion

vermögen (Montanez et al., 2007). Die Signalübertragung geschieht über eine direkte intrazelluläre Assoziation der cytoplasmatischen Domäne der Integrine mit Adaptor- und Signalproteinen, womit weitere Signaltransduktionswege reguliert werden (Fornaro et al., 2002). Letztendlich wird darüber die Integrinexpression gesteuert und variiert. Konsequenterweise ist daraus zu folgern, dass das unterschiedliche Integrinoberflächenprofil der PC-3 und LNCaP durch einen externen Impuls unterschiedliche Signalmechanismen aktiviert mit ebensolchen unterschiedlichen Konsequenzen für die Neusynthese und Präsentation einzelner Integrinsubtypen. In der Tat zeigten PC-3 eine unterschiedliche Modulation der Integrinsubtypen aufgrund der Behandlung mit AEE788, RAD001 und VPA in Vergleich zu LNCaP. Diese Modulation konnte nicht nur auf der Oberfläche der Zellen, sondern auch intrazellulär und auf Transkriptionsebene beobachtet werden. Interessanterweise resultierte die Behandlung in einer gleichartigen Veränderung des Adhäsionsverhaltens. Wahrscheinlich werden bei PC-3 und LNCaP aufgrund der Behandlung unterschiedliche Signalmechanismen betroffen, die aber einen gleichen Effekt hervorrufen.

Die PC-3-Zellen zeigten aufgrund der Behandlung mit AEE788 eine signifikante Reduktion von α5 auf der Oberfläche und auf Transkriptionsebene. Die eigenen Ergebnisse demonstrieren, dass eine Blockade von α5 bei PC-3-Zellen eine signifikante Reduktion der Adhäsion an extrazelluläre Matrixproteine (EZM-Proteine) und HUVEC induziert, womit ein direkter Zusammenhang zwischen α5 und der Regulation der Adhäsionsdynamik zu bestehen scheint. Zusätzlich induzierte AEE788 eine signifikante Hemmung der Transkription von α3, α5, β3 und β4 bei PC-3. Dies scheint aber kein genereller Mechanismus zu sein, da bei LNCaP kein Effekt auf α5 aufgrund der Behandlung mit AEE788 beobachtet werden konnte. Hingegen wurde eine Reduktion der Oberflächenverteilung von α1 gemessen. Da AEE788 bei LNCaP und PC-3 gleichermaßen eine Reduktion der Adhäsionsdynamik bewirkte, ist zu folgern, dass die Integrine zwar den Adhäsionsvorgang zu beeinflussen vermögen, die Kontrolle der Adhäsion jedoch nicht immer über eine bloße mechanische Kopplung der Integrine an die entsprechenden Liganden erfolgt. In dem Zusammenhang darf nicht unerwähnt bleiben, dass die Integrinaktivität über cytosolische Kinasen wie die *integrin-linked kinase* (ILK) reguliert werden kann. ILK assoziiert mit der cytoplasmatischen Domäne der Integrinsubtypen. Auf diese Weise

Diskussion

kann ILK die Bindung der Integrine an das Aktin-Gerüst vermitteln bzw. für die zelluläre Signalweiterleitung sorgen (Böttcher et al., 2009; Fielding et al., 2009). Zahlreiche Untersuchungen belegen, dass ILK die Adhäsion und Zellmotilität induziert (Guo et al., 2009; Esfandiarei et al., 2010; Hortelano et al., 2010). Zudem fördert eine erhöhte Expression von ILK die Tumorgenese von invasiven Karzinomen (McDonald et al., 2008; Schaeffer et al., 2010; Peroukides et al., 2008; Goulioumis et al., 2008). AEE788 reduziert bei LNCaP die Proteinexpression von ILK. Tatsächlich konnte Li et al. über ein Gen-*knockdown* von ILK bei PCa-Zellen deren Adhäsion reduzieren (Li et al., 2010). So scheint die verringerte Proteinexpression von ILK aufgrund der AEE788-Applikation ein Auslösefaktor der Adhäsionshemmung bei LNCaP zu sein.

RAD001 reduzierte signifikant den α5-Integrinsubtyp auf der Oberfläche von PC-3, wie auch unter der AEE788-Behandlung. Zusätzlich erhöhte sich unter RAD001 die α2- und β3-Oberflächenexpression. Dieser Effekt wurde bei AEE788 nicht beobachtet, so dass ein unterschiedlicher Wirkmechanismus vermutet werden muss. *In-vitro*-Daten demonstrieren, dass eine reduzierte Oberflächenexpression von α2 die Zellmotilität steigern kann. So konnte Zuo und Ning et al. durch eine verminderte Expression von α2 eine verstärkte Zellmigration auslösen (Zuo et al., 2009; Ning et al., 2005). Folglich könnte eine durch RAD001 evozierte α2-Aufregulation einen möglichen Mechanismus repräsentieren, der die Adhäsionsdynamik hemmt. Da AEE788 eine signifikante Reduktion von β3 auf der Oberfläche induzierte und eine Blockadestudie an β3 ebenfalls eine signifikante Reduktion der Adhäsion der PC-3 an die EZM-Proteine und HUVEC zeigte, scheint die Erhöhung von β3 auf der Oberfläche der Zelle aufgrund der Applikation mit RAD001 widersprüchlich. Beim Interpretieren dieser Modulation von β3 sollte man jedoch nicht vergessen, dass Integrine nicht nur mechanische Kopplungselemente darstellen, sondern über die integrinvermittelte Differenzierung ebenfalls eine Rolle bei der Progression von Karzinomentitäten spielen (Oertl et al., 2006). So postuliert Oertl et al., dass eine Erhöhung distinkter Integrinsubtypen die Adhäsion hemmen kann, indem sie integrinvermittelte Differenzierungsvorgänge aktiviert. Da die Monotherapie mit RAD001 nur bei PC-3, nicht jedoch bei LNCaP eine relevante Modulation der Integrine hervorrief, ist vermutlich ein anderer Mechanismus für die Hemmung der Adhäsionsdynamik bei LNCaP aufgrund der mTOR-Inhibition verantwortlich.

Diskussion

Die Kombination von AEE788 und RAD001 induzierte keine Wirkungsverstärkung der Integrinmodulation auf der Oberfläche der Zellen. Da die Kombination vor allem die Hemmung der Zell-Zell-Interaktion an Endothel nicht aber an die Matrixproteine erhöhte, scheint AEE788/RAD001 nicht über die Modulation der Integrine in diesen Adhäsionsprozess einzugreifen. Aktuelle Studien an PCa konnten offenlegen, dass Cadherine eine essentielle Rolle bei der Zell-Zell-Kommunikation spielen (Huang et al., 2010). Bieri et al. postuliert, dass die Aktivität der PI3-K/AKT/mTOR-Signalachse die Expression der Cadherine positiv reguliert (Bieri et al., 2009). In seinen Studien induziert eine Hemmung dieser Signalachse eine Reduktion der Cadherin-Expression (Bieri et al., 2009). Womöglich induziert AEE788/RAD001 eine Veränderung in der Expression der Cadherine und übt somit Einfluss auf die Zell-Zell-Interaktion aus.

VPA bewirkte die bisher stärkste Modulation der Integrinsubtypen. So reduzierte VPA bei PC-3 signifikant die Oberflächenexpression von α5, α6, β3 und β4. Die Kausalität zwischen der mechanischen Koppelung von α5, β3 und β4 konnte anhand der Blockadestudien gezeigt werden. Die Oberflächenpräsentation von α6 scheint ebenfalls eine wichtige Rolle bei der Zelladhäsion einzunehmen. Aktuelle Daten konnten offenlegen, dass α6 für die integrinvermittelte Zellmigration und Zelladhäsion notwendig ist und dass α6 eine erhöhte Zelladhäsion und Motilität von Karzinomzellen induzieren kann (Bouvard et al., 2010; Kielosto et al., 2009; King et al., 2008). Tatsächlich könnte die Blockade von α5, α6, β3 und β4 an der Tumor-Oberfläche die Wirkung von VPA auf die Adhäsionsdynamik bei PC-3 erklären. Bei der Interpretation ist dabei zu berücksichtigen, dass VPA die Gesamtproteinmenge von α5, β1, und β4 im Cytoplasma erhöhte. Auf den ersten Blick scheint dieses Phänomen der Modulation widersprüchlich. Vermutlich liegt eine Erklärung für diesen Mechanismus bei der Regulation der Endo- und Exozytose der Integrinsubtypen, vermittelt über VPA. Bei der Zellmotilität unterliegen die Integrinsubtypen einem Recycling-Mechanismus. Während sie an einer Stelle der Zellmembran über Endozytose abgebaut werden, werden sie an einer anderen Stelle wieder an der Oberfläche präsentiert (Caswell et al., 2009). Ein solcher Recycling-Mechanismus fördert neben der Zellmotilität ebenfalls die Invasion von Tumorzellen (Caswell et al., 2008). Beim Abbau der Integrine von der Zelloberfläche werden diese über

Diskussion

Endocytose innerhalb der Zelle transportiert. Es ist bekannt, dass die Integrinsubtypen α5, β1 und β3 über einen solchen Recycling-Mechanismus ins Cytosol eingeschleust werden, um dann als Antwort auf adhäsionsvermittelte Signale über die Exozytose wieder an die Oberfläche der Zelle rekrutiert zu werden (White et al., 2007). Da VPA die Integrinsubtypen α5, β1 und β4 auf der Oberfläche reduziert, reichern sich diese Integrinsubtypen offensichtlich im Cytosol an. Die durch VPA induzierte Erhöhung der Transkription von α5 könnte den Effekt der cytosolischen Proteinanreicherung von α5 potenzieren. Zusätzlich induzierte VPA eine signifikante Hemmung der Transkription von β3 und eine Hochregulation von α1. Dies korreliert mit der Reduktion der Gesamtproteinmenge von β3. Die cytosolische Proteinexpression von α1 konnte nicht detektiert werden, die Oberflächenexpression von α1 nahm aber aufgrund von VPA signifikant zu. Die signifikante Modulation der Integrinsubtypen sowohl auf der Oberfläche als auch intrazellulär ist ein Indikator dafür, dass VPA den Recycling-Mechanismus der Integrinregulation beeinflusst und somit die Reduktion der Adhäsionsdynamik begünstigt.

Bei beiden Zelllinien induzierte VPA eine verstärkte Oberflächenexpression von α3. Die Bedeutung der α3-Regulation für den Adhäsionsprozess der Tumorzelle wird kontrovers diskutiert. Die eigenen Daten belegen, dass bei LNCaP gleichzeitig die Transkription von α3, bei LNCaP und PC-3 die Gesamtproteinmenge von α3 hochreguliert wurde. Im Einklang mit diesem Befund forcierte ein Verlust von α3 eine Verstärkung der Invasivität und Metastasierung bei PCa-Patienten (Pontes-Junior et al., 2009). Auf der anderen Seite korrelierte eine Erhöhung von α3 bei PCa-Zellen mit einem gesteigerten Adhäsionsvorgang gegenüber Matrix-Proteinen (Kiefer et al., 2001; Sun et al., 2007). Insgesamt lässt sich somit die funktionelle Rolle von α3 noch nicht abschließend deuten. Womöglich erfolgt die Regulation der Adhäsion nicht in einem mechanischen Sinne. Die eigenen Untersuchungen demonstrieren zumindest, dass VPA sowohl in androgenresistenten als auch in androgensensitiven PCa-Zellen die Oberflächenexpression von α3 erhöhte und gleichzeitig die Adhäsionsprozesse deutlich reduzieren konnte.

Die zelluläre Interaktion mit der EZM spielt eine essentielle Rolle bei der Ausbildung der fokalen Adhäsion. Sie wird extrazellulär von den Integrinen vermittelt und ist intrazellulär an das Aktin-Zytoskelett gekoppelt. So bedarf der Vorgang der Zellmigration einer dynamischen Regulation der integrinvermittelten Zelladhäsion und des Aktin-Zytoskeletts. Die *fokal adhesion kinase* (FAK) dient dabei als ein

Diskussion

essentieller Mediator zwischen Integrinen und dem Aktin-Gerüst (Hynes et al., 2002; Ilic et al., 1995). Die integrinvermittelte Aktivierung von FAK führt zu dessen Autophosphorylierung und Aktivierung einer Signaltransduktions-kaskade, die eine erhöhte Adhäsionsdynamik und Zellmotilität in normalen und karzinogenen Zellen auslösen kann (Tatoń et al., 2007; Mitra et al., 2006). Eine wichtige Rolle von FAK bei der Karzinogenese konnte bei zahlreichen Studien belegt werden, womit FAK sogar als ein mögliches Zielprotein einer *targeted* Therapie in Betracht gezogen wird (Schultze et al., 2010; Schwock et al., 2010; Luo et al., 2010; Hao et al., 2009; Zhao et al., 2009). VPA reduzierte ILK und deaktivierte FAK sowohl in PC-3- als auch in LNCaP-Zellen. Insgesamt scheint VPA erheblich die Modulation der Integrinsubtypen zu bewirken, den Recycling-Mechanismus der Integrine und gleichermaßen die Kontrollmechanismen der integrinvermittelten Signaltransduktionswege zu hemmen, über die letztendlich das Bindungsverhalten der Tumorzellen herabgesetzt wird.

Die Zugabe von IFNα2a nicht aber von RAD001 konnte die Wirkung von VPA auf die Adhäsion verstärken. Entgegen der Vermutung erzielte die Behandlung mit VPA/IFNα2a eine ähnliche Tendenz in der Modulation der Integrinsubtypen wie die Kombination VPA/RAD001. Unterschiede zwischen den Kombinationen konnten nur bei α1 (LNCaP und PC-3) und α3, β1 (PC-3) beobachtet werden. Somit scheint die Verstärkung von IFNα2a auf den Effekt von VPA nicht in den regulatorischen Mechanismen der Integrinexpression zu liegen. In der Tat zeigte VPA/IFNα2a, nicht aber VPA/RAD001 eine effektive Zunahme in der Reduktion der integrinnachgeschalteten Signalkinasen ILK, FAK und pFAK sowohl in PC-3- als auch in LNCaP-Zellen. Vermutlich resultiert die Wirkungsverstärkung von VPA/IFNα2a auf die Steuerung der Adhäsionsprozesse in der Regulation von eben diesen Kinasen.

5.4 Modulation der PSA-Sythese

Das Überschreiten eines bestimmten PSA-Schwellenwertes ist ein verlässlicher Indikator bei der PCa-Frühdiagnostik. Bei Patienten mit bestehenden PCa dient die PSA-Bestimmung zur Überwachung des Tumorwachstums bzw. des Therapieansprechens (Pelzer et al., 2005; Leman et al., 2009). Eine hohe PSA-

Diskussion

Bildung und –Freisetzung korreliert dabei mit der Erhöhung der Malignität und geht mit schlechteren Überlebenschancen für den Patienten einher (Kandola et al., 2007).

LNCaP-Zellen synthetisieren PSA in einem messbaren Bereich und wurden daher zur Analyse herangezogen. Hingegen konnte bei PC-3- und DU145-Zellen keine PSA-Freisetzung im messbaren Bereich festgestellt werden. AEE788 und RAD001 zeigten beide keinen Einfluss auf die PSA-Sythese. Die Behandlung der LNCaP-Zellen mit VPA hingegen resultierte in einer signifikanten Reduktion der gebundenen Form von PSA (cPSA) und der freien Form (fPSA). Wissenschaftlich konnte ein Zusammenhang zwischen der Blockade des Androgenrezeptors (AR) und der PSA-Freisetzung hergestellt werden (Lu et al., 2007). Demnach erfolgt eine Reduktion der PSA-Freisetzung durch eine Blockade des AR. Diese Kausalität konnte von Scher & Schellhammer et al. bestätigt werden. In ihren Studien verdeutlichten sie, dass die PSA-Sekretion bei Patienten nach einer antiandrogenen Therapie signifikant reduziert werden konnte (Scher et al., 1993; Schellhammer et al., 1997). Studien mit HDACI, wie SAHA oder Trichostatin A konnten eine Blockade der Signalübetragung des AR bestätigen (Björkman et al., 2008; Molifer et al. 2010). Möglicherweise ist VPA über eine Hemmung der HDAC-Aktivität an der Regulation des AR beteiligt und verhindert über diesen Mechanismus die PSA-Freisetzung.

Erwartungsgemäß konnte die Kombination AEE788/RAD001 keine messbaren Veränderungen in den PSA-Werten erzielen. Interessanterweise zeigte VPA/RAD001 ebenfalls keine Modulation der PSA-Freisetzung. Dies ist erstaunlich, da VPA alleine die PSA-Werte deutlich herabsetzte. Die Inhibition von mTOR scheint sich also kontraproduktiv auf den PSA-reduzierenden Effekt der HDAC-Inhibition auszuwirken. Vorteilhaft erwies sich aber die Kombination von VPA mit IFNα2a. VPA/IFNα2a induzierte eine signifikante Wirkungsverstärkung in der Reduktion von tPSA. Aus eigenen Untersuchungen resultiert, dass nur die Inhibition der HDACs alleine bzw. in einer Kombination mit IFNα2a eine signifikante Reduktion der PSA-Synthese induziert, und zwar sowohl der Gesamtmenge von PSA wie der gebundenen Form. Im therapeutischen Sinne hemmt VPA bzw. VPA/IFNα2a das Wachstum der PCa-Zellen einhergehend mit einer Reduktion der PSA-Expression, die wiederum zum Tumor-Regress beitragen kann.

Diskussion

5.5 Modulation der intrazellulären Signalwege

Die Proteine EGFR, ERK1 und ERK2, AKT und P70S6K sind an der Regulation des Zellwachstums und der Differenzierung grundlegend beteiligt. Die Behandlung der PCa-Zellen mit den aufgeführten Substanzen induzierte Veränderungen in der Expression und Aktivierung dieser Proteine.

Die Tyrosinkinase EGFR ist einer der wichtigsten Wachstumsfaktorrezeptoren, die über EGF eine Autophosphorylierung erfährt. Die Expression und Aktivität von EGFR gilt als ein potentieller Prognosefaktor beim PCa. Bei über 90% PCa wird EGFR überexprimiert (de Muga et al., 2010). AEE788 inhibiert die RTKs VEGFR und EGFR und verhindert somit deren Aktivierung. So resultierte die Behandlung der PCa-Zellen mit AEE788 in einer signifikanten Reduktion der Gesamtproteinmenge von EGFR und des phosphorylierten EGFR (pEGFR). Sowohl VEGFR als auch EGFR greifen über den MAPK-Weg, und somit die ERK1/ERK2-Kaskade in die Regulation der Zellproliferation und Differenzierung ein (Gee et al., 2010; Tarcic et al., 2010; Garnett et al., 2004). AEE788 bewirkte in der Tat sowohl in LNCaP als auch in PC-3 eine signifikante Reduktion der aktivierten Form von ERK1/2. Studien an ERK1/2 belegen dessen Beteiligung an der Zellproliferation und der Zellmigration (Shannon et al., 2010; Tarcic et al., 2010; Pearson et al., 2001). El-Habi et al. konnte in Untersuchungen feststellen, dass die Aktivität von ERK1/2 für die integrinvermittelte Adhäsion bei PCa-Zellen erforderlich ist (El-Habi et al., 2010). Somit scheint AEE788 über die Hemmung von EGFR und VEGFR in den Vorgang der Zellproliferation und Zellmigration erheblich einzugreifen. Sowohl EGFR als auch VEGFR sind an der Regulation der Endo- und Exozytose der Integrine beteiligt (Caswell et al., 2008; Reynolds et al., 2009). Untersuchungen der Migration von Zellen auf 2-D-Oberflächen und der Invasion in 3-D-Fibronektin-Matrizes zeigten eine hohe Aktivität von EGFR einhergehend mit dem erhöhten Präsentieren der Integrinsubtypen $\alpha5/\beta1$ auf der Oberfläche (Müller et al., 2009; Mills et al., 2009). Eigene Studien zeigen eine signifikante Reduktion des Zellwachstums und der Zelladhäsion aufgrund der Hemmung von EGFR und VEGFR, vor allem bei androgenresistenten PCa-Zellen. Vermutlich ist die Inhibition dieser RTKs ein entscheidender Faktor in der Regulation dieser Vorgänge.

Die mTOR-Inhibition über RAD001 führte zu einer Reduktion der phosphorylierten Form der P70S6-Kinase (pP70S6K). P70S6K als Masterregulator der

Diskussion

Zellproliferation ist eine mTOR nachgeschaltete Kinase, die die Translation von ribosomalen Proteinen und Elongationsfaktoren aktiviert. Auf diese Weise greift P70S6K erheblich in die Proteinsynthese, das Zellwachstum und den Zellzyklus ein (Asnaghi et al., 2004; Gibbons et al., 2009). Eine erhöhte Aktivität von mTOR und P70S6K wird bei vielen PCa-Formen beobachtet und gilt als ein entscheidender Faktor der Karzinogenese des PCa (Evren et al., 2010; Wang et al., 2008c). Neben der mTOR bzw. P70S6K induzierte RAD001 zusätzlich eine Erhöhung der aktivierten Form von AKT, eine mTOR vorgelagerte Kinase. Sie blockiert in aktiviertem Zustand die Apoptose über die Hemmung von Caspase 9 und BAD (Brunet et al., 1999; Lu et al., 2010, Kim et al., 2010b). Dies korreliert mit den eigenen Daten insofern, als aufgrund der Behandlung mit RAD001 keine Apoptoseinduktion gemessen werden konnte. Ob dieser Effekt allein auf AKT zurückzuführen ist oder darauf, dass die Substanzen in einer zu geringen Dosis appliziert wurden, bedarf einer weiteren Untersuchung. Interessanterweise decken sich eigene Ergebnisse mit anderen Studien. Tatsächlich konnte Tamburini et al. bei einer mTOR-Inhibition eine Hochregulation von pAKT beobachten (Tamburini et al. 2007). So scheint eine Blockade von mTOR mit einer Erhöhung der AKT-Aktivität einherzugehen (Pauli et al., 2010; Ma et al., 2010). Ein *feedback*-Mechanismus, der die Aktivität von AKT steuert, könnte dafür verantwortlich sein. So wird beschrieben, dass AKT selbst über den *insulin-like growth factor-1 receptor* (IGF-1R) aktiviert wird. P70S6K wiederum inhibiert die Aktivierung von IGF-1R (Harrington et al., 2004; Sun et al., 1991; Craparo et al., 1997). Wird nun die P70S6K-Aktivität aufgrund der Behandlung mit RAD001 gehemmt, könnte daraus eine Erhöhung von pAKT resultieren. Studien zeigen diesbezüglich, dass die IGF-1R-Aktivität eng mit der EGFR-Aktivität gekoppelt ist (Buck et al., 2008; Knowlden et al., 2007). Eigene Daten demonstrieren, dass RAD001 ebenfalls eine Reduktion von pEGFR induziert. Aus eigenen Untersuchungen lässt sich schließen, dass eine antiproliferative Wirkung der PCa-Zellen nicht zwangsweise mit einer Inhibition von pAKT einhergehen muss. Vielmehr scheint die Aktivität von P70S6K ausschlaggebend für das Wachstum der PCa-Zellen zu sein.

Die kombinierte Gabe von AEE788 und RAD001 konnte keinen Verstärkereffekt auf die Modulation der intrazellulären Signalkinasen erzielen. Der additive Einfluss auf das Wachstum durch die beiden Substanzen wird womöglich durch eine simultane

Diskussion

Modulation zweier Signalwege erreicht. Während AEE788 über EGFR letztendlich die ERK1/2-Aktivität beeinflusst, bewirkt RAD001 über die Hemmung von mTOR eine Reduktion von pP70S6K.

Wie erwartet, griff VPA in den Experimenten entscheidend in die Aktivität der HDACs ein. So konnte VPA die Expression von HDAC3 und HDAC4 nachhaltig reduzieren. Die Reduktion erfolgte bei allen drei Zelllinien gleichermaßen stark. HDACs regulieren die Expression und Aktivität von zahlreichen Proteinen, die sowohl in die Karzinogenese als auch in die Progression des Tumors involviert sind. Zahlreiche Studien demonstrieren in Tumoren eine veränderte Expression von HDAC (Glozak et al., 2007; Jones et al., 2007; Xu et al., 2007). Insbesondere beim PCa wurde eine erhöhte Expression der HDACs beobachtet (Wang et al., 2009; Cang et al., 2009; Weichert et al., 2008). HDACs sind an der Regulation der posttranskriptionellen Modifikation der Histonproteine beteiligt und so verwundert es wenig, dass die Reduktion der HDAC-Aktivität mit einer Hyperacetylierung der Histone H3 und H4 korrelierte. H3 und H4 sind wichtige Bestandteile des Histonkompartimentes und regulieren entscheidend die Struktur des Chromatins. Dabei führt eine Hyperacetylierung der Histone zu einer Auflockerung des Chromatins und beeinflusst somit die Transkription (Rice et al., 2001; Pecuchet et al., 2010; Dalvai et al., 2010; Richmond et al., 2010). Die in eigenen Untersuchungen ermittelte Acetylierung stand in engem Zusammenhang mit der VPA-Konzentration und Inkubationszeit. Eine signifikante Acetylierung der Histone konnte allerdings erst nach 24 Stunden gemessen werden. Vermutlich sind der Vorgang der HDAC-Hemmung und die daraus resultierenden Folgen für die Protein-Neusythese langsam ablaufende Prozesse, die erst zeitverzögert Effekte auslösen. Dies korreliert besonders mit den Wachstumsanalysen. Hier wurde eine Hemmung des Zellwachstums erst nach einer längeren Inkubationsdauer mit VPA erzielt. Der Effekt von VPA scheint nicht auf das PCa beschränkt zu sein. Studien am RCC belegen eine deutliche Deacetylierung unter VPA in Verbindung mit einer Hemmung des Tumor-Wachstums und der Adhäsion (Jones et al., 2009a; Jones et al., 2009b). Auch am Glioblastom und Neuroblastom zeigte VPA eine antiproliferative Wirkung, bei gleichzeitiger Hemmung der Invasion (Papi et al., 2010; Cinatl et al., 1997; Beecken et al., 2005). Neben HDAC als primäres Target griff VPA auch in die intrazelluläre Signalübertragung ein. VPA induzierte eine signifikante Reduktion von EGFR, pEGFR, pERK1/2 und

Diskussion

pP70S6K. Beim PCa scheint sich jedoch die Aktivierung von AKT der HDAC-vermittelten Kontrolle zu entziehen. So induzierte die Behandlung mit VPA eine Erhöhung von pAKT. Wie schon oben erwähnt, scheint dieser Effekt unter anderem für die fehlende Apoptoseinduktion verantwortlich zu sein und kann über einen negativen *feedback*-Mechanismus zwischen pP70S6K und IGF-1R erklärt werden. Neueste Untersuchungen an AKT belegen in diesem Zusammenhang die IGF-1R-unabhängige AKT-Aktivierung. So postulierten Osajima-Hakomori et al. und weitere Arbeitsgruppen, dass häufig bei Tumorentitäten vorkommende Mutationen der *anaplastic lymphoma kinase* (ALK) eine Aktivierung von AKT herbeiführen können (Osajima-Hakomori et al., 2005; Chen et al., 2008; George et al., 2008; Janoueix-Lerosey et al., 2008; Mosse et al., 2008). Eine andere Möglichkeit stellt Carpten et al. vor. An verschiedenen Tumorentitäten beobachtete er das gehäufte Auftreten von AKT-Mutationen (Carpten et al., 2007). Diese führten zu einer Überaktivierung von AKT in den Tumorzellen und erlaubten der Zelle, sich den Kontrollmechanismen der Apoptose zu entziehen. Ob PCa-Zellen über eine solche Mutation von ALK bzw. AKT verfügen, ist nicht hinreichend geklärt und müsste in weiteren Studien evaluiert werden.

Die Wirkung von VPA auf die intrazellulären Signalwege konnte über eine Kombination mit RAD001 gesteigert werden. So induzierte VPA/RAD eine verstärkte Reduktion von EGFR, pEGFR und pP70S6K. Dies korreliert mit den Effekten dieser Kombination auf das Zellwachstum. Eine ähnliche Reaktion konnte Verheul et al. in seinen Studien am PCa beobachten. Er kombinierte den HDAC-Inhibitor LBH589 und den mTOR-Inhibitor Rapamycin und erzielte so eine signifikante Reduktion des Tumor-Wachstums und der Angiogenese im Tiermodell (Verheul et al., 2008). Wie bei der Wachstumsanalyse vermutet, scheint VPA ähnliche Mechanismen wie RAD001 auszulösen. Beide Inhibitoren regulieren deutlich die P70S6-Aktivität, nicht jedoch die von AKT. Es ist jedoch zu beachten, dass VPA auch pEGFR und pERK1/2 reduziert. Womöglich potenziert diese separate Signalregulation noch zusätzlich den Effekt von RAD001.

Auch die kombinierte Gabe von IFNα2a mit VPA konnte einen deutlichen Verstärkereffekt bezüglich der Reduktion der Signalkinasen pEGFR, pERK1/2 und pP70S6K erzielen. VPA/IFNα2a verminderte zudem die Gesamtproteinmenge dieser

Diskussion

Kinasen und die Expression von AKT. Zahlreiche Studien bestätigen eine Potenzierung der Effekte ausgelöst über eine Kombination von VPA mit IFNα2a (Jones et al., 2009a, Michaelis et al., 2004; Cinatl et al., 2002). Da Inhibitoren des HDAC-Systems ein sehr breites Wirkungsspektrum besitzen, ist sowohl die Regulation auf Transkriptionsebene als auch die Acetylierung/Deacetylierung von cytosolischen Regulationsproteinen in Betracht zu ziehen. Womöglich aktiviert VPA über die Modifikation der Histone die Transkription von distinkten Kontrollproteinen, die an den Aktivierungsprozessen der Kinasen ERK1/2, P70S6K und EGFR beteiligt sind. Eine Zugabe von IFNα2a könnte diesen Effekt potenzieren und somit die Wirkung von VPA verstärken. In der Tat konnte in einer Studie am RCC eine Modulation der Transkription durch VPA beobachtet werden, die mittels IFNα2a deutlich erhöht wurde. Zudem konnte in dieser Untersuchung festgestellt werden, dass bestimmte Gene nur bei Kombinationsgabe, nicht aber bei der Einzeldosierung eingeschaltet werden (Juengel et al., 2010). Wie bereits erwähnt, konnte Krämer et al. ebenfalls eine Potenzierung der antikarzinogenen Effekte aufgrund der kombinierten Behandlung mit VPA/IFNα2a in Melanomzellen beobachten. Dabei evozierte IFNα2a die STAT1-Expression und erhöhte somit die Antwortbereitschaft für VPA (Krämer et al., 2006). Krämer et al. konnte zudem feststellen, dass STAT1 in Anwesenheit von VPA acetyliert wird und auf diese Weise die Transkription anti-apoptotischer Regulationsproteine reduziert. Eine aktuelle Studie mit IFNα-Rezeptoren demonstriert, dass im Falle einer Aktivierung des Rezeptors dessen Acetylierung und die Acetylierung von STAT2 eingeleitet wird (Tang et al., 2010). Womöglich ist die Acetylierung der Regulationsproteine, die an dem IFNα2a-Signalweg beteiligt sind, ein wichtiger Ansatzpunkt im Verständnis des Verstärkereffektes von VPA/IFNα2a.

5.6 *In-vivo*-Studie

Aus eigenen Daten resultierte eine signifikante Hemmung des Zellwachstums und der Zelladhäsion aufgrund der Behandlung der PCa-Zellen mit den Substanzen AEE788, RAD001 und VPA. Während AEE788 zelltypspezifisch die androgenresistenten Zellen, wie PC-3 und DU145 beeinflusste, konnte RAD001 bei allen drei Zelllinien eine starke antikarzinogene Wirkung induzieren. Die Inhibition der HDACs aufgrund von VPA zeigte jedoch die stärkste Auswirkung sowohl auf die

Diskussion

Proliferation als auch auf die Adhäsionsdynamik. Hier wiederum bewirkte die kombinierte Gabe von VPA und IFNα2a die stärksten Effekte. Da die Kombination VPA/IFNα2a zudem deutlich die PSA-Synthese reduzierte, wurde diese Kombination ausgewählt, um sie an einem xenogenen Nacktmausmodell zu untersuchen.

In dem Tierversuch erzielte die Behandlung mit IFNα2a keine Veränderungen im Tumorvolumen. Die chronische Behandlung mit VPA hingegen induzierte eine signifikante Reduktion des Tumorvolumens. Der antikarzinogene Effekt von VPA konnte schon anhand von *in-vivo*-Studien an Gebärmutterhalskrebs und dem Medulloblastom gezeigt werden (Sami et al., 2008; Shu et al., 2006). Ebenfalls wurde eine Inhibition der Angiogenese *in-vivo* aufgrund einer HDAC-Inhibition von Michaelis et al. beobachtet (Michaelis et al., 2004).

Gänzlich neu jedoch ist eine kombinierte Gabe von VPA mit IFNα2a als Therapeutika beim PCa im Tiermodell. So erzielte VPA/IFNα2a einen signifikanten Verstärkereffekt bei der Reduktion des Tumorvolumens. Nach 31 Tagen resultierte die Behandlung mit VPA/IFNα2a in einer 75%-igen Verminderung des Tumorvolumens in Vergleich zum Tumorvolumen der Kontrollgruppe. So scheint die kombinierte Gabe mit IFNα2a den Effekt von VPA auch im Tierversuch signifikant zu verstärken. Bei dem Vergleich der *in-vivo*-Studie mit den *in-vitro*-Daten, sollte aber beachtet werden, dass in der *in-vivo*-Studie VPA und die Kombination VPA/IFNα2a chronisch über einen längeren Zeitraum hinweg verabreicht wurden, während *in-vitro* die Substanzenvergabe einmalig erfolgte. Im Gegensatz zu den *in-vitro* Versuchen ließ sich eine Wirkungsverstärkung über VPA/IFNα2a erst nach etwa 20 Tagen hervorheben, verglichen mit der 3-Tages- bzw. 5-Tages-Inkubation *in-vitro*. Vermutlich unterscheiden sich die Abbauraten von VPA bzw. IFNα2a im lebenden Organismus und im Zellkulturmodell voneinander. Eigene Daten präsentieren, dass VPA eine sehr potente antikarzinogene Wirkung bei PCa *in-vitro* und *in-vivo* erzielt und dieser Effekt über eine Kombination von VPA und IFNα2a effektiv verstärkt werden kann.

Diskussion

5.7 Fazit

Die *targeted* Therapie basiert auf einem molekular gezielten Behandlungsansatz und ermöglicht eine effektive Blockade von Zielstrukturen, die Tumorwachstum und Metastasierung begünstigen. Sie bietet ein vielversprechendes Konzept und ist eine neue Hoffnung in der Karzinomtherapie. In eigenen Untersuchungen konnten diese Erwartungen bestätigt werden. So konnte demonstriert werden, dass eine Blockade der Signalwege VEGFR/EGFR, mTOR und HDAC einen deutlichen Einfluss auf Wachstum und Adhäsion der PCa-Zellen nehmen kann. Dabei zeigte jede Substanz ein eigenes Wirkprofil, wobei die molekulare Aktivität vom Zelltyp abhängig war. Wie sich herausstellte, induzierte AEE788 und RAD001 eine direkte Wirkung auf die Zellen, während VPA zeitverschoben seine antiproliferativen Effekte erzielte. AEE788 als Inhibitor von VEGFR und EGFR konnte vor allem die androgenresistenten Zellen stark beeinflussen. Die klinische Anwendung solcher RTK-Inhibitoren würde somit insbesondere bei Patienten im hormonrefrakteren Stadium einen effektiven Nutzen herbeiführen. Hingegen konnte RAD001 sowohl bei androgenresistenten, als auch bei androgensensitiven PCa-Zellen das Wachstum und die Adhäsion hemmen. Beide Inhibitoren erzielten jedoch als Einzeltherapie weniger ausgeprägte antikarzinogene Effekte als VPA. VPA konnte die Aktivität der HDACs bei allen PCa-Zelllinien in gleicher Weise hemmen und bewirkte somit eine epigenetische Modulation der Histone H3 und H4, die zu deren Hyperacetylierung führte. Dieser epigenetische Effekt wirkt sich entscheidend auf die Transkriptionskontrolle der Zelle aus und konnte weitläufige Effekte auf das Wachstum und die Adhäsion der PCa-Zellen induzieren.

Eine kombinierte *targeted* Therapie erlaubt eine simultane Modulation separater Signalwege. Die eigenen Untersuchungen demonstrieren, dass eine Kombination nicht in allen Fällen gleich effektiv ist. So erzielten die Kombinationen AEE788/RAD001, VPA/RAD001 und VPA/IFNα2a einen Verstärkereffekt, hingegen wurde bei VPA/AEE788 und IFNα2a/RAD001 keine Wirkungsverstärkung beobachtet. Das Wirkprofil der in dieser Arbeit verwendeten Substanzen wird in der Abbildung 59 schematisch dargestellt. Die Substanzen modulierten in der Mono- als auch in der Kombinationstherapie sowohl die intrazellulären Signalwege als auch die Oberflächenverteilung der Integrinsubtypen. Zudem konnte gezeigt werden, dass androgensensitive Zellen über ein anderes Integrinprofil als androgenresistente

Diskussion

Zellen verfügen. Da Integrine nicht nur in die Adhäsion der Zellen involviert sind, sondern weitere Signalwege der Proliferation und Differenzierung steuern, könnte das einer der Gründe dafür sein, warum die Substanzen im Hinblick auf die Integrinmodulation teilweise unterschiedliche Effekte zwischen LNCaP- und PC-3-Zellen auslösten. Ebenfalls zelltypspezifisch wurde die Wirkung von AEE788/RAD001 besonders bei androgenresistenten Zellen hervorgerufen, während VPA/RAD001 und VPA/IFNα2a unabhängig von der Androgensensitivität agierten. Die kombinierte Verabreichung von VPA/RAD001 und VPA/IFNα2a erwies sich als besonders effektiv als Wachstumblockade der PCa-Zellen, wobei nur VPA/IFNα2a dabei die PSA-Synthese reduzieren konnte. Zudem zeigte VPA/IFNα2a die stärkste Reduktion der Adhäsionsaktivität. Aufgrund des hohen Verstärkereffektes von IFNα2a auf die Wirkung von VPA *in-vitro*, wurde diese Kombination bei einem *in-vivo*-Versuch evaluiert. Die Untersuchung demonstriert, dass das Tumorvolumen signifikant reduziert und eine Wirkungsverstärkung aufgrund der Kombination erzielt werden konnte.

Klinisch betrachtet erweisen sich bestimmte Kombinationen als therapeutischer Vorteil, wobei vermutlich der Wirkmechanismus vom jeweiligen Patienten abhängen wird. Da insbesondere PCa einen sehr heterogenen Phänotyp aufweist, ist eine kombinierte Behandlung sinnvoll, um eine möglichst hohe Antwortbereitschaft zu erzielen. Um aber einen effektiven Einsatz in der klinischen Behandlung bzw. als Ergänzungstherapie zu ermöglichen, sollten abhängig von Geno- und Phänotyp individuelle Therapiekonzepte berücksichtigt werden. Da VPA und IFNα2a bereits in der Klinik etabliert sind, könnte eine rasche Umsetzung dieser Substanzen gewährleistet sein.

Diskussion

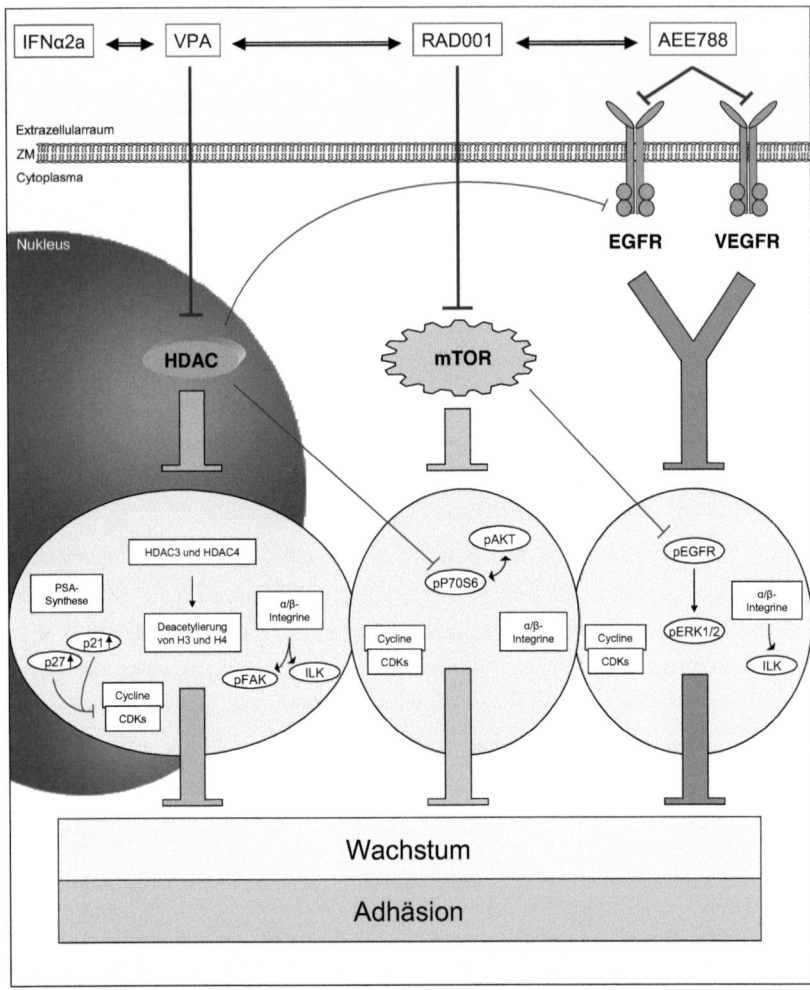

Abbildung 59: Schematische Darstellung des Wirkprofils von AEE788, RAD001 und VPA in PCa-Zellen. Darstellungen aktivierender (⟶) und hemmender (⊣, ⊏⊐) Effekte auf Signalwege, Deacetylierung der Histone, Modulation der Integrine und Expression von PSA. Verstärkereffekt der Kombinationen AEE788/RAD001, VPA/RAD001 und VPA/IFNα2a dargestellt als (⟵⟶)-Pfeil. In den drei Wirkungskreisen sind nur die Effekte aufgeführt, die eine Regulation aufgrund der Behandlung erfahren haben. ZM: Zellmembran.

6 Zusammenfassung

Das Prostatakarzinom (PCa) ist in Deutschland die häufigste bösartige Malignität beim Mann; jährlich erkranken etwa 58.000 Männer am PCa. Mit 11.000 Todesfällen pro Jahr liegt PCa in der Mortalitätsstatistik an dritter Stelle, hinter dem Bronchialkarzinom und dem Dickdarmkarzinom. Solange PCa auf die Vorsteherdrüse begrenzt ist, besteht die Möglichkeit einer Heilung über die Prostatektomie oder Bestrahlung. Bei etwa 15% der Neuerkrankungen tritt ein metastasierender PCa auf. Bei etwa 20% der Patienten mit organbegrenztem Tumor zeigen lokale Therapieformen keine Wirkung, so dass ebenfalls einer invasiven Ausbreitung Vorschub geleistet wird. Weitere Therapieformen bilden die Androgensuppression und die Chemotherapie. Bei der Androgensuppression kommt es sehr häufig zu einem hormonrefraktären Stadium, das über einen PSA-Anstieg definiert wird. Ist das hormonrefraktäre Stadium erreicht, stehen nur begrenzte Therapieoptionen zur Verfügung.

In der jüngeren Vergangenheit wurden neue molekulare Substanzen entwickelt, die gezielt in den Metabolismus der Karzinomzellen eingreifen, die *targeted therapy molecules*. PCa ist eine sehr heterogene Karzinomentität. Das Verständnis des Zusammenspiels von parallelen und interagierenden mitogenen Signaltransduktionswegen beim PCa, die sein Wachstum, seine Differenzierung und seine Zellmotiliät regulieren, ist von enormer Bedeutung, um neue bzw. schon bestehende Inhibitoren gegen PCa erfolgreich zu entwickeln oder als Mono- bzw. Kombinationstherapie anzuwenden. Zu den beim PCa häufig überexprimierten Signalproteinen gehören der *mammalian target of rapamycin* (mTOR), die Rezeptor-Tyrosinkinasen (RTKs) und die Histondeacetylasen (HDACs).

Ziel dieser Arbeit war es, die Effektivität von Inhibitoren auf diese Signalproteine als Einzel- und Kombinationstherapie im Hinblick auf das Zellwachstum und die Adhäsionseigenschaft der PCa-Zellen zu untersuchen. Zur Anwendung kamen RAD001, ein mTOR-Inhibitor, AEE788, ein Multikinaseinhibitor gegen den VEGF- und EGF-Rezeptor, die Valproinsäure (VPA), ein HDAC-Inhibitor und das Interferon-alpha-2a (IFNα2a), ein körpereigenes Zytokin. Die Untersuchungen basierten auf zellbiologischen und biochemischen Analysen *in-vitro* unter Verwendung der PCa-

Zusammenfassung

Zelllinien DU145, PC-3 und LNCaP und *in-vivo* mittels eines xenogenen Nacktmausmodells. Im Rahmen funktioneller Untersuchungen wurden unter den entsprechenden Therapien das Zellwachstum mit dem MTT-Test ermittelt, das Expressionsmuster der zellzyklusregulierenden Proteine durch die Western-Blot-Hybridisierung und die Progression des Zellzyklus mittels der Durchflusszytometrie untersucht. Im weiteren Verlauf wurden die Adhäsionsprozesse an Matrix und an Endothel analysiert und die Modulation der Integrinsubtypen mit Hilfe der fluorimetrischen und molekularbiologischen Methoden sowie deren Genaktivität evaluiert. Die Synthese der gebundenen und freien Form von PSA wurde mit dem ELISA-Verfahren gemessen. Zur detaillierten Aufklärung der Wirkmechanismen der Medikamente diente die nähere Untersuchung intrazellulärer Signalwege anhand molekularbiologischer Studien.

AEE788, RAD001, VPA, nicht jedoch IFNα2a erzielten eine deutliche Reduktion im Zellwachstum und der Adhäsion der PCa-Zellen. Dabei war jede Substanz durch ein eigenes Wirkprofil charakterisiert und zeigte eine zelltypabhängige molekulare Aktivität. Während AEE788 und RAD001 eine direkte Wirkung auslösten, war der Effekt von VPA zeitversetzt. Im Gegensatz zu VPA und RAD001 beeinflusste AEE788 vor allem androgenresistente Zellen. Eine kombinierte Behandlung erwies sich nicht in allen Fällen als gleich effektiv. Letztendlich zeigten vor allem AEE788/RAD001, VPA/RAD001 und VPA/IFNα2a deutliche antitumorale Effekte. Dabei demonstrierten die Untersuchungen eine Verringerung des Zellwachstums, einhergehend mit einer deutlichen Modulation der relevanten regulatorischen Zellzyklusproteine, einer Zunahme der Tumorsuppressoren und einer deutlichen Verlangsamung der Zellzyklusprogression. AEE788/RAD001 und VPA/IFNα2a erzielten dabei eine effektive Reduktion von Wachstum und Adhäsion. In Analysen der Adhäsionsprozesse konnte die Modulation der Integrinsubtypen und der integrinassoziierenden Kinasen aufgrund der Substanzen demonstriert werden und zeigte bei androgenresistenten und androgensensitiven Zellen einen unterschiedlichen Wirkungseinfluss. Nur die Kombination von VPA/IFNα2a verringerte signifikant die PSA-Synthese und zeigte bei der Evaluation der intrazellulären Signalwege einen deutlichen Verstärkereffekt in der Regulation der Proteinexpression und der Aktivität von EGFR, ERK1/2 und P70S6K. In der

Zusammenfassung

darauffolgenden *in-vivo*-Untersuchung konnte der Verstärkereffekt von VPA/IFNα2a in einer effektiven Reduktion des Tumorvolumens demonstriert werden.

Da insbesondere PCa einen sehr heterogenen Phänotyp aufweist, bietet vor allem die kombinierte *targeted* Therapie neue Hoffnung und vielversprechende Therapiemöglichkeiten. Die eigenen Daten demonstrieren, dass nur bestimmte Medikamenten-Kombinationen eine effektive Verstärkung der antikarzinogenen Effekte erzielen und eine wirksame Therapie des PCa ermöglichen. Bei der klinischen Anwendung ist zu beachten, dass abhängig von Geno- und Phänotyp individuelle Therapiekonzepte zu berücksichtigen sind.

7 Literaturverzeichnis

- **Abbas A,** Gupta S. The role of histone deacetylases in prostate cancer. *Epigenetics.*2008;3(6):300-9.

- **Agarwal R.** Cell Signaling and Regulators of Cell Cycle as Molecular Targets for Prostate Cancer Prevention by Dietary Agents. *Biochemical Pharmacology.* 2000; 60, pp. 1051-1059.

- **Alao JP.** The regulation of cyclin DI degradation: roles in cancer development and the potential for therapeutic invention et al. *Mol Cancer.* 2007; 6:24, doi:10.1186/1476-4598-6-24.

- **Amato RJ,** Jac J, Giessinger S, Saxena S, Willis JP. A Phase 2 study with a daily regimen of the oral mTOR inhibitor RAD001 (everolimus) in patients with metastatic clear cell renal cell cancer. *Cancer.* 2009; 115(11):2438-46.

- **American Cancer Society:** Overview: Prostate Cancer – What Causes Prostate Cancer?. 2009; (http://www.cancer.org/docroot/CRI/content/CRI_2_2_2X_What_causes_prostate_cancer_36.asp?sitearea=).

- **Andrade MA,** Bork P. HEAT repeats in the Huntingtons's disease protein. *Nature Genetics.* 1995; 11, 115 – 116 doi:10.1038/ng1095-115.

- **Antonarakis ES,** Carducci MA, Eisenberger MA. Novel targeted therapeutics for metastatic castration-resistant prostate cancer. *Cancer Letter.* 2010; 291:1-13, doi:10.1016/j.canlet.2009.08.012.

- **Apolo AE.** Novel tracers and their development for the imaging of metastatic prostate cancer. *Journal of Nuclear Medicine.* 2008; 49:2031-2041, PMID:18997047.

- **Arnold JT and Isaacs JT.** Mechanisms involved in the progression of androgen-independent prostate cancers: it is not only the cancer cell's fault. *Endocr Relat Cancer.* 2002; 9:61-73.

- **Asnaghi L,** Bruno P, Priulla M, Nicolin A. mTOR: a protein kinase switching between life and death. *Pharmacol Res.* 2004 Dec;50(6):545-9. Review. PubMed PMID: 15501691.

- **Atmaca A,** Al-Batran SE, Maurer A, Neumann A, Heinzel T, Hentsch B, Schwarz SE, Hövelmann S, Göttlicher M, Knuth A, Jäger E. Valproic acid (VPA) in patients with refractory advanced cancer: a dose escalating phase I clinical trial. *Br J Cancer.* 2007 Jul 16;97(2):177-82. Epub 2007 Jun 19. PubMed PMID: 17579623; PubMed Central PMCID: PMC2360302.

- **Augustine JJ,** Bodziak KA, Hricik DE. Use of sirolimus in solid organ transplantation. *Drugs.* 2007; 67(3):369-91.

- **Avruch J,** Long X, Lin Y, Ortiz-Vega S, Rapley J, Papageorgiou A, Oshiro N, Kikkawa U. Activation of mTORC1 in two steps: Rheb-GTP activation of catalytic function and increased binding of substrates to raptor. *Biochem Soc Trans.* 2009 Feb;37(Pt 1):223-6. Review. PubMed PMID: 19143636.

- **Bai X,** Ma D, Liu A, Shen X, Wang QJ, Liu Y, Jiang Y. Rheb activates mTOR by antagonizing its endogenous inhibitor, FKBP38. *Science.* 2007 Nov 9;318(5852):977-80. PubMed PMID: 17991864.

- **Bärlund M,** Forozan F, Kononen J, Bubendorf L, Chen Y, Bittner ML, Torhorst J, Haas P, Bucher C, Sauter G, Kallioniemi OP, Kallioniemi A. Detecting activation of ribosomal protein S6 kinase by coplementary DNA and tissue microarray analysis. *J Natl Cancer Inst.* 2000; 92(15):1252-9.

- **Bártová E,** Krejčí J, Harničarová A, Galiová G, Kozubek S. *Journal of Histochemistry & Cytochemistry.* 2008. Vol.56(8): 711-721

Literaturverzeichnis

- Basso AD, Mirza A, Liu G, Long BJ, Bishop WR, Kirschmeier P. The farnesyl transferase inhibitor (FTI) SCH66336 (lonafarnib) inhibits Rheb farnesylation and mTOR signaling. Role in FTI enhancement of taxane and tamoxifen anti-tumor activity. *J Biol Chem.* 2005; 280, 31101-21108.

- Bates S, Ryan KM, Phillips AC, Vousden KH. Cell cycle arrest and DNA endoreduplication following p21Waf1/Cip1 expression. *Oncogene.* 1998 Oct 1;17(13):1691-703. PubMed PMID: 9796698.

- Beckmann IA. Deutsche Krebshilfe e.V.. *Prostatakrebs Heft 17.* 2009; ISSN: 0946-4816, Art-Nr.: 0170069.

- Beecken WD, Engl T, Ogbomo H, Relja B, Cinatl J, Bereiter-Hahn J, Oppermann E, Jonas D, Blaheta RA. Valproic acid modulates NCAM polysialylation and polysialyltransferase mRNA expression in human tumor cells. *Int Immunopharmacol.* 2005;5(4):757-69, PMID:15710344.

- Bianco R, Garofalo S, Rosa R, Damiano V, Gelardi T, Daniele G, Marciano R, Ciardiello F, Tortora G. Inhibition of mTOR pathway by everolimus cooperates with EGFR inhibitors in human tumours sensitive and resistant to anti-EGFR drugs. *Br J Cancer.* 2008 Mar 11;98(5):923-30. Epub 2008b Mar 4. PubMed PMID: 18319715; PubMed Central PMCID: PMC2266842.

- Bianco R, Rosa R, Damiano V, Daniele G, Gelardi T, Garofano S, Tarallo V, De Falco S, Melisi D, Bernelli R, Albini A, Ryan A, Ciardiello F, Tortora G. Vascular Endothelial Growth Factor Receptor-1 Contributes to Resistence tp Anti-Epidermal Growth Factor Receptor Drugs in Human Cancer Cells. *Clin Cancer Res.* 2008; 14(16): 5069-5080, doi:10.1158/1078-0432.CCR-07-4905.

- Billiau A. Interferon: the pathways of discovery I. Molecular and cellular aspects. *Cytokine Growth Factor Rev.* 2006;17(5):381-409, PMID:16931108.

- Björkman M, Iljin K, Halonen P, Sara H, Kaivanto E, Nees M, Kallioniemi OP. Defining the molecular action of HDAC inhibitors and synergism with androgen deprivation in ERG-positive prostate cancer. *Int J Cancer.* 2008;123(12):2774-81.

- Bjornisti MA & Houghton PJ. Lost in translation: Dysregulation of cap-dependent translation and cancer. *Cancer Cell.* 2004; 5,519-523.

- Blackwell L, Norris J, Suto CM, Janzen WP. The use of diversity profiling to characterize chemical modulators of the histone deacetylases. *Life Sci.* 2008;82(21-22):1050-8, PMID:18455194.

- Blaheta RA, Cinatl J Jr. Anti-Tumor Mechanisms of Valproate: A Novel Role for an Old Drug. *Medicinal Research Reviews.* 2002; Vol.22, No.5, 492-511.

- Blaheta RA, Michaelis M, Driever PH, Cinatl J Jr. Evolving anticancer drug valproic acids: insights into the mechanism and clinical studies. *Med Res Rev.* 2005; 25,383-397.

- Bolden JE, Peart MJ, Johnstone RW. Anticancer activities of histone deacetylase inhibitors. *Nat Rev Drug Discov.* 2006; 5:769-784.

- Bonkhoff H, Stein U, Remberger K. Differential expression of α6 and α2 very late antigen integrins in the normal, hyperplastic, and neoplastic prostate: Simultaneous demonstration of cell surface receptor and their extracellular ligands. *Hum Patho.* 1993; 24:243-248.

- Bonkhoff H, Remberger K. Differentiation pathways and histogenetic aspects of normal and abnormal prostatic growth: a stem cell model. *Prostate.* 1996; 28(2):98-106.

- Bonkhoff H, Fixemer T, Remberger K. Relation between Bcl-2, cell proliferation and the androgen receptor status in pratate tissue and precursors of prostate cancer. *Prostate 1.* 1998; 34(4):251-258.

- **Bosotti R**, Isacchi A, Sonnhammer ELL. FAT: a novel domain in PIK-related kinases. *Trends in Biochem. Sciences* 2000; Vol.25, 225-227, doi:10.1016/S0968-0004(00)01563-2

- **Bostwick DG**, Qian J, Frankel K. The incidence of high grade prostatic intraepithelial neoplasia in needle biopsies. *J Urol.* 1995;154(5):1791-4, PMID:7563348.

- **Böttcher RT**, Lange A, Fässler R. How ILK and kindlins cooperate to orchestrate integrin signaling. *Curr Opin Cell Biol.* 2009 Oct;21(5):670-5. Epub 2009 Jun 25. Review. PubMed PMID: 19560331.

- **Bouvard C**, Gafsou B, Dizier B, Galy-Fauroux I, Lokajczyk A, Boisson-Vidal C, Fischer AM, Helley D. alpha6-integrin subunit plays a major role in the proangiogenic properties of endothelial progenitor cells. *Arterioscler Thromb Vasc Biol.* 2010 Aug;30(8):1569-75. Epub 2010 May 27.

- **Brown R**, Strathdee G. Epigenomics and epigenetic therapy of cancer. *Trends Mol Med.* 2002;8(4 Suppl):S43-8. Review. PubMed PMID: 11927287.

- **Brugarolas JB**, Vazquez F, Reddy A, Sellers WR, Kaelin WG Jr. TSC2 regulates VEGF through mTOR-dependent and -independent pathways. *Cancer Cell.* 2003 Aug;4(2):147-58.

- **Brunet A**, Bonni A, Zigmond MJ, Lin MZ, Juo P, Hu LS, Anderson MJ, Arden KC, Blenis J, Greenberg ME. Akt promotes cell survival by phosphorylating and inhibiting a Forkhead transcription factor. *Cell.* 1999; 96(6):857-68.

- **Buck E**, Eyzaguirre A, Rosenfeld-Franklin M, Thomson S, Mulvihill M, Barr S, Brown E, O'Connor M, Yao Y, Pachter J, Miglarese M, Epstein D, Iwata KK, Haley JD, Gibson NW, Ji QS. Feedback mechanisms promote cooperativity for small molecule inhibitors of epidermal and insulin-like growth factor receptors. *Cancer Res.* 2008 Oct 15;68(20):8322-32. PubMed PMID: 18922904.

- **Burnstein KL.** Regulation of androgen receptor levels: Implication for prostate cancer progression and therapy. *J Cell Biochem.* 2005; 95(4):657-69.

- **Buss SJ**, Riffel JH, Katus HA, Hardt SE. Augmentation of autophagy by mTOR-inhibition in myocardial infarction: When size matters. *Autophagy.* 2010 Feb;6(2):304-6. Epub2010 Feb 6.

- **Candelaria M**, Gallardo-Rincón D, Arce C, Cetina L, Aguilar-Ponce JL, Arrieta O, González-Fierro A, Chávez-Blanco A, de la Cruz-Hernández E, Camargo MF, Trejo-Becerril C, Pérez-Cárdenas E, Pérez-Plasencia C, Taja-Chayeb L, Wegman-Ostrosky T, Revilla-Vazquez A, Dueñas-González A. A phase II study of epigenetic therapy with hydralazine and magnesium valproate to overcome chemotherapy resistance in refractory solid tumors. *Ann Oncol.* 2007 Sep;18(9):1529-38. PubMed PMID: 17761710.

- **Canil C**, Hotte S, Mayhew LA, Waldron TS, Winquist E. Interferon-alfa in the treatment of patients with inoperable locally advanced or metastatic renal cell carcinoma: a systematic review. *Can Urol Assoc J.* 2010 Jun;4(3):201-8. PubMed PMID: 20514286; PubMed Central PMCID: PMC2874597.

- **Cang S**, Feng J, Konno S, Han L, Liu K, Sharma SC, Choudhury M, Chiao JW. Deficient histone acetylation and excessive deacetylase activity as epigenomic marks of prostate cancer cells. *Int J Oncol.* 2009; 35(6):1417-22.

- **Cameron D**, Casey M, Press M, Lindquist D, Pienkowski T, Romieu CG, Chan S, Jagiello-Gruszfeld A, Kaufman B, Crown J, Chan A, Campone M, Viens P, Davidson N, Gorbounova V, Raats JI, Skarlos D, Newstat B, Roychowdhury D, Paoletti P, Oliva C, Rubin S, Stein S, Geyer CE. A phase III randomized comparison of lapatinib plus capecitabine versus capecitabine alone in women with advanced breast cancer that has progressed on trastuzumab: updated efficacy and biomarker analyses. *Breast Cancer Res Treat.* 2008;112(3):533-43.

Literaturverzeichnis

- **Cardone MH**, Roy N, Stennicke HR, Salvesen GS, Franke TF, Stanbridge E, Frisch S, Reed JC. Regulation of cell death protease caspase-9 by phosphorylation. *Science.* 1998; 282(5392):1318-21.

- **Carew JS**, Giles FJ, Nawrocki ST. Histone deacetylase inhibitors: mechanisms of cell death and promise in combination cancer therapy. *Cancer Lett.* 2008;269(1):7-17, PMID:18462867.

- **Carpten JD**, Faber AL, Horn C, Donoho GP, Briggs SL, Robbins CM, Hostetter G, Boguslawski S, Moses TY, Savage S, Uhlik M, Lin A, Du J, Qian YW, Zeckner DJ, Tucker-Kellogg G, Touchman J, Patel K, Mousses S, Bittner M, Schevitz R, Lai MH, Blanchard KL, Thomas JE. A transforming mutation in the pleckstrin homology domain of AKT1 in cancer. *Nature.* 2007 Jul 26;448(7152):439-44. Epub 2007 Jul 4. PubMed PMID: 17611497.

- **Caswell P**, Norman J. Endocytic transport of integrins during cell migration and invasion. Trends Cell Biol. 2008 Jun;18(6):257-63. Epub 2008 May 2. Review. PubMed PMID: 18456497.

- **Caswell PT**, Vadrevu S, Norman JC. Integrins: masters and slaves of endocytic transport. *Nat Rev Mol Cell Biol.* 2009 Dec;10(12):843-53. Review. PubMed PMID: 19904298.

- **Chavez-Blanco A**, Segura-Pacheco B, Perez-Cardenas E, Taja-Chayeb L, Cetina L, Candelaria M, Cantu D, Gonzalez-Fierro A, Garcia-Lopez P, Zambrano P, Perez-Plasencia C, Cabrera G, Trejo-Becerril C, Angeles E, Duenas-Gonzalez A. Histone acetylation and histone deacetylase activity of magnesium valproate in tumor and peripheral blood of patients with cervical cancer. A phase I study. *Mol Cancer.* 2005 Jul 7;4(1):22. PubMed PMID: 16001982; PubMed Central PMCID: PMC1198251.

- **Chen CS**, Weng SC, Tseng PH, Lin HP, Chen CS. Histone acetylation-independent effect of histone deacetylase inhibitors on Akt through the reshuffling of protein phosphatase 1 complexes. *J Biol Chem.* 2005 Nov 18;280(46):38879-87. Epub 2005 Sep 26. PubMed PMID: 16186112.

- **Chen Y**, Takita J, Choi YL, Kato M, Ohira M, Sanada M, Wang L, Soda M, Kikuchi A, Igarashi T, Nakagawara A, Hayashi Y, Mano H, Ogawa S. Oncogenic mutations of ALK kinase in neuroblastoma. *Nature.* 2008 Oct 16;455(7215):971-4. PubMed PMID: 18923524.

- **Chicas A**, Wang X, Zhang C, McCurrach M, Zhao Z, Mert O, Dickins RA, Narita M, Zhang M, Lowe SW. Dissecting the unique role of the retinoblastoma tumorsuppressor during cellular senescence. *Cancer Cell.* 2010; 17(4):376-87, PMID:20385362.

- **Ching CB**, Hansel DE. Expanding therapeutic targets in bladder cancer: the PI3K/Akt/mTOR pathway. *Lab Invest.* 2010 Oct;90(10):1406-14. Epub 2010 Jul 26. PubMed PMID: 20661228.

- **Chrisofos M**, Papatsoris AG, Lazaris A. Precursor lesions of prostate cancer. *Crit Rev Clin Lab Sci.* 2007; 44:243-70.

- **Christensson A**, Björk T, Nilsson O, Dahlén U, Matikainen MT, Cockett AT, Abrahamsson PA, Lilja H. Serum prostate specific antigen complexed to alpha 1-antichymotrypsin as an indicator of prostate cancer. *J Urol.* 1993;150(1):100-5, PMID:7685416.

- **Cinatl J Jr**, Cinatl J, Driever PH, Kotchetkov R, Pouckova P, Kornhuber B, Schwabe D. Sodium valproate inhibits in vivo growth of human neuroblastoma cells. *Anticancer Drugs.* 1997; 8(10):958-63.

- **Cinatl J Jr**, Kotchetkov R, Blaheta R, Driever PH, Vogel JU, Cinatl J. Induction of differentiation and suppression of malignant phenotype of human neuroblastoma BE(2)-C cells by valproic acid: enhancement by combination with interferon-alpha. *Int J Oncol.* 2002 Jan;20(1):97-106. PubMed PMID: 11743648.

- **Ciuffreda L**, Di Sanza C, Incani UC, Milella M. The mTOR Pathway: A New Target in Cancer Therapy. *Curr Cancer Drug Targets.* 2010; 10(5):484-95.

Literaturverzeichnis

- **Clark CA,** McEachern MD, Shah SH, Rong Y, Rong X, Smelley CL, Caldito G, Abreo F, Nathan CA. Curcumin Inhibits Carcinogen and Nicotine-induced Mammalian Target of Rapamycin Pathway Activation in Head and Neck Squamous Cell Carcinoma. *Cancer Prev Res (Phila).* 2010 Sep 17. PubMed PMID: 20851953.

- **Coleman ML,** Marshall CJ, Olson MF. RAS and RHO GTPases in G1-phase cell-cycle regulation. *Nat Rev Mol Cell Biol.* 2004; 5, 355-366.

- **Cook DL,** Farley JF, Tapscott SJ. A basis for a visual language for describing, archiving and analyszing functional models of complex biological systems. *Genome Biology.* 2001; 2(4):research0012.1-0012.10

- **Craparo A,** Freund R, Gustafson TA. 14-3-3 (epsilon) interacts with the insulin-like growth factor I receptor and insulin receptor substrate I in a phosphoserine-dependent manner. *J Biol Chem.* 1997; 272:11663-11669.

- **Crazzolara R,** Bradstock KF, Bendall LJ. RAD001 (Everolimus) induces autophagy in acute lymphoblastic leukemia. Autophagy. 2009 Jul;5(5):727-8. Epub 2009 Jul 23. PubMed PMID: 19363300.

- **Dalvai M,** Bystricky K. The role of histone modifications and variants in regulation gene expression in breast cancer. *J Mammary Gland Biol Neoplasia.* 2010; 15(1) :19-33.

- **Dancey JE.** Inhibitors of the mammalian target of rapamycin. *Expert Opin Investig Drugs.* 2005;14(3):313-28, PMID:15833062.

- **Davies SP,** Reddy H, Caivano M, Cohen P. Specificity and mechanism of action of some commonly udes protein kinase inhibitors. *Biochem J.* 2000; 351,95-105.

- **De Jong JS,** van Diest PJ, van der Valk P, Baak JP. Expression of growth factors, growth factor receptors and apoptosis related proteins in invasive breast cancer: relation to apoptotic rate. *Breast Cancer Res Treat.* 2001; 66(3):201-8, PMID:11510691.

- **Di Loreto G,** Tortora G, D'Armiento FP, De Rosa G, Staibano S, Autorino R, D'Armiento M, De Laurentiis M, De Placido S, Catalano G, Bianco AR, Ciardiello F. Expression of epidermal growth factor receptor correlates with disease relapse and progression to androgen-independence in human prostate cancer. *Clin Cancer Res.* 2002; 8:3438-3444.

- **De Muga S,** Hernández S, Agell L, Salido M, Juanpere N, Lorenzo M, Lerente JA, Serrano S, Lloreta J. Molecular alterations of EGFR and PTEN in prostate cancer: association with high-grade and advanced-stage carcinomas. *Mod Pathol.* 2010; 23(5) :703-12.

- **de Pereda JM,** Lillo MP, Sonnenberg A. Structural basis of the interaction between integrin alpha6beta4 and plectin at the hemidesmosomes. *EMBO J.* 2009 Apr 22;28(8):1180-90. Epub 2009 Feb 26. PubMed PMID: 19242489; PubMed Central PMCID: PMC2683700.

- **Diaw L,** Woodson K, Gillespie W. Prostate Cancer Epigenetics: A Review on Gene Regulation. *Gene Regulation and System Biology.* 2007; 1 313-325.

- **Dokmanovic M,** Clarke C, Marks PA. Histone deacetylase inhibitors: overview and perspectives. *Mol Cancer Res.* 2007;5(10):981-9, PMID:17951399.

- **Du CL,** Xu YJ, Liu XS, Xie JG, Zhang ZX, Zhang J, Qiao LF, Ni W, Chen SX. PKCalpha-ERK1/2 cascade is involved in up-regulation of cyclinD1 and P21(cip1) in human airway smooth muscle cells sensitized by sera from atopic asthmatics. *Zhonghua Jie He He Hu Xi Za Zhi.* 2008; 31(12):915-20.

- **Dudkin L,** Dilling MB, Cheshire PJ, Harwood FC, Hollingshead M, Arbuck SG, Travis R, Sausville EA, Houghton PJ. Biochemical Correlates of mTOR Inhibition by the Rapamycin Ester CCI-779 and Tumor Growth Inhibition. *Clin Cancer Research.* 2001; Vol.7, 1758-1764.

- **Dulić V,** Stein GH, Far DF, Reed SI. Nuclear accumulation of p21Cip1 at the onset of mitosis: a role at the G2/M-phase transition. *Mol Cell Biol.* 1998 Jan;18(1):546-57. PubMed PMID: 9418901.

Literaturverzeichnis

- **Dutcher J.** Current status of interleukin-2 therapy for metastatic renal cell carcinoma and metastatic melanoma. *Onkology.* 2002; 16(11 Suppl 13):4-10.

- **Dwarakanath BS,** Verma A, Bhatt AN, Parmar VS, Raj HG. Targeting protein acetylation for improving cancer therapy. *Indian J Med Res.* 2008;128(1):13-21, PMID:18820353.

- **Eccles SA,** Welch DR. Metastasis : recent discoveries and novel treatment strategies. *Lancet.* 2007; 369(9574):1742-1757.

- **Egger G,** Liang G, Aparicio A, Jones PA. Epigenetics in human disease and prospect for epigenetic therapy. *Nature.* 2004; 429:457-463.

- **Eisen HJ,** Tuzcu EM, Dorent R, Kobashigawa J, Mancini D, Valantine-von Kaeppler HA, Starling RC, Sørensen K, Hummel M, Lind JM, Abeywickrama KH, Bernhardt P; RAD B253 Study Group. Everolimus for the prevention of allograft rejection and vasculopathy in cardiac-transplant recipients. *N Engl J Med.* 2003; 349(9):847-58, PMID: 12944570.

- **El Haibi CP,** Sharma PK, Singh R, Johnson PR, Suttles J, Singh S, Lillard JW Jr. PI3Kp110-, Src-, FAK-dependent and DOCK2-independent migration and invasion of CXCL13-stimulated prostate cancer cells. *Mol Cancer.* 2010 Apr 22;9:85. PubMed PMID: 20412587.

- **Escudier B,** Cosaert J, Pisa P. Bevacizumab: direct anti-VEGF therapy in renal cell carcinoma. *Expert Rev Anticancer Ther.* 2008; 8(10):1545-57.

- **Esfandiarei M,** Yazdi SA, Gray V, Dedhar S, van Breemen C. Integrin-linked kinase functions as a downstream signal of platelet-derived growth factor to regulate actin polymerization and vascular smooth muscle cell migration. *BMC Cell Biol.* 2010 Feb 23;11:16. PubMed PMID: 20178627.

- **Evren S,** Dermen A, Lockwood G, Fleshner N, Sweet J. Immunohistochemical examination of the mTORC1 pathway in high grade prostatic intraepithelial neoplasia (HGPIN) and prostatic adenocarcinomas (PCa): a tissue microarray study (TMA). *Prostate.* 2010 Sep 15;70(13):1429-36.

- **Falk J.** Using ChIP-based technologies to identify epigenetic modifications in disease-relevant cells. *IDrugs.* 2010; 13(3):169-74.

- **Fechner G,** Classen K, Schmidt D, Hauser S, Müller SC. Rapamycin inhibits in vitro growth and release of angiogenetic factors in human bladder cancer. *Urology.* 2009 Mar;73(3):665-8; discussion 668-9. Epub 2008 Dec 11. PubMed PMID: 19081609.

- **Feinberg AP,** Tycko B. The history of cancer epigenetics. *Nature Rev Cancer.* 2004; 4:143-153.

- **Feldman BJ,** Feldman D. The development of androgen-independent prostate cancer. *Nature Reviews cancer.* 2001; 1:34-45.

- **Fernandes-Alnemri T,** Litwack G, Alnemri ES. CPP32, a novel human apoptotic protein with homology to Caenorhabditis elegans cell death protein Ced-3 and mammalian interleukin-1 beta-converting enzyme. *J Biol Chem.* 1994; 269(49):30761-4, PMID:7983002.

- **Ferrara N,** Gerber HP, LeCouter J. The biology of VEGF and its receptors.*NatMed.*1997;9(6):669-76.

- **Fielding AB,** Dedhar S. The mitotic functions of integrin-linked kinase. *Cancer Metastasis Rev.* 2009 Jun;28(1-2):99-111. Review. PubMed PMID: 19153670.

- **Fingar DC,** Salama S, Tsou C, Harlow E, Blenis J. Mammalian cell size is controlled by mTOR and its downstream targets S6K1 and 4EBP1/eIF4E. *Genes Dev.* 2002; 16:1472-1487.

- **Fizazi K,** Sternberg CN, Fitzpatrick JM, Watson RW, Tabesh M. Role of targeted therapy in the treatment of advanced prostate cancer. *BJUI.* 2010; 105:748-767, doi:10.1111/j.1464-410X.2010.09236.x.

Literaturverzeichnis

- **Flynn A,** Proud CG. The role of eIF4 in cell proliferation. Cancer Surv. 1996;27:293-310. Review.
- **Folkman J.** Angiogenesis: an organizing principle for drug discovery?. *Nat Rev Drug Discov.* 2007; 6(4):273-86.
- **Fornaro M,** Manes T, Languino LR. Integrins and prostate cancer metastases. *Cancer and Metastasis Reviews.* 2002; 20:321-331.
- **Foss FM.** Combination therapy with purine nucleoside analogs. *Oncology.* 2000; 14(6 Suppl 2):31-5.
- **Fouladi M,** Laningham F, Wu J, O'Shaughnessy MA, Molina K, Broniscer A, Spunt SL, Luckett I, Stewart CF, Houghton PJ, Gilbertson RJ, Furman WL. Phase I study of everolimus in pediatric patients with refractory solid tumors. *J Clin Oncol.* 2007; 25(30):4806-12.
- **Fraga MF.** Loss of acetylation at Lys16 and trimethylation at Lys20 of histone H4 is a common hallmark of human cancer. *Nature Genet.* 2005; 37,391-400.
- **Friedl P,** Wolf K. TUMOR-CELL INVASION AND MIGRATION: DIVERSITY AND ESCAPE MECHANISM. *Nature.* 2003; Vol.3, doi:10.1038/nrc1075
- **Friedman RM.** Clinical uses of interferons. *British Journal of Clinical Pharmacology.* 2007; doi:10.1111/j.1365-2125.2007.03055.x.
- **Galderisi U,** Jori FP, Giordano A. Cell cycle regulation and neural differentiation. *Oncogene.* 2003 Aug 11;22(33):5208-19. Review. PubMed PMID: 12910258.
- **Garcia-Manero G,** Kantarjian HM, Sanchez-Gonzalez B, Yang H, Rosner G, Verstovsek S, Rytting M, Wierda WG, Ravandi F, Koller C, Xiao L, Faderl S, Estrov Z, Cortes J, O'brien S, Estey E, Bueso-Ramos C, Fiorentino J, Jabbour E, Issa JP. Phase 1/2 study of the combination of 5-aza-2' deoxycytidine with valproic acid in patients with leukemia. *Blood.* 2006 Nov 15;108(10):3271-9. Epub 2006 Aug 1. PubMed PMID: 16882711; PubMed Central PMCID: PMC1895437.
- **Garnett MJ,** Marais R. Guilty as charged: B-RAF is a human oncogene. *Cancer Cell.* 2004 Oct;6(4):313-9. Review. PubMed PMID: 15488754.
- **Gee E,** Milkiewicz M, Haas TL. p38 MAPK activity is stimulated by vascular endothelial growth factor receptor 2 activation and is essential for shear stress-induced angiogenesis. *J Cell Physiol.* 2010 Jan;222(1):120-6. PubMed PMID: 19774558.
- **GEKID.** Gesellschaft der epidemiologischen Krebsregister in Deutschland e.V. und das RKI (2006) Krebs in Deutschland. 5. überarbeitete, aktualisierte Auflage, Saarbrücken.
- **George RE,** Sanda T, Hanna M, Fröhling S, Luther W 2nd, Zhang J, Ahn Y, Zhou W, London WB, McGrady P, Xue L, Zozulya S, Gregor VE, Webb TR, Gray NS, Gilliland DG, Diller L, Greulich H, Morris SW, Meyerson M, Look AT. Activating mutations in ALK provide a therapeutic target in neuroblastoma. *Nature.* 2008 Oct 16;455(7215):975-8. PubMed PMID: 18923525.
- **Gibbons JJ,** Abraham RT, Yu K. Mammalian target of rapamycin: discovery of rapamycin reveals a signaling pathway important for normal and cancer cell growth. *Semin Oncol.* 2009 Dec;36 Suppl 3:S3-S17. Review. PubMed PMID: 19963098.
- **Gillett C,** Fantl V, Smith R, Fisher C, Bartek J, Dickson C, Barnes D, Peters G. Amplification and overexpression of cyclin D1 in breast cancer detected by immunohistochemical staining. *Cancer Res.* 1994 Apr 1;54(7):1812-7. PubMed PMID: 8137296.
- **Glozak MA,** Seto E. Histone deacetylases and cancer. *Oncogene.* 2007; 26(37):5420-32.

Literaturverzeichnis

- **Gomez-Roca C**, Raynaud CM, Penault-Llorca F, Mercier O, Commo F, Morat L, Sabatier L, Dartevelle P, Taranchon E, Besse B, Validire P, Italiano A, Soria JC. Differential expression of biomarkers in primary non-small cell lung cancer and metastatic sites. *J Thorac Oncol.* 2009; 4(10):1212-20, PMID:19687761.

- **Gore ME,** Griffin CL, Hancock B, Patel PM, Pyle L, Aitchison M, James N, Oliver RTD, Mardiak J, Hussain T, Sylvester R, Parmar MKB, Royston P, Mulders PFA. Interferon alfa-2a versus combination therapy with interferon alfa-2a, interleukin-2, and fluorouracil in patients with untreated metastatic renal cell carcinoma (MRC RE04/EORTC GU 30012): an open-label randomised trial. *Lancet.* 2010; 375 :641-48.

- **Goto I,** Yamamoto-Yamaguchi Y, Honma Y. Enhancement of sensitivity of human lung adenocarcinoma cells to growth-inhibitory activity of interferon alpha by differentiation-inducing agents. *Br J Canc.* 1996; 74(4): 546-54.

- **Göttlicher M,** Minucci S, Zhu P, Krämer OH, Schimpf A, Giavara S, Sleeman JP, Lo Coco F, Nervi C, Pelicci PG, Heinzel T. Valproic acid defines a novel class of HDAC inhibitors inducing differentiation of transformed cells. *EMBO J.* 2001 Dec 17;20(24):6969-78. PubMed PMID: 11742974.

- **Göttlicher M.** Valproic acid: an old drug newly discovered as inhibitor of histone deacetylases. *Ann Hematol.* 2004;83 Suppl 1:S91-2. Review. PubMed PMID: 15124690.

- **Goudar RK,** Shi Q, Hjelmeland MD, Keir ST, McLendon RE, Wikstrand CJ, Reese ED, Conrad CA, Traxler P, Lane HA, Reardon DA, Cavenee WK, Wang XF, Bigner DD, Friedman HS, Rich JN. Combination therapy of inhibitors of epidermal growth factor receptor/vascular endothelial growth factor receptor 2 (AEE788) and the mammalian target of rapamycin (RAD001) offers improved glioblastoma tumor growth inhibition. *Mol Cancer Ther.* 2005; 5;4(1).

- **Goulioumis AK,** Bravou V, Varakis J, Goumas P, Papadaki H. Integrin-linked kinase cytoplasmic and nuclear expression in laryngeal carcinomas. *Virchows Arch.* 2008 Nov;453(5):511-9. Epub 2008 Sep 24. PubMed PMID: 18813944.

- **Gross-Goupil M,** Escudier B. [Targeted therapies: sequential and combined treatments]. *Bull Cancer.* 2010; 97:65-71.

- **Gulbis JM,** Kelman Z, Hurwitz J, O'Donnell M, Kuriyan J. Structure of the C-terminal region of p21(WAF1/CIP1) complexed with human PCNA. *Cell.* 1996 Oct 18;87(2):297-306. PubMed PMID: 8861913.

- **Guo L,** Yu W, Li X, Zhao G, He P. Targeting of integrin-linked kinase with a small interfering RNA inhibits endothelial cell migration, proliferation and tube formation in vitro. *Ophthalmic Res.* 2009;42(4):213-20. Epub 2009 Aug 11. PubMed PMID: 19672130.

- **Haese A,** Becker C, Diamandis E, Lilja H. Andenocarcinoma of the Prostata In: "Tumor Markers. Phusiology, Pathobiology, Technology, and Clinical application". *AACC Press.* 2002; pp.193-238.

- **Haigis MC,** Guarente LP. Mammalian sirtuins--emerging roles in physiology, aging, and calorie restriction. *Genes Dev.* 2006 Nov 1;20(21):2913-21. Review. PubMed PMID: 17079682.

- **Hainsworth JD,** Spigel DR, Burris HA 3rd, Waterhouse D, Clark BL, Whorf R. Phase II trial of bevacizumab and everolimus in patients with advanced renal cell carcinoma. *J Clin Oncol.* 2010; 28(13):2131-6, PMID: 20368560.

- **Hammarsten P,** Karalija A, Josefsson A, Rudolfsson SH, Wikström P, Egevad L, Granfors T, Stattin P, Bergh A. Low levels of phosphorylated epidermal growth factor receptor in nonmalignant and malignant prostate tissue predict favorable outcome in prostate cancer patients. *Clin Cancer Res.* 2010 Feb 15;16(4):1245-55. Epub 2010 Feb 9. PubMed PMID: 20145160.

Literaturverzeichnis

- **Hanahan D,** Weinberg RA. The Hallmarks of Cancer. *Cell.* 2000; Vol.100, 57-70.

- **Hao HF,** Naomoto Y, Bao XH, Watanabe N, Sakurama K, Noma K, Tomono Y, Fukazawa T, Shirakawa Y, Yamatsuji T, Matsuoka J, Takaoka M. Progress in researches about focal adhesion kinase in gastrointestinal tract. *World J Gastroenterol.* 2009; 15(47):5916-5923, ISSN 1007-9327, doi:10.3748/wjg.15.5916.

- **Hao H,** Naomoto Y, Bao X, Watanabe N, Sakurama K, Noma K, Motoki T, Tomono Y, Fukazawa T, Shirakawa Y, Yamatsuji T, Matsuoka J, Wang ZG, Takaoka M. Focal adhesion kinase as potential target for cancer therapy (Review). *Oncol Rep.* 2009 Nov;22(5):973-9. Review.

- **Hara K,** Maruki Y, Long X, Yoshino K, Oshiro N, Hidayat S, Tokunaga C, Avruch J, Yonezawa K. Raptor, a binding partner of target of rapamycin (TOR), mediates TOR action. *Cell.* 2002;110(2):177-89, PMID:12150926.

- **Harada H,** Andersen JS, Mann M, Terada N, Korsmeyer SJ. p70S6 kinase signals cell survival as well as growth, inactivating the pro-apoptotic molecule BAD. *Proc Natl Acad Sci U S A.* 2001;98(17):9666-70, PMID:11493700.

- **Harbour JW,** Dean DC. The Rb/E2F pathway: expanding roles and emerging paradigms. Genes Dev. 2000 Oct 1;14(19):2393-409. Review. PubMed PMID: 11018009.

- **Harrignton LS,** Findlay GM, Lamb RF. Restraining PI3K: mTOR signalling goes back to the membrane. *TRENDS in Biochem Science.* 2005; doi:10.1016/j.tibs.2004.11.003.

- **He M,** Young CY. Mutant epidermal growth factor receptor vIII increases cell motility and clonogenecity in a prostate cell line RWPE1. *J Endocrinol Invest.* 2009; 32(3):272-8.

- **He C,** Klionsky DJ. Regulation mechanisms and signaling pathways of autophagy. *Annu Rev Genet.* 2009b ;43:67-93. Review. PubMed PMID: 19653858; PubMed Central PMCID: PMC2831538.

- **Heidenreich A.** "Tumor-targeted-Therapie" in der Behandlung fortgeschrittener urologischer Tumoren. *facharzt.* 2006; 2006; 4.

- **Heitman J,** Movva NR, Hall MN. Targets for cell cycle arrest by the immunosuppressant rapamycin in yeast. *Science.* 1991;253(5022):905-9, PMID:1715094.

- **Herberger B,** Berger W, Puhalla H, Schmid K, Novak S, Brandstetter A, Pirker C, Gruenberger T, Filipits M. Simultaneous blockade of the epidermal growth factor receptor/mammalian target of rapamycin pathway by epidermal growth factor receptor inhibitors and rapamycin results in reduced cell growth and survival in biliary tract cancer cells. *Mol Cancer Ther.* 2009 Jun;8(6): 1547-56. Epub 2009 Jun 9. PubMed PMID: 19509244.

- **Hess-Stumpp H,** Bracker TU, Henderson D, Politz O. MS-275, a potent orally available inhibitor of histone deacetylases—the development of anticancer agent. *Int J Biochem Cell Biol.* 2005; 39(7-8):1388-405.

- **Hicklin DJ,** Ellis LM. Role of the vascular endothelial growth factor pathway in tumor growth and angiogenesis. *J Clin Oncol.* 2005; 23:1011-27.

- **Hirsch FR,** Varella-Garcia M, Bunn Jr PA, Di Maria MV, Veve R, Bremnes RM, Barón AE, Zeng C, Franklin WA. Epidermal Growth Factor Receptor in Non-Small-Cell Lung Carcinomas: Correlation Between Gene Copy Number and Protein Expression and Impact on Prognosis. *Journal of Clinical Oncology.* 2003; Vol.21, pp 3798-3807, doi:10.1200/JCO.2003.11.069.

- **Holmes K,** Roberts OL, Thomas AM, Cross MJ. Vascular endothelial growth factor receptor-2: Structure, function, intracellular signalling and therapeutic inhibition. *Cellular Signalling.* 2007; 19,2003-2012, doi:10.1016/j.cellsig.2007.05.013.

Literaturverzeichnis

- **Hortelano S,** López-Fontal R, Través PG, Villa N, Grashoff C, Boscá L, Luque A. ILK mediates LPS-induced vascular adhesion receptor expression and subsequent leucocyte trans-endothelial migration. *Cardiovasc Res.* 2010 May 1;86(2):283-92. Epub 2010 Feb 17. PubMed PMID: 20164118.
- **Huang J,** Manning B. The TSC1-TSC2 complex: a molecular switchboard controlling cell growth. *Biochem J.* 2008; 412(2):179-190, doi:10.1042/BJ20080281.
- **Huang S,** Bjornsti MA, Houghton PJ. Rapamycins Mechanism of Action and Cellular Resistance. *Cancer Biology & Therapy.* 2003a ; 2 :3, 222-232.
- **Huang CF,** Lira C, Chu K, Bilen MA, Lee YC, Ye X, Kim SM, Ortiz A, Wu FL, Logothetis CJ, Yu-Lee LY, Lin SH. Cadherin-11 increases migration and invasion of prostate cancer cells and enhances their interaction with osteoblasts. *Cancer Res.* 2010 Jun 1;70(11):4580-9. Epub 2010 May 18.
- **Hui R,** Finney GL, Carroll JS, Lee CS, Musgrove EA, Sutherland RL. Constitutive overexpression of cyclin D1 but not cyclin E confers acute resistance to antiestrogens in T-47D breast cancer cells. *Cancer Res.* 2002 Dec1;62(23):6916-23. PubMed PMID: 12460907.
- **Hume AJ,** Kalejta RF. Regulation of the retinoblastoma proteins by the human herpesviruses. *Cell Div.* 2009; 4:1, PMID:19146698.
- **Humphries MJ.** Integrin structure. Biochem Soc Trans. 2000;28(4):311-39. Review.
- **Hynes RO.** Integrins: bidirectional, allosteric signaling machines. *Cell.* 2002 Sep 20;110(6):673-87. Review. PubMed PMID: 12297042.
- **Inoki K,** Li Y, Zhu T, Wu J, Guan KL. TSC2 is phosphorylated and inhibited by Akt and suppresses mTOR signalling. *Nature Cell Biology.* 2002; 4,648-657, doi:10.1038/ncb839.
- **Inoki K,** Zhu T, Guan KL. TSC2 mediates cellular energy response to control cell growth and survival. *Cell.* 2003; 115(5):577-90.
- **Inoki K,** Corradetti MN, Guan KL. Dysregulation of the TSC-mTOR pathway in human disease. *Nat Genet.* 2005; 37(1):19-24.
- **Isaacs A,** Lindemann J. Virus Interference : I. The Interferon. *CA Cancer J Clin.* 1957; 38;280-290, doi: 10.3322/canjclin.38.5.280.
- **Ishihara H,** Yoshida T, Kawasaki Y, Kobayashi H, Yamasaki M, Nakayama S, Miki E, Shohmi K, Matsushima T, Tada S, Torikoshi Y, Morita M, Tamura S, Hino Y, Kamiyama J, Sowa Y, Tsuchihashi Y, Yamagishi H, Sakai T. A new cancer diagnostic system based on a CDK profiling technology. *Biochim Biophys Acta.* 2005 Sep 25;1741(3):226-33. PubMed PMID: 15990281.
- **Iwamaru A,** Kondo Y, Iwado E, Aoki H, Fujiwara K, Yokoyama T, Mills GB, Kondo S. Silencing mammalian target of rapamycin signaling by small interfering RNA enhances rapamycin-induced autophagy in malignant glioma cells. *Oncogene.* 2007 Mar 22;26(13):1840-51. Epub 2006 Sep 25.
- **Jaboin JJ,** Shinohara ET, Moretti L, Yang ES, Kaminski JM, Lu B. The role of mTOR inhibition in augmenting radiation induced autophagy. *Technol Cancer Res Treat.* 2007 Oct;6(5):443-7. Review.
- **Jacinto E,** Loewith R, Schmidt A, Lin S, Rüegg MA, Hall A, Hall MN. Mammalian TOR complex 2 controls the actin cytoskeleton and is rapamycin insensitive. *Nat Cell Biol.* 2004;6(11):1122-8,.
- **Jacinto E,** Facchinetti V, Liu D, Soto N, Wei S, Jung SY, Huang Q, Qin J, Su B. SIN1/MIP1 maintains rictor-mTOR complex integrity and regulates Akt phosphorylation and substrate specificity. *Cell.* 2006;127(1):125-37, PMID:16962653.
- **Jain RK.** Normalization of Tumor Vasculature : An Emerging Concept in Antiangiogenic Therapy. *Science.* 2005; Vol.307, no.5706, pp. 58-62, doi :10.1126/science.1104819.

Literaturverzeichnis

- **Janoueix-Lerosey I,** Lequin D, Brugières L, Ribeiro A, de Pontual L, Combaret V, Raynal V, Puisieux A, Schleiermacher G, Pierron G, Valteau-Couanet D, Frebourg T, Michon J, Lyonnet S, Amiel J, Delattre O. Somatic and germline activating mutations of the ALK kinase receptor in neuroblastoma. *Nature.* 2008 Oct 16;455(7215):967-70. PubMed PMID: 18923523.

- **Jemal A,** Siegel R, Ward E, Hao Y, Xu J, Thun MJ. Cancer statistics, 2009. *CA Cancer J Clin.* 2009; 59(4):225-49.

- **Jeon HW,** Lee YM. Inhibition of histone deacetylase attenuates hypoxia-induced migration and invasion of cancer cells via the restoration of RECK expression. *Mol Cancer Ther.* 2010 May;9(5):1361-70. Epub 2010 May 4. PubMed PMID: 20442303.

- **Ji QS,** Winnier GE, Niswender KD, Horstman D, Wisdom R, Magnuson MA, Carpenter G. Essential role of the tyrosin kinase substrate phospholipase C-gamma1 in mammalian growth and development. *Proc Natl Acad Sci USA.* 1997; 94(7):2999-3003.

- **Jimeno A,** Kulesza P, Wheelhouse J, Chan A, Zhang X, Kincaid E, Chen R, Clark DP, Forastiere A, Hidalgo M. Dual EGFR and mTOR targeting in squamous cell carcinoma models, and development of early markers of efficacy. *Br J Cancer.* 2007 Mar 26;96(6):952-9. Epub 2007 Mar 6.

- **Jimeno A,** Tan AC, Coffa J, Rajeshkumar NV, Kulesza P, Rubio-Viqueira B, Wheelhouse J, Diosdado B, Messersmith WA, Iacobuzio-Donahue C, Maitra A, Varella-Garcia M, Hirsch FR, Meijer GA, Hidalgo M. Coordinated epidermal growth factor receptor pathway gene overexpression predicts epidermal growth factor receptor inhibitor sensitivity in pancreatic cancer. *Cancer Res.* 2008; 68(8):2841-9, PMID:18413752.

- **Johnson SM,** Gulhati P, Rampy BA, Han Y, Rychahou PG, Doan HQ, Weiss HL, Evers BM. Novel expression patterns of PI3K/Akt/mTOR signaling pathway components in colorectal cancer. *J Am Coll Surg.* 2010; 210(5):767-76, 776-8.

- **Jones PA,** Baylin SB. The epigenomics of cancer. *Cell.* 2007;128(4):683-92,.

- **Jones J,** Juengel E, Mickuckyte A, Hudak L, Wedel S, Jonas D, Blaheta RA. The histone deacetylase inhibitor valproic acid alters growth properties of renal cell carcinoma in vitro and in vivo. *J Cell Mol Med.* 2009a;13(8B):2376-85, PMID:18657224.

- **Jones J,** Juengel E, Mickuckyte A, Hudak L, Wedel S, Jonas D, Hintereder G, Blaheta RA. Valproic acid blocks adhesion of renal cell carcinoma cells to endothelium and extracellular matrix. *J Cell Mol Med.* 2009b Aug;13(8B):2342-52. PubMed PMID: 19067765.

- **Jorissen RN,** Walker F, Pouliot N, Garrett TP, Ward CW, Burgess AW. Epidermal growth factor receptor: mechanisms of activation and signalling. *Exp Cell Res.* 2003; 284(1):31-5, PMID:12648464.

- **Juengel E,** Engler J, Natsheh I, Jones J, Mickuckyte A, Hudak L, Jonas D, Blaheta RA. Combining the receptor tyrosine kinase inhibitor AEE788 and the mammalian target of rapamycin (mTOR) inhibitor RAD001 strongly inhibits adhesion and growth of renal cell carcinoma cells. *BMC Cancer.* 2009; 9:161, doi:10.1186/1471-2407-9-161.

- **Juengel E,** Bhasin M, Libermann T, Barth S, Michaelis M, Cinatl J Jr, Jones J, Hudak L, Jonas D, Blaheta RA. Alterations of the gene expression profile in renal cell carcinoma after treatment with the histone deacetylase-inhibitor valproic acid and interferon-alpha. *World J Urol.* 2010 Jul 17.

- **Jung HS,** Lee MS. Role of autophagy in diabetes and mitochondria. *Ann N Y Acad Sci.* 2010 Jul;1201:79-83. Review. PubMed PMID: 20649543.

- **Kaarbø M,** Mikkelsen OL, Malerød L, Qu S, Lobert VH, Akgul G, Halvorsen T, Maelandsmo GM, Saatcioglu F. PI3K-AKT-mTOR pathway is dominant over androgen receptor signaling in prostate cancer cells. *Cell Oncol.* 2010; 32(1-2):11-27, PMID: 20203370.

Literaturverzeichnis

- **Kandola S,** Anyamene N, Payne H, Harland S. Transdermal oestrogen therapy as a second-line hormonal intervention in prostate cancer: a bad experience. *BJU Int.* 2007 Jan;99(1):53-5.
- **Karam AK,** Santiskulvong C, Fekete M, Zabih S, Eng C, Dorigo O. Cisplatin and PI3kinase inhibition decrease invasion and migration of human ovarian carcinoma cells and regulate matrix-metalloproteinase expression. *Cytoskeleton (Hoboken).* 2010 Aug;67(8):535-44.
- **Keith CT,** Schreiber SL. PIK-related kinases : DNA repair, recombination, and cell cycle checkpoints. *Science.* 1995; 270(5233):50-1.
- **Keller H,** Lehmann J, Beier J. Radical perineal prostatectomy and simultaneous extended pelvic lymph node dissection via the same incision. *European Urology.* 2007; 52, S.384-388,.
- **Kelly WK,** Marks PA. Drug insight: Histone deacetylase inhibitors—development of the new targeted anticancer agent suberoylanilide hydroxamic acid. *Nat Clin Pract Oncol.* 2005; 2(3):150-7,.
- **Kenny FS,** Hui R, Musgrove EA, Gee JM, Blamey RW, Nicholson RI, Sutherland RL, Robertson JF. Overexpression of cyclin D1 messenger RNA predicts for poor prognosis in estrogen receptor-positive breast cancer. *Clin Cancer Res.* 1999 Aug;5(8):2069-76. PubMed PMID: 10473088.
- **Kiefer JA,** Farach-Carson MC. Type I collagen-mediated proliferation of PC3 prostate carcinoma cell line: implications for enhanced growth in the bone microenvironment. *Matrix Biol.* 2001 Nov;20(7):429-37. PubMed PMID: 11691583.
- **Kielosto M,** Nummela P, Järvinen K, Yin M, Hölttä E. Identification of integrins alpha6 and beta7 as c-Jun- and transformation-relevant genes in highly invasive fibrosarcoma cells. *Int J Cancer.* 2009 Sep 1;125(5):1065-73. PubMed PMID: 19405119.
- **Kim YB,** Lee KH, Sugita K, Yoshida M, Horinouchi S. Oxamflantin is a novel antitumor compound that inhibits mammalian histone deacetylase. *Oncogene.* 1999; 18,2461-2470.
- **Kim DH,** Sarbassov DD, Ali SM, King JE, Latek RR, Erdjument-Bromage H, Tempst P, Sabatini DM. mTOR interacts with raptor to form a nutrient-sensitive complex that signals to the cell growth machinery. *Cell.* 2002; 110:163-175.
- **Kim TY,** Bang YJ, Robertson KD. Histone deacetylase inhibitors for cancer therapy. *Epigenetics.* 2006 Jan-Mar;1(1):14-23. Epub 2006 Mar 1. Review. PubMed PMID: 17998811.
- **Kim SJ,** Nakayama S, Miyoshi Y, Taguchi T, Tamaki Y, Matsushima T, Torikoshi Y, Tanaka S, Yoshida T, Ishihara H, Noguchi S. Determination of the specific activity of CDK1 and CDK2 as a novel prognostic indicator for early breast cancer. *Ann Oncol.* 2008 Jan;19(1):68-72. Epub 2007 Oct 22.
- **Kim W,** Yang HJ, Youn H, Yun YJ, Seong KM, Youn B. Myricetin Inhibits Akt Survival Signaling and Induces Bad-mediated Apoptosis in a Low Dose Ultraviolet (UV)-B-irradiated HaCaT Human Immortalized Keratinocytes. *J. Radiat Res.* 2010b; 51,285-296.
- **King TE,** Pawar SC, Majuta L, Sroka IC, Wynn D, Demetriou MC, Nagle RB, Porreca F, Cress AE. The role of alpha 6 integrin in prostate cancer migration and bone pain in a novel xenograft model. *PLoS One.* 2008;3(10):e3535. Epub 2008 Oct 28. PubMed PMID: 18958175.
- **Klein RM,** Aplin AE. Rnd3 regulation of the actin cytoskeleton promotes melanoma migration and invasive outgrowth in three dimensions. *Cancer Res.* 2009 Mar 15;69(6):2224-33. Epub 2009 Feb 24.
- **Knowlden JM,** Jones HE, Barrow D, Gee JM, Nicholson RI, Hutcheson IR. Insulin receptor substrate-1 involvement in epidermal growth factor receptor and insulin-like growth factor receptor signalling: implication for Gefitinib ('Iressa') response and resistance. *Breast Cancer Res Treat.* 2008 Sep;111(1):79-91. Epub 2007 Sep 28. PubMed PMID: 17902048.

Literaturverzeichnis

- **Knox JD,** Cress AE, Clark V, Manriquez L, Affinito KS, Dalkin BL, Nagle RB. Differential expression of extracellular matrix molecules and the α6-integrins in the normal and neoplastic prostate. *Am J Pathol.* 1994; 145:167-174.

- **Ko MT,** Su CY, Huang SC, Chen CH, Hwang CF. Overexpression of cyclin E messenger ribonucleic acid in nasopharyngeal carcinoma correlates with poor prognosis. *J Laryngol Otol.* 2009 Sep;123(9):1021-6. Epub 2009 Mar 11. PubMed PMID: 19275777.

- **Krämer OH,** Göttlicher M, Heinzel T. Histone deacetylase as a therapeutic target. *Trends Endocrinol Metab.* 2001 Sep;12(7):294-300. Review. PubMed PMID: 11504668.

- **Krämer OH,** Baus D, Knauer SK, Stein S, Jäger E, Stauber RH, Grez M, Pfitzner E, Heinzel T. Acetylation of Stat1 modulates NF-kappaB activity. *Genes Dev.* 2006 Feb 15;20(4):473-85.

- **Kuljaca S,** Liu T, Tee AE, Haber M, Norris MD, Dwarte T, Marshall GM. Enhancing the anti-angiogenic action of histone deacetylase inhibitors. *Mol Canc.* 2007; 6:68.doi:10.1186/1476-4598-6-68.

- **Kuwajima A,** Iwashita J, Murata J, Abe T. The histone deacetylase inhibitor butyrate inhibits melanoma cell invasion of Matrigel. *Anticancer Res.* 2007;27(6B):4163-9, PMID:18225587.

- **Kwiatkowski DJ.** Tuberous sclerosis: from tubers to mTOR. *Ann Hum Genet.* 2003; 67, 87-96.

- **Langner C,** von Wasielewski R, Ratschek M, Rehak P, Zigeuner R. Biological significance of p27 and Skp2 expression in renal cell carcinoma. A systematic analysis of primary and metastatic tumour tissues using a tissue microarray technique. *Virchows Arch.* 2004 Dec;445(6):631-6. Epub 2004 Oct 28. PubMed PMID: 15517366.

- **Laplantine E,** Rossi F, Sahni M, Basilico C, Cobrinik D. FGF signaling targets the pRb-related p107 and p130 proteins to induce chondrocyte growth arrest. *J Cell Biol.* 2002; 158(4):741-50,.

- **Lee WH.** The molecular basis of cancer suppression by the retinoblastoma gene. *Princess Takamatsu Symp.* 1989 ; 20:159-70, PMID:2488231.

- **Leman ES,** Getzenberg RH. Biomarkers for Prostate Cancer. *J of Celularl Biochemistry.* 2009; 108:3-9.

- **Li R,** Maminishkis A, Zahn G, Vossmeyer D, Miller SS. Integrin alpha5beta1 mediates attachment, migration, and proliferation in human retinal pigment epithelium: relevance for proliferative retinal disease. *Invest Ophthalmol Vis Sci.* 2009 Dec;50(12):5988-96. Epub 2009 Jul 15.

- **Li Q,** Xu T, He PY, Hao YC, Wang XF. Effect of integrin-linked kinase on the growth of prostate cancer in nude mice. *Beijing Da Xue Xue Bao.* 2010 Aug 18;42(4):374-80.

- **Lilja H.** A kallikrein-like serine protease in prostatic fluid cleaves the predominant seminal vesicle protein. *J Clin Invest.* 1985; 76(5):1899-903.

- **Lilja H,** Christensson A, Dahlén U, Matikainen MT, Nilsson O, Pettersson K, Lövgren T. Prostate-specific antigen in serum occurs predominantly in complex with alpha 1-antichymotrypsin. *Clin Chem.* 1991; 37(9) :1618-25.

- **Lo HW,** Hung MC. Nuclear EGFR signalling network in cancers: linking EGFR pathway to cell cycle progression, nitric oxide pathway and patient survival. *Br J Cancer.* 2006; 94(2):184-8. Review.

- **Loewith R,** Jacinto E, Wullschleger S, Lorberg A, Crespo JL, Bonenfant D, Oppliger W, Jenoe P, Hall MN. Two TOR Complexes, Only One of which Is Rapamycin Sensitive, Have Distinct Roles in Cell Growth Control. *Molecular Cell.* 2002; Vol.10,457-468.

Literaturverzeichnis

- **Long J,** Zhao J, Yan Z, Liu Z, Wang N. Antitumor effects of a novel sulfur-containing hydroxamate histone deacetylase inhibitor H40. *Int J Cancer.* 2009 Mar 1;124(5):1235-44.

- **Longatto-Filho A,** Pinheiro C, Martinho O, Moreira MA, Ribeiro LF, Queiroz GS, Schmitt FC, Baltazar F, Reis RM. Molecular characterization of EGFR, PDGFRA and VEGFR2 in cervical adenosquamous carcinoma. *BMC Cancer.* 2009;9:212, PMID:19563658.

- **Lu S,** Wang A, Lu S, Dong Z. A novel synthetic compound that interrupts androgen receptor signalling in human prostate cancer cells. *Mol Cancer Ther.* 2007; 6(7), doi:10.1158/1535-7163.MTC-06-0735.

- **Lu A,** Masic A, Li Y, Shin, YK, Liu Q, Zhou Y. The PI3K/Akt pathway inhibits influenza A virus-induced Bax-mediated apoptosis by negatively regulating the JNK pathway via ASK1. *Journal of General Virology.* 2010; 91,1439-1449, doi :10.1099/vir.0.018465-0.

- **Lui T,** Kuljaca S, Tee A, Marshall GM. Histone deacetylase inhibitors: multifunctional anticancer agents. *Cancer Treat Rev.* 2006; 32: 157-65.

- **Lund AH,** Van Lohuizen M. Epigenetics and cancer. *Genes Dev.* 2004; 18:2315-1335.

- **Lundgren TK,** Stenqvist A, Scott RP, Pawson T, Ernfors P. Cell migrateion by a FRS2-adaptor dependent membrane relocation of ret receptors. *J Cell Biochem.* 2008; 104(3):879-94.

- **Luo M,** Guan JL. Focal adhesion kinase: a prominent determinant in breast cancer initiation, progression and metastasis. *Cancer Lett.* 2010 Mar 28; 289(2):127-39. Epub 2009 Jul 29. Review.

- **Lu-Yao GL.** Survival following primary androgen deprivation therapy among men with localized prostate cancer. *JAMA.* 2008; S.173-181, PMID:18612114.

- **Lynch M,** Fitzgerald C, Johnston KA, Wang S, Schmidt EV. Activated eIF4E-binding protein slows G1 progression and blocks transformation by c-myc without inhibiting cell growth. *J Biol Chem.* 2004; 279, 3327-3339.

- **Ma WW,** Hidalgo M. Exploiting novel molecular targets in gastrointestinal cancers. *World J Gastroenterol.* 2007;13(44):5845-56, PMID:17990350.

- **Ma XM,** Blenis J. Molecular mechanisms of mTOR-mediated translational control. *Nature Review Molecular Cell Biology.* 2009a; 10,307-318, doi :10.1038/nrm2672.

- **Ma WW,** Adjei AA. Novel Agents on the Horizon for Cancer Therapy. *CA Cancer J Clin.* 2009b; 59:111-137, doi:10.3322/caac.20003.

- **Ma BB,** Lui VW, Hui EP, Lau CP, Ho K, Ng MH, Cheng SH, Tsao SW, Chan AT. The activity of mTOR inhibitor RAD001 (everolimus) in nasopharyngeal carcinoma and cisplatin-resistant cell lines. *Invest New Drugs.* 2010 Aug;28(4):413-20. Epub 2009 May 27. PubMed PMID: 19471857.

- **Malumbres M,** Barbacid M. Cell cycle, CDKs and cancer: a changing paradigm. *Nat Rev Cancer.* 2009 Mar;9(3):153-66. Review. PubMed PMID: 19238148.

- **Mansure JJ,** Nassim R, Chevalier S, Rocha J, Scarlata E, Kassouf W. Inhibition of mammalian target of rapamycin as a therapeutic strategy in the management of bladder cancer. *Cancer Biol Ther.* 2009 Dec;8(24):2339-47. Epub 2009 Dec 2. PubMed PMID: 20061787.

- **Mayol X,** Graña X, Baldi A, Sang N, Hu Q, Giordano A. Cloning of a new member of the retinoblastoma gene family (pRb2) which binds to the E1A transforming domain. *Oncogene.* 1993; 8(9):2561-6, PubMed PMID:8361765.

- **Marks P,** Rifkind RA, Richon VM, Breslow R, Miller T, Kelly WK. Histone deacetylases and cancer: causes and therapies. *Nat Rev Cancer.* 2001; 1(3):194-202, PMID:11902574.

Literaturverzeichnis

- **Marks PA,** Richon VM, Miller T, Kelly WK. Histone deacetylase inhibitors. *Adv Cancer Res.* 2004; 91:137-68. Review. PubMed PMID: 15327890.
- **Marks PA,** Xu WS. Histone deacetylase inhibitors: Potential in cancer therapy. *J Cell Biochem.* 2009 Jul 1;107(4):600-8. Review. PubMed PMID: 19459166; PubMed Central PMCID: PMC2766855.
- **Martín A,** Odajima J, Hunt SL, Dubus P, Ortega S, Malumbres M, Barbacid M. Cdk2 is dispensable for cell cycle inhibition and tumor suppression mediated by p27(Kip1) and p21(Cip1). *Cancer Cell.* 2005 Jun;7(6):591-8. PubMed PMID: 15950907.
- **Martinelli E,** Troiani T, Morgillo F, Rodolico G, Vitagliano D, Morelli MP,Tuccillo C, Vecchione L, Capasso A, Orditura M, De Vita F, Eckhardt SG, Santoro M, Berrino L, Ciardiello F. Synergistic Antitumor Activity of Sorafenib in Combination with Epidermal Growth Factor Receptor Inhibitors in Colorectal and Lung Cancer Cells. *Clin Cancer Res.* 2010 Oct 15;16(20):4990-5001. Epub 2010 Sep1.
- **Massagué J.** G1 cell-cycle control and cancer. *Nature.* 2004 Nov 18;432(7015):298-306. Review.
- **McDonald PC,** Fielding AB, Dedhar S. Integrin-linked kinase--essential roles in physiology and cancer biology. *J Cell Sci.* 2008 Oct 1;121(Pt 19):3121-32. Review. PubMed PMID: 18799788.
- **McNeal JE.** Normal histology of the prostate. *Am J Surg Pathol.* 1988; 12:619-33.
- **Mechanismus der Erektion** http://www.urologielehrbuch.de/penisanatomie_04.html
- **Medema RH,** Klompmaker R, Smits VA, Rijksen G. p21waf1 can block cells at two points in the cell cycle, but does not interfere with processive DNA-replication or stress-activated kinases. *Oncogene.* 1998 Jan 29;16(4):431-41. PubMed PMID: 9484832.
- **Mehnert JM,** Kelly WK. Histone deacetylase inhibitors: biology and mechanism of action. *Cancer J.* 2007; 13(1):23-9.
- **Mei S,** Ho AD, Mahlknecht U. Role of histone deacetylase inhibitors in the treatment of cancer (Review). *Int J Oncol.* 2004 Dec;25(6):1509-19. Review. PubMed PMID: 15547685.
- **Meng Q,** Xia C, Fang J, Rojanasakul Y, Jiang BH. Role of PI3K and AKT specific isoforms in ovarian cancer cell migration, invasion and proliferation through the p70S6K1 pathway. *Cell Signal.* 2006 Dec;18(12):2262-71. Epub 2006 Jun 2. PubMed PMID: 16839745.
- **Meyuhas O.** Physiological roles of ribosomal protein S6: one of its kind. *Int Rev Cell Mol Biol.* 2008; 268:1-37.
- **Michaelis M,** Michaelis UR, Fleming I, Suhan T, Cinatl J, Blaheta RA, Hoffmann K, Kotchetkov R, Busse R, Nau H, Cinatl J Jr.: Valproic acid inhibits angiogenesis in vitro and in vivo. *Mol Pharmacol.* 2004; 65: 520-7.
- **Michaelis M,** Suhan T, Cinatl J, Driever PH, Ciantl J Jr. Valproic acid and interferon-alpha synergistically inhibit neuroblastoma cell growth in vitro and in vivo. *Int J Oncol.* 2004a; 25(6): 1795-9.
- **Miller RE,** Larkin JM. Combination systemic therapy for advanced renal cell carcinoma. *Oncologist.* 2009; 14(12):1218-24.
- **Mills GB,** Jurisica I, Yarden Y, Norman JC. Genomic amplicons target vesicle recycling in breast cancer. *J Clin Invest.* 2009 Aug;119(8):2123-7. doi: 10.1172/JCI40256. Epub 2009 Jul 20.
- **Minucci S,** Pelicci PG. Histone deacetylase inhibitors and the promise of epigenetic (and more) treatments for cancer. *Nat Rev Cancer.* 2006 Jan;6(1):38-51, PMID:16397526.

Literaturverzeichnis

- **Mitra SK,** Schlaepfer DD. Integrin-regulated FAK-Src signaling in normal and cancer cells. *Curr Opin Cell Biol.* 2006 Oct;18(5):516-23. Epub 2006 Aug 17. Review. PubMed PMID: 16919435.

- **Miyamoto H,** Altuwaijri S, Cai Y, Messing EM, Chang C. Inhibition of the Akt, cyclooxygenase-2, and matrix metalloproteinase-9 pathways in combination with androgen deprivation therapy: potential therapeutic approaches for prostate cancer. *Mol Carcinog.* 2005 Sep;44(1):1-10. Review.

- **Molifer LR,** Attard G, Fong PC, Karavasilis V, Reid AH, Patterson S, Riggs CE Jr, Higano C, Stadler WM, McCulloch W, Dearnaley D, Parker C, de Bono JS. Phase II, two-stage, single-arm trial of the histone deacetylase inhibitor (HDACi) romidepsin in metastatic castration-resistant prostate cancer (CRPC). *Ann Oncol.* 2010; 21(1):109-13.

- **Montanez E,** Piwko-Czuchra A, Bauer M, Li S, Yurchenco P, Fässler R. Analysis of integrin functions in peri-implantation embryos, hematopoietic system, and skin. *Methods Enzymol.* 2007;426:239-89. Review. PubMed PMID: 17697888.

- **Moraga I,** Harari D, Schreiber G, Uzé G, Pellegrini S. Receptor Density Is Key to the Alpha2/Beta Interferon Differential Activities. *Molecular and Cellular Biology.* 2009; p.4778-4787, doi: 10.1128/MCB.01808-08.

- **Morgan TM,** Pitts TE, Gross TS, Poliachik SL, Vessella RL, Corey E. RAD001 (Everolimus) inhibits growth of prostate cancer in the bone and the inhibitory effects are increased by combination with docetaxel and zoledronic acid. *Prostate.* 2008; 68(8):861-71, PMID: 18361409.

- **Morgan TM,** Koreckij TD, Corey E. Targeted therapy for advanced prostate cancer: inhibition of the PI3K/Akt/mTOR pathway. *Curr Cancer Drug Targets.* 2009; 9:237-49.

- **Mossé YP,** Laudenslager M, Longo L, Cole KA, Wood A, Attiyeh EF, Laquaglia MJ, Sennett R, Lynch JE, Perri P, Laureys G, Speleman F, Kim C, Hou C, Hakonarson H, Torkamani A, Schork NJ, Brodeur GM, Tonini GP, Rappaport E, Devoto M, Maris JM. Identification of ALK as a major familial neuroblastoma predisposition gene. *Nature.* 2008 Oct 16;455(7215):930-5. Epub 2008 Aug 24.

- **Motzer RJ,** Escudier B, Oudard S, Hutson TE, Porta C, Bracarda S, Grünwald V, Thompson JA, Figlin RA, Hollaender N, Urbanowitz G, Berg WJ, Kay A, Lebwohl D, Ravaud A. Efficacy of everolimus in advanced renal cell carcinoma: a double-blind, randomised placebo-controlled phase III triel. *THE LANCET.* 2008; Vol.372, Issue 9637, pp 449-456, doi:10.1016/S0140-6736(08)61039-9.

- **Muller PA,** Caswell PT, Doyle B, Iwanicki MP, Tan EH, Karim S, Lukashchuk N, Gillespie DA, Ludwig RL, Gosselin P, Cromer A, Brugge JS, Sansom OJ, Norman JC, Vousden KH. Mutant p53 drives invasion by promoting integrin recycling. *Cell.* 2009 Dec 24;139(7):1327-41.

- **Münster P,** Marchion D, Bicaku E, Schmitt M, Lee JH, DeConti R, Simon G, Fishman M, Minton S, Garrett C, Chiappori A, Lush R, Sullivan D, Daud A. Phase I trial of histone deacetylase inhibition by valproic acid followed by the topoisomerase II inhibitor epirubicin in advanced solid tumors: a clinical and translational study. *J Clin Oncol.* 2007 May 20;25(15):1979-85. PubMed PMID:17513804.

- **Murillo CA,** Rychahou PG, Evers BM. Inhibition of alpha5 integrin decreases PI3K activation and cell adhesion of human colon cancers. *Surgery.* 2004 Aug;136(2):143-9. PubMed PMID: 15300173.

- **Nagata Y,** Takahashi A, Ohnishi K, Ota I, Ohnishi T, Tojo T, Taniguchi S. Effect of rapamycin, an mTOR inhibitor, on radiation sensitivity of lung cancer cells having different p53 gene status. *Int J Oncol.* 2010 Oct;37(4):1001-10. PubMed PMID: 20811722.

- **NTC 00422344** [www.clinicaltrials.gov].

Literaturverzeichnis

- **NTC 00631371** www.clinicaltrials.gov.
- **NTC 00719264** www.clinicaltrials.gov.
- **Nagle RB,** Hao J, Knox JD, Dalkin BL, Clark V, Cress AE. Expression of hemidesmosomal and extracellular matrix proteins by normal and malignant human prostate tissue. *Am J Pathol.* 1995; 146:1498-1507.
- **Nakashima Y,** Kariya Y, Miyazaki K. The beta3 chain short arm of laminin-332 (laminin-5) induces matrix assembly and cell adhesion activity of laminin-511(laminin-10). *J Cell Biochem.* 2007 Feb 15;100(3):545-56. PubMed PMID: 16960870.
- **Nelson WG,** De Marzo AM, Yegnasubramanian S. Epigenetic alterations in human prostate cancer. *Endocrinology.* 2009; 150(9):3991-4002.
- **Ning Y,** Zeineldin R, Liu Y, Rosenberg M, Stack MS, Hudson LG. Down-regulation of integrin alpha2 surface expression by mutant epidermal growth factor receptor (EGFRvIII) induces aberrant cell spreading and focal adhesion formation. *Cancer Res.* 2005 Oct 15;65(20):9280-6.
- **Nishioka C,** Ikezoe T, Yang J, Koeffler HP, Yokoyama A. Blockade of mTOR signaling potentiates the ability of histone deacetylase inhibitor to induce growth arrest and differentiation of acute myelogenous leukaemia cells. *Leukemia.* 2008; 22(12):2159-68.
- **Normanno N,** De Luca A, Bianco C, Strizzi L, Mancino M, Macello MR, Carotenuto A, De Feo G, Caponigro F, Salomon DS. Epidermal growth factor receptor (EGFR) signaling in cancer. *Gene.* 2006; 366,2-16, doi:10.1016/j.gene.2005.10.018.
- **O'Donnell A,** Faivre S. Judson I. A phase I study of the oral mTOR inhibitor RAD001 as monotherapy to identify the optimal biologically effective dose using toxicity, pharmacokinetic (PK) and pharmacodynamic (PD) endpoints in patients with solid tumours. *Proc Am Soc Clin Oncol.* 2003; 22:803.
- **Oda K,** Matsuoka Y, Funahashi A, Kitano H. A comprehensive pathway map of epidermal growth factor receptor signaling. *Molecular Systems Biology.* 2005; Article No.2005.0010, pp1-17, doi:10.1038/msb4100014.
- **Oertl A,** Relja B, Makarevic J, Weich E, Höfler S, Jones J, Jonas D, Bratzke H, Baer PC, Blaheta RA. Altered expression of beta1 integrins in renal carcinoma cell lines exposed to the differentiation inducer valproic acid. *Int J Mol Med.* 2006; 18(2):347-54.
- **Oh M,** Choi IK, Kwon HJ. Inhibition of histone deacetylase1 induces autophagy. *Biochem Biophys Res Commun.* 2008 May 16;369(4):1179-83. Epub 2008 Mar 13. PubMed PMID: 18342621.
- **Okui T,** Shimo T, Fukazawa T, Kurio N, Hassan NM, Honami T, Takaoka M, Naomoto Y, Sasaki A. Anti-tumor Effect of Temsirolimus against Oral Squamous Cell Carcinoma Associated with Bone Destruction. *Mol Cancer Ther.* 2010 Sep 21. PubMed PMID: 20858724.
- **Osajima-Hakomori Y,** Miyake I, Ohira M, Nakagawara A, Nakagawa A, Sakai R. Biological role of anaplastic lymphoma kinase in neuroblastoma. *Am J Pathol.* 2005 Jul;167(1):213-22.
- **Ozaki K,** Kosugi M, Baba N, Fujio K, Sakamoto T, Kimura S, Tanimura S, Kohno M. Blockade of the ERK or PI3K-Akt signaling pathway enhances the cytotoxicity of histone deacetylase inhibitors in tumor cells resistant to gefitinib or imatinib. *Biochem Biophys Res Commun.* 2010 Jan 22;391(4):1610-5. Epub 2009 Dec 22. PubMed PMID: 20026060.
- **Papi A,** Ferreri AM, Rocchi P, Guerra F, Orlandi M. Epigenetic modifiers as anticancer drugs : effectiveness of valproic acid in neural crest-derived tumor cells. *Anticancer Res.* 2010; 30(2):535-40.
- **Pearce LR,** Huang X, Boudeau J, Pawlowski R, Wullschleger S, Deak M, Ibrahim AF, Gourlay R, Magnuson MA, Alessi DR. Identification of Protor as a novel Rictor-binding component of mTOR complex-2. *Biochem J.* 2007; 405(3):513-22, PMID:17461779.

Literaturverzeichnis

- **Pearson G,** Robinson F, Beers Gibson T, Xu BE, Karandikar M, Berman K, Cobb MH. Mitogen-activated protein (MAP) kinase pathways: regulation and physiological functions. *Endocr Rev.* 2001 Apr;22(2):153-83. Review. PubMed PMID: 11294822.

- **Pecuchet N,** Cluzeau T, Thibault C, Mounier N, Vignot. Histone deacetylase inhibitors: highlight on epigenetic regulation. *Bull Cancer.* 2010; PMID:20483706.

- **Pelzer AE,** Volgger H, Bektic J, Berger AP, Rehder P, Bartsch G, Horninger W. The effect of percentage free prostate-specific antigen (PSA) level on the prostate cancer detection rate in a screening population with low PSA levels. *BJU Int.* 2005; 96(7):995-8.

- **Peroukides S,** Bravou V, Varakis J, Alexopoulos A, Kalofonos H, Papadaki H. ILK overexpression in human hepatocellular carcinoma and liver cirrhosis correlates with activation of Akt. *Oncol Rep.* 2008 Dec;20(6):1337-44. PubMed PMID: 19020711.

- **Pertia A,** Nikoleishvili D, Trsintsadze O, Gogokhia N, Managadze L, Chkhotua A. Loss of p27(Kip1) CDKI is a predictor of poor recurrence-free and cancer-specific survival in patients with renal cancer. *Int Urol Nephrol.* 2007;39(2):381-7. Epub 2007 Feb 20. PubMed PMID: 17310312.

- **Pollack VA,** Savage DM, Baker DA, Tsaparikos KE, Sloan DE, Moyer JD, Barbacci EG, Pustilnik LR, Smolarek TA, Davis JA, Vaidya MP, Arnold LD, Doty JL, Iwata KK, Morin MJ. Inhibition of Epidermal Growth Factor Receptor-Associated Tyrosine Phosphorylation in Human Carcinomas with CP358,774: Dynamics of Receptor Inhibition In Situ and Antitumor Effects in Athmic Mice. *The Journal of Pharmacology and Experimental Therapeutics.* 1999; JPET 291:739-748.

- **Polyak K,** Lee MH, Erdjument-Bromage H, Koff A, Roberts JM, Tempst P, Massagué J. Cloning of p27Kip1, a cyclin-dependent kinase inhibitor and a potential mediator of extracellular antimitogenic signals. et al.,*Cell.* 1994; 78(1):59-66.

- **Pontes-Junior J,** Reis ST, Dall'oglio M, Neves de Oliveira LC, Cury J, Carvalho PA, Ribeiro-Filho LA, Moreira Leite KR, Srougi M. Evaluation of the expression of integrins and cell adhesion molecules through tissue microarray in lymph node metastases of prostate cancer. J Carcinog. 2009;8:3.

- **Puli S,** Jain A, Lai JC, Bhushan A. Effect of combination treatment of rapamycin and isoflavones on mTOR pathway in human glioblastoma (U87) cells. *Neurochem Res.* 2010 Jul;35(7):986-93. Epub 2010 Feb 23. PubMed PMID: 20177775.

- **Reynolds AR,** Hart IR, Watson AR, Welti JC, Silva RG, Robinson SD, Da Violante G, Gourlaouen M, Salih M, Jones MC, Jones DT, Saunders G, Kostourou V, Perron-Sierra F, Norman JC, Tucker GC, Hodivala-Dilke KM. Stimulation of tumor growth and angiogenesis by low concentrations of RGD-mimetic integrin inhibitors. *Nat Med.* 2009 Apr;15(4):392-400. Epub 2009 Mar 22.

- **Rhode V,** Katalinic A, Wasem J, Aidelsburger P. Robert Koch Institut, Statistisches Bundesamt, Gesundheitsberichterstattung des Bundes. *Prostataerkrankungen Heft 36.* 2007; ISBN 978-3-89606-177-5, ISSN 1437-5478.

- **Rice JC,** Allis CD. Histon methylation versus histon acetylation: new insights into epigenetic regulation. *Curr Opin Cell Biol.* 2001; 13(3):263-73.

- **Richmond TJ,** Davey CA. The structure of DNA in the nucleosome core. *Nature.* 2003; 423(6936):145-50.

- **Rinker-Schaeffer CW,** Partin AW, Isaacs WB. Molecular and cellular changes associated with the acquisition of metastatic ability by prostatic cancer cells. *Prostate.* 1994; 25:249-65.

- **Rocha-Lima CM,** Soares HP, Raez LE, Singal R. EGFR Targeting of Solid Tumors. *Cancer Control.* 2007; Vol.14, No.3, pp.295-304.

- **Rodon J,** Perez J, Kurzrock R. Combining targeted therapies: practical issue to consider at the bench and bedside. *Oncologist.* 2010;15(1):37-50.

Literaturverzeichnis

- **Rowland TJ,** Miller LM, Blaschke AJ, Doss EL, Bonham AJ, Hikita ST, Johnson LV, Clegg DO. Roles of integrins in human induced pluripotent stem cell growth on Matrigel and vitronectin. *Stem Cells Dev.* 2010 Aug;19(8):1231-40. PubMed PMID: 19811096.

- **Ruijter ET,** van de Kaa CA, Schalken JA. Histological grade heterogeneity in multifocal prostate cancer. Biological and clinical implications. *J pathol.* 1996; 180:295-9.

- **Salh B,** Bergman D, Marotta A, Pelech SL. Differential cyclin-dependent kinase expression and activation in human colon cancer. *Anticancer Res.* 1999 Jan-Feb;19(1B):741-8.

- **Sami S,** Höti N, Xu HM, Shen Z, Huang X. Valproic Acid Inhibits the Growth of Vervical Cancer both *In Vitro* and *In Vivo. J Biochem.* 2008; 144, 357-362, doi:10.1093/jb/mvn074.

- **Santini V,** Gozzini A, Ferrari G. Histone deacetylase inhibitors: molecular and biological activity as a premise to clinical application. *Curr Drug Metab.* 2007; 8(4):383-93, PMID:17504226.

- **Sarbassov DD,** Ali Sm, Kim DH, Guertin DA, Latek RR, Erdjument-Bromage H, Tempst P, Sabatini DM. Rictor, a novel binding partner of mTOR, defines a rapamycin-insensitive and raptor-independent pathway that regulates the cytoskeleton. *Curr Biol.* 2004; 14:1296-1302.

- **Sarbassov DD,** Guertin DA, Ali SM, Sabatini DM. Phosphorylation and regulation of Akt/PKB by the rictor-mTOR complex. *Science.* 2005; 307:1098-1101.

- **Sarbassov DD,** Ali SM, Sengupta S, Sheen JH, Hsu PP, Bagley AF, Markhard AL, Sabatini DM. Prolonged Rapamycin Treatment Inhibits mTORC2 Assembly and Akt/PKB. *Molecular Cell.* 2006; 22,159-168, doi:10.1016/j.molcel.2006.03.029.

- **Sharma PS,** Sharma R, Tyagi T. Receptor tyrosine kinase inhibitors as potent weapons in war against cancers. *Curr Pharm Des.* 2009;15(7):758-76. Review. PubMed PMID: 19275641.

- **Sawyer TK.** Novel oncogenic protein kinase inhibitors for cancer therapy. *Curr Med Chem Anticancer Agents.* 2004; 4:449-455.

- **Schaeffer DF,** Assi K, Chan K, Buczkowski AK, Chung SW, Scudamore CH, Weiss A, Salh B, Owen DA. Tumor expression of integrin-linked kinase (ILK) correlates with the expression of the E-cadherin repressor snail: an immunohistochemical study in ductal pancreatic adenocarcinoma. *Virchows Arch.* 2010 Mar;456(3):261-8. Epub 2010 Jan 21. PubMed PMID: 20091050.

- **Schellhammer PF,** Venner P, Haas GP, Small EJ, Nieh PT, Seabaugh DR, Patterson AL, Klein E, Wajsman Z, Furr B, Chen Y, Kolvenbag GJ. Prostate specific antigen decrease after withdraw of antiandrogen therapy with bicalutamide or flutamide in patients receiving combined androgen blockade. *J. Urol.* 1997; 157,1731-1735.

- **Scher HI,** Kelly WK. Flutamide withdrawal syndrome: its impact on clinical trials in hormone-refractory prostate cancer. *J Clin Oncol.* 1993; 11(8):1566-72.

- **Scher HI,** Sarkis A, Reuter V, Cohen D, Netto G, Petrylak D, Lianes P, Fuks Z, Mendelsohn J, Cordon-Cardo C. Changing pattern of expression of the epidermal growth factor receptor and transforming growth factor alpha in the progression of prostatic neoplasms. *Clin Cancer Res.* 1995; 1(5):545-50, PMID: 9816014.

- **Schlessinger J.** Cell signaling by receptor tyrosine kinases. *Cell.* 2000;103(2):211-25,.

- **Schmid K,** Bago-Horvath Z, Berger W, Haitel A, Cejka D, Werzowa J, Filipits M, Herberger B, Hayden H, Sieghart W. Dual inhibition of EGFR and mTOR pathways in small cell lung cancer. *Br J Cancer.* 2010 Aug 24;103(5):622-8. Epub 2010 Aug 3. PubMed PMID: 20683448.

- **Schultze A,** Fiedler W. Therapeutic potential and limitations of new FAK inhibitors in the treatment of cancer. *Expert Opin Investig Drugs.* 2010 Jun;19(6):777-88. Review. PubMed PMID: 20465362.

Literaturverzeichnis

- **Schwock J,** Dhani N, Hedley DW. Targeting focal adhesion kinase signaling in tumor growth and metastasis. *Expert Opin Ther Targets.* 2010 Jan;14(1):77-94. Review. PubMed PMID: 20001212.

- **Segota E,** Bukowski RM. The promise of targeted therapy: cancer drugs become more specific. *Cleve Clin J Med.* 2004; 71(7):551-60, PMID: 15320364.

- **Seligson DB.** Global histone modification patterns predict risk of prostate cancer recurrence. *Nature.* 2005; 435, 1262-1266.

- **Serrano M,** Hannon GJ, Beach D. A new regulatory motif in cell-cycle control causing specific inhibition of cyclin D/CDK4. *Nature.* 1993; 366(6456):704-7.

- **Sgambato A,** Camerini A, Genovese G, De Luca F, Viacava P, Migaldi M, Boninsegna A, Cecchi M, Sepich CA, Rossi G, Arena V, Cittadini A, Amoroso D. Loss of nuclear p27(kip1) and alpha-dystroglycan is a frequent event and is a strong predictor of poor outcome in renal cell carcinoma. *Cancer Sci.* 2010 Jun 11. PubMed PMID: 20626751.

- **Shannon LA,** Calloway PA, Welch TP, Vines CM. CCR7/CCL21 migration on fibronectin is mediated by PLC{gamma}1 and ERK1/2 in primary T lymphocytes. J Biol Chem. 2010 Oct 1.

- **Sharma PS,** Sharma R, Tyagi T. Receptor Tyrosine Kinase Inhibitors as Potent Weapons in War Against Cancer. *Current Pharmaceutical Design.* 2009; 15:758-776.

- **Shu Q,** Antalffy B, Su JM, Adesina A, Ou CNN, Pietsch T, Blaney SM, Lau CC, Li XN. Valproic Acid prolongs survival time of severe combined immunodeficient mice bearing intracerebellar orthotopic medulloblastoma xenografts. *Clin Cancer Res.* 2006; 12,4687-4694.

- **Signoretti S,** Montironi R, Manola J, Altimari A, Tam C, Bubley G, Balk S, Thomas G, Kaplan I, Hlatky L, Hahnfeldt P, Kantoff P, Loda M. Her-2-neu expression and progression toward androgen independence in human prostate cancer. *J Natl Cancer Inst.* 2000; 92(23):1918-25, PMID: 11106683.

- **Soprano KJ,** Purev E, Vuocolo S, Soprano DR. Rb2/p130 and protein phosphatase 2A: key mediators of ovarian carcinoma cell growth suppression by all-transretinoic acid. *Oncogene.* 2006; 25(38):5315-25. Review, PMID:16936753.

- **Suhardja A,** Hoffman H. Role of Growth Factors and Their Receptors in Proliferation of Microvascular Endothelial Cells. *Microscopy Research and Technique.* 2003; 60:70-75, doi:10.1002/jemt.10245.

- **Sun XJ,** Rothenberg P, Kahn CR, Backer JM, Araki E, Wilden PA, Cahill DA, Goldstein BJ, White MF. Structure of the insulin receptor substrate IRS-1 defines a unique signal transduction protein. *Nature.* 1991; 352:73-77.

- **Sun YX,** Fang M, Wang J, Cooper CR, Pienta KJ, Taichman RS. Expression and activation of alpha v beta 3 integrins by SDF-1/CXC12 increases the aggressiveness of prostate cancer cells. *Prostate.* 2007 Jan 1;67(1):61-73. PubMed PMID: 17034033.

- **Sun M,** Lughezzani G, Perrotte P, Karakiewicz PI. Treatment of metastatic renal cell carcinoma. *Nat Rev Urol.* 2010a; PMID: 20458330.

- **Sun ZJ,** Chen G, Zhang W, Hu X, Huang CF, Wang YF, Jia J, Zhao YF. Mammalian target of rapamycin pathway promotes tumor-induced angiogenesis in adenoid cystic carcinoma: its suppression by isoliquiritigenin through dual activation of c-Jun NH2-terminal kinase and inhibition of extracellular signal-regulated kinase. *J Pharmacol Exp Ther.* 2010b Aug;334(2): 500-12. Epub 2010 May 18. PubMed PMID: 20484154.

- **Tabernero J.** The Role of VEGF and EGFR Inhibition: Implications for Combining Anti-VEGF and Anti-EGFR Agents. *Mol Cancer Res.* 2007; doi:10.1158/1541-7786.MCR-06-0404.

- **Takahishi T,** Ueno H, Shibuya M. VEGF activates protein kinase C-dependent, but Ras-independent Raf-MEK-MAP kinase pathway for DNA sythesis in primari endothelial cells. *Onkogen.* 1999; 18, 2221-2230.

Literaturverzeichnis

- **Takayama S,** Ishii S, Ikeda T, Masamura S, Doi M, Kitajima M. The relationship between bone metastasis from human breast cancer and integrin alpha(v)beta3 expression. *Anticancer Res.* 2005 Jan-Feb;25(1A):79-83. PubMed PMID: 15816522.

- **Tamburini J,** Chapuis N, Bardet V, Park S, Sujobert P, Willems L, Ifrah N, Dreyfus F, Mayeux P, Lacombe C, Bouscary D. Mammalian target of rapamycin (mTOR) inhibition activates phosphatidylinositol-3-kinase/Akt by up-regulating insulin-like growth factor-1 receptor signalinh in acute myeloid leucemia: rationale for therapeutic inhibition of both pathways. *Blood_Neoplasia.* 2007; Vol.111, No.1, doi:10.1182/blood-2007-03-080796.

- **Tang X,** Gao JS, Guan YJ, McLane KE, Yuan ZL, Ramratnam B, Chin YE. Acetylation-dependent signal transduction for type I interferon receptor. *Cell.* 2007 Oct 5;131(1):93-105.

- **Tannock IF.** Docetaxel plus prednisone or mitoxantrone plus prednisone for advanced prostate cancer. *NEJM.* 2004; S.1502-1512, PMID:15470213.

- **Tarcic G,** Yarden Y. MAP Kinase activation by receptor tyrosine kinases: in control of cell migration. *Methods Mol Biol.* 2010;661:125-35. PubMed PMID: 20811980.

- **Totoń E,** Rybczyńska M. [The characteristics of focal adhesion kinase (FAK) and its role in carcinogenesis]. *Postepy Hig Med Dosw (Online).* 2007 May 16;61:303-9. Review. Polish.

- **Tee AR** and Blenis J. mTOR, translational control and human disease. *Semin Cell Dev Biol.* 2005; 16,29-37.

- **Thedieck K,** Polak P, Kim ML, Molle KD, Cohen A, Jenö P, Arrieumerlou C Hall MN. PRAS40 and PRR5-like protein are new mTOR interactors that regulate apoptosis. *PLoS One.* 2007; 2(11):e1217.

- **Toyoshima H,** Hunter T. p27, a novel inhibitor of G1 cyclin-Cdk-protein kinase activity, is related to p21. *Cell.* 1994; 78(1):67-74.

- **Traish AM,** Morgentaler A. Epidermal growth factor receptor expression escapes androgen regulation in prostate cancer: a potential molecular switch for tumour growth. *Br J Cancer.* 2009; 101(12):1949-56, doi:10.1038/sj.bjc.6605376.

- **Traxler P,** Allegrini PR, Brandt R, Brueggen J, Cozens R, Fabbro D, Grosios K, Lane HA, McSheehy P, Mestan J, Meyer T, Tang C, Wartmann M, Wood J, Caravatti G. AEE788: a dual family epidermal growth factor receptor/ErbB2 and vascular endothelial growth factor receptor tyrosine kinase inhibitor with antitumor and antiangiogenic activity. *Cancer Res.* 2004; 64(14):4931-41, PMID: 15256466.

- **Trikha M,** Cai Y, Grignon D, Honn KV. Identification of a novel truncated αIIb integrin. *Cancer res.* 1998; 58:4771-4775.

- **Verheul HM,** Salumbides B, Van Erp K, Hammers H, Qian DZ, Sanni T, Atadja P, Pili R. Combination strategy targeting the hypoxia inducible factor-1 alpha with mammalian target of rapamycin and histone deacetylase inhibitors. *Clin Cancer Res.* 2008 Jun 1;14(11):3589-97.

- **Vézina C,** Kudelski A, Sehgal SN. Rapamycin (AY-22,989), a new antifungal antibiotic. I. Taxonomy of the producing streptomycete and isolation of the active principle. *J Antibiot.* 1975; 28(19):721-6.

- **Vignot S,** Faivre S, Aguirre D, Raymond E. mTOR-targeted therapy of cancer with rapamycin derivates. *Ann. Oncol.* 2005; 16,525-537.

- **Vivanco I,** Sawyers CL. The phosphatidylinositol 3-Kinase AKT pathway in human cancer. *Nat Rev Cancer.* 2002; 2,489-501.

- **Vlasáková J,** Nováková Z, Rossmeislová L, Kahle M, Hozák P, Hodny Z. Histonedeacetylase inhibitors suppress IFNalpha-induced up-regulation of promyelocytic leukemia protein. *Blood.* 2007 Feb 15;109(4):1373-80. Epub 2006 Oct 24. Erratum in: *Blood.* 2007 Jun 1;109(11):4606.

Literaturverzeichnis

- **Wada H,** Nagano H, Yamamoto H, Noda T, Murakami M, Kobayashi S, Marubashi S, Eguchi H, Takeda Y, Tanemura M, Umeshita K, Doki Y, Mori M. Combination of interferon-alpha and 5-fluorouracil inhibits endothelial cell growth directly and by regulation of angiogenic factors released by tumor cells. *BMC Cancer.* 2009 Oct12; 9:361. PubMed PMID: 19821965.

- **Waltersson MA,** Askmalm MS, Nordenskjöld B, Fornander T, Skoog L, Stål O. Altered expression of cyclin E and the retinoblastoma protein influences the effect of adjuvant therapy in breast cancer. *Int J Oncol.* 2009 Feb;34(2):441-8. PubMed PMID: 19148479.

- **Walworth NC.** Cell-cycle checkpoint kinases: checking in on the cell cycle. *Curr Opin Cell Biol.* 2000 Dec;12(6):697-704. Review. PubMed PMID: 11063934.

- **Wang X,** Li W, Williams M, Terada N, Alessi DR, Proud CG. Regulation of elongation factor 2 kinase by p90RSK1 and p70S6 kinase. *EMBO.* 2001; 20,4370-4379.

- **Wang MC,** Valenzuela LA, Murphy GP, Chu TM. Purification of a human prostate specific antigen.1979. *J Urol.* 1979; 2002; 167(2Pt2):960-4;discussion964-5.

- **Wang MY,** Lu KV, Zhu S, Dia EQ, Vivanco I, Shackleford GM, Cavenee WK, Mellinghoff IK, Cloughesy TF, Sawyers CL, Mischel PS. Mammalian target of rapamycin inhibition promotes response to epidermal growth factor receptor kinase inhibitors in PTEN-deficient and PTEN-intact glioblastoma cells. *Cancer Res.* 2006 Aug 15;66(16):7864-9. PubMed PMID: 16912159.

- **Wang LG,** Liu XM, Fang Y, Dai W, Chiao FB, Puccio GM, Feng J, Liu D, Chiao JW. De-repression of the p21 promoter in prostate cancer cells by an isothiocyanate via inhibition of HDACs and c-Myc. *Int J Oncol.* 2008 Aug;33(2):375-80. PubMed PMID: 18636159.

- **Wang J,** Lu Y, Wang J, Koch AE, Zhang J, Taichman RS. CXCR6 induces prostate cancer progression by the AKT/mammalian target of rapamycin signaling pathway. *Cancer Res.* 2008c Dec 15;68(24):10367-76. PubMed PMID: 19074906; PubMed Central PMCID: PMC2884407.

- **Wang L,** Zou X, Berger AD, Twiss C, Peng Y, Li Y, Chiu J, Guo H, Satagopan J, Wilton A, Gerald W, Basch R, Wang Z, Osman I, Lee P. Increased expression of histone deacetylaces (HDACs) and inhibition of prostate cancer growth and invasion by HDAC inhibitor SAHA. *Am J Transl Res.* 2009; 1:62-71.

- **Watanabe S,** Watanabe R, Oton-Leite AF, Alencar Rde C, Oliveira JC, Leles CR, Batista AC, Mendonça EF. Analysis of cell proliferation and pattern of invasion in oral squamous cell carcinoma. *J Oral Sci.* 2010;52(3):417-24. PubMed PMID: 20881335.

- **Weichert W,** Röske A, Gekeler V, Beckers T, Stephan C, Jung K, Fritzsche FR, Niesporek S, Denkert C, Dietel M, Kristiansen G. Histone deacetylases 1, 2 and 3 are highly expressed in prostate cancer and HDAC2 expression is associated with shorter PSA relapse time after radical prostatectomy. *British Journal of Cancer.* 2008; 98, 604 – 610; doi:10.1038/sj.bjc.6604199.

- **Weinberg RA.** The molecular basis of carcinogenesis: understanding the cell cycle clock. *Cytokines Mol Ther.* 1996 Jun;2(2):105-10. Review. PubMed PMID: 9384694.

- **Wernert N,** KernL, Heitz P, Bonkhoff H, Goebbels R, Seitz G, Inniger R, Remberger K, Dhom G. Morphological and immunohistochemical investigations of the utriculus prostaticus from the fetal period up to adulthood. *Prostate.* 1990; 17(1):19-30.

- **White DP,** Caswell PT, Norman JC. alpha v beta3 and alpha5beta1 integrin recycling pathways dictate downstream Rho kinase signaling to regulate persistent cell migration. *J Cell Biol.* 2007 May 7;177(3):515-25. PubMed PMID: 17485491; PubMed Central PMCID: PMC2064808.

- **Wiley HS,** Shvartsman SY, Lauffenburger DA. Computational modeling of the EGF-receptor system: a paradigm for systems biology. *Trends Cell Biol.* 2003; 13(1):43-50.

Literaturverzeichnis

- **Wilson AJ.** Histone deacetylase 3 (HDAC3) ant other class I HDACs regulate colon cell migration and p21 expression and are deregulated in human colon cancer. *J Biol Chem.* 2006; 281:13548-13558.

- **Wong LH,** Sim H, Chatterjee-Kishore M, Hatzinisiriou I, Devenish RJ, Stark G, Ralph SJ. Isolation and characterization of a human STAT1 gene regulatory element. Inducibility by interferon (IFN) types I and II and role of IFN regulatory factor-1. *J Biol Chem.* 2002 May 31;277(22):19408-17. Epub 2002 Mar 21. PubMed PMID: 11909852.

- **Wong CC,** Wong CM, Tung EK, Man K, Ng IO. Rho-kinase 2 is frequently overexpressed in hepatocellular carcinoma and involved in tumor invasion. Hepatology. 2009 May;49(5):1583-94.

- **Wullschleger S,** Loewith R, Hall MN. TOR Signaling in Growth and Metabolism. *Cell.* 2006; doi:10.1016/j.cell.2006.01.016.

- **Wu XR.** Biology of urothelial tumorigenesis: insights from genetically engineered mice. Cancer Metastasis Rev. 2009 Dec;28(3-4):281-90. Review. PubMed PMID: 20012171.

- **Wu MJ,** Chang CH, Chiu YT, Wen MC, Shu KH, Li JR, Chiu KY, Chen YT. Rictor-dependent AKT activation and inhibition of urothelial carcinoma by rapamycin. *Urol Oncol.* 2010 Mar 4.

- **Wu WK,** Sakamoto KM, Milani M, Aldana-Masankgay G, Fan D, Wu K, Lee CW, Cho CH, Yu J, Sung JJ. Macroautophagy modulates cellular response to proteasome inhibitors in cancer therapy. *Drug Resist Updat.* 2010 Jun;13(3):87-92. Epub 2010b May 11. Review. PubMed PMID: 20462785.

- **www.chemie-schule.de** (http://www.chemie-schule.de/KnowHow/Valproinsäure)

- **www.kinasepro.wordpress.com** (http://kinasepro.wordpress.com/2009/03/16/aee-788/)

- **www.medknowledge.de** (http://www.medknowledge.de/neu/2003/III-2003-40-everolimus.htm)

- **www.organische-chemie.ch** (http://www.organische-chemie.ch/chemie/2009jul/rapamycin.shtm)

- **www.roche.com**

- **www.en.wikipedia.org** (http://en.wikipedia.org/wiki/Everolimus)

- **Xia P,** Aiello LP, Ishii H, Jiang ZY, Park DJ, Robinson GS, Takagi H, Newsome WP, Jirousek MR, King GL. Characterization of Vascular Endothelial Growth Factor's Effect on the Activation of Protein Kinase C, Its Isoforms, and Endothelial Cell Growth. *J Clin Invest.* 1996; Vol.98, No.9, pp.2018-2026.

- **Xia Q,** Sung J, Chowdhury W, Chen CL, Höti N, Shabbeer S, Carducci M, Rodriguez R. Chronic administration of valproic acid inhibits prostate cancer cell growth in vitro and in vivo. *Cancer Res.* 2006; 66(14):7237-44.

- **Xiao X,** Ning L, Chen H. Notch1 mediates growth suppression of papillary and follicular thyroid cancer cells by histone deacetylase inhibitors. *Mol Cancer Ther.* 2009 Feb;8(2):350-6. Epub 2009 Feb 3. PubMed PMID: 19190121; PubMed Central PMCID: PMC2673961.

- **Xu WS,** Parmigiani RB, Marks PA. Histone deacetylase inhibitors: molecular mechanism of action. *Oncogone.* 2007; 26(37):5541-52.

- **Xu Q,** Lu R, Zhu ZF, Lv JQ, Wang LJ, Zhang W, Hu JW, Meng J, Lin G, Yao Z. Effects of tyroservatide on histone acetylation in lung carcinoma cells. *Int J Cancer.* 2010 Mar 22.

- **Yablon CM,** Banner MP, Ramchandani P, Rovner ES. Complications of prostate cancer treatment: spectrum of imaging findings. *Radiographics.* 2004; 24(Suppl 1):S181-S194.

Literaturverzeichnis

- **Yang J**, Ikezoe T, Nishioka C, Ni L, Koeffler HP, Yokoyama A. Inhibition of mTORC1 by RAD001 (everolimus) potentiates the effects of 1,25-dihydroxyvitamin D(3) to induce growth arrest and differentiation of AML cells in vitro and in vivo. *Exp Hematol.* 2010 Aug;38(8):666-76. Epub 2010 Apr 9.

- **Yarden Y**. The EGFR family and its ligands in human cancer. Signalling mechanisms and therapeutic opportunities. *Eur J Cancer.* 2001; 37 Suppl 4:S3-8, PMID:11597398.

- **Yazici S,** Kim SJ, Busby JE, He J, Thaker P, Yokoi K, Fan D, Fidler JJ. Dual inhibition of the epidermal growth facto rand vascular endothelial growth factor phophorylation for antivascular therapy of human prostate cancer in the prostate of nude mice. *Prostate.* 2005; 65(3):203-15.

- **Yee KW**, Zeng Z, Konopleva M, Verstovsek S, Ravandi F, Ferrajoli A, Thomas D, Wierda W, Apostolidou E, Albitar M, O'Brien S, Andreeff M, Giles FJ. Phase I/II study of the mammalian target of rapamycin inhibitor everolimus (RAD001) in patients with relapsed or refractory hematologic malignancies. *Clin Cancer Res.* 2006; 12(17):5165-73.

- **Yuan A,** Yu CJ, Kuo SH, Chen WJ, Lin FY, Tay-Kwen, Luh, Yang PC, Lee YC. Vascular Endothelial Growth Factor 189 mRNA Isoform Expression Specifically Correlates With Tumor Angiogenesis, Patient Survival, and Postoperative Relapse in Non-Small-Cell Lung Cancer. *J Clin Oncol.* 2001; 19:432-441.

- **Zetter BR**. The cellular basis of site-specific tumor metastasis. *N Engl J Med.* 1990; 322:605-12.

- **Zhang HS,** Gavin M, Dahiya A, Postigo AA, Ma D, Luo RX, Harbour JW, Dean DC. Exit from G1 and S phase of the cell cycle is regulated by repressor complexes containing HDAC-Rb-hSWI/SNF and Rb-hSWI/SNF. *Cell.* 2000 Mar 31;101(1):79-89. PubMed PMID: 10778858.

- **Zhang HH**, Lipovsky AI, Dibble CC, Sahin M, Manning BD. S6K1 regulates GSK3 under conditions of mTOR-dependent feedback inhibition of Akt. *Mol Cell.* 2006; 24(2):185-197.

- **Zhang W,** Zhu J, Efferson CL, Ware C, Tammam J, Angagaw M, Laskey J, Bettano KA, Kasibhatla S, Reilly JF, Sur C, Majumder PK. Inhibition of tumor growth progression by antiandrogens and mTOR inhibitor in a Pten-deficient mouse model of prostate cancer. *Cancer Res.* 2009 Sep 15;69(18):7466-72. Epub 2009 Sep 8. PubMed PMID: 19738074.

- **Zhao J,** Guan JL. Signal transduction by focal adhesion kinase in cancer. *Cancer Metastasis Rev.* 2009 Jun;28(1-2):35-49. Review. PubMed PMID: 19169797.

- **Zheng DQ,** Woodard AS, Fornaro M, Tallini G, Languino LR. Prostatic carcinoma cell migration via $αvβ3$ integrin is modulated by a focal adhesion kinase pathway. *Cancer Res.* 1999; 59:1655-1664.

- **Zhu ML,** Kyprianou N. Role of androgens and the androgen receptor in epithelial-mesenchymal transition and invasion of prostate cancer cells. *The FASEB Journal.* 2010; 0892-6638/10/0024-0769, pp.769-777, doi:10.1096/fj.09-136994.

- **Zou Z,** Schmaier AA, Cheng L, Mericko P, Dickeson SK, Stricker TP, Santoro SA, Kahn ML. Negative regulation of activated alpha-2 integrins during thrombopoiesis. *Blood.* 2009 Jun 18;113(25):6428-39. Epub 2009 Mar 3. PubMed PMID: 19258597.

- **Zou ZQ,** Zhang XH, Wang F, Shen QJ, Xu J, Zhang LN, Xing WH, Zhuo RJ, Li D. A novel dual PI3Kalpha/mTOR inhibitor PI-103 with high antitumor activity in non-small cell lung cancer cells. *Int J Mol Med.* 2009 Jul;24(1):97-101. PubMed PMID: 19513541.

8 Danksagung

Mein ganz besonderer Dank gilt Herrn Prof. Dr. phil. nat. Roman Blaheta, der mich in seine Arbeitsgruppe aufgenommen und meine Promotionsarbeit erst möglich gemacht hat. Dieser Dank gilt nicht nur für die Möglichkeit der Durchführung dieser Arbeit und die Bereitstellung der Instrumente, sondern ebenfalls für seine fachliche und pädagogische Kompetenz und die Diskussionsbereitschaft, die maßgeblich zur Lösung von Konflikten und zum Vorankommen meiner Promotionsarbeit beigetragen hat.

Ich danke Herrn Prof. Dr. phil. nat. Jürgen Bereiter-Hahn für die Übernahme der Betreuung von seiten des Fachbereiches Biowissenschaften und für seine hilfreichen Ideen.

Mein Dank gebührt ferner der Jung-Stiftung, welche die notwendigen finanziellen Mittel für meine Doktorandenstelle zur Verfügung gestellt und damit die Realisierung dieser Arbeit maßgeblich ermöglicht hat.

Ein ganz herzliches Dankeschön gilt Frau Iris Müller, Frau Christa Blumenberg, Frau Elsie Oppermann und Frau Dr. phil. nat. Eva Jüngel für den regen Austausch und die kollegiale Hilfe.

Meine Frau und meine zwei Kinder sind mir stets eine Stütze und ein ganz besonderer Ruheort in meinem Leben. Sie haben mich während meiner Promotionszeit sowohl an schlechten als auch an guten Tagen begleitet und mich stetig unterstützt.

9 Publikationsliste

Wedel S, **Hudak L**, Seibel JM, Juengel E, Tsaur I, Wiesner C, Haferkamp A, Blaheta RA. Inhibitory effects of the HDAC inhibitor valproic acid on prostate cancer growth are enhanced by simultaneous application of the mTOR inhibitor RAD001. *Life Sci.* 2010 Dec 27. PubMed PMID: 21192952.

Wedel S, **Hudak L**, Seibel JM, Juengel E, Tsaur I, Haferkamp A, Blaheta RA. Combined targeting of the VEGFr/EGFr and the mammalian target of rapamycin (mTOR) signaling pathway delays cell cycle progression and alters adhesion behavior of prostate carcinoma cells. *Cancer Lett.* 2010 Nov 29. PubMed PMID: 21122981.

Wedel S, **Hudak L**, Seibel JM, Juengel E, Oppermann E, Haferkamp A, Blaheta RA. Critical analysis of simultaneous blockage of histone deacetylase and multiple receptor tyrosine kinase in the treatment of prostate cancer. *Prostate.* 2010 Oct 15. PubMed PMID: 20954195.

Juengel E, Bhasin M, Libermann T, Barth S, Michaelis M, Cinatl J Jr, Jones J, **Hudak L**, Jonas D, Blaheta RA. Alterations of the gene expression profile in renal cell carcinoma after treatment with the histone deacetylase-inhibitor valproic acid and interferon-alpha. *World J Urol.* 2010 Jul 17. PMID: 20640575.

Juengel E, Engler J, Mickuckyte A, Jones J, **Hudak L**, Jonas D, Blaheta RA. Effects of combined valproic acid and the epidermal growth factor/vascular endothelial growth factor receptor tyrosine kinase inhibitor AEE788 on renal cell carcinoma cell lines in vitro. *BJU Int.* 2010 Feb;105(4):549-57. PMID: 19594733.

Blaheta RA, Powerski M, **Hudak L**, Juengel E, Jonas D, von Knethen A, Doerr HW, Cinatl J Jr. Tumor-endothelium cross talk blocks recruitment of neutrophils to endothelial cells: a novel mechanism of endothelial cell anergy. *Neoplasia.* 2009 Oct;11(10):1054-63. PMID: 19794964.

Jones J, Juengel E, Mickuckyte A, **Hudak L**, Wedel S, Jonas D, Blaheta RA. The histone deacetylase inhibitor valproic acid alters growth properties of renal cell carcinoma in vitro and in vivo. *J Cell Mol Med.* 2009 Aug;13(8B):2376-85. PMID: 18657224.

Juengel E, Engler J, Natsheh I, Jones J, Mickuckyte A, **Hudak L**, Jonas D, Blaheta RA. Combining the receptor tyrosine kinase inhibitor AEE788 and the mammalian target of rapamycin (mTOR) inhibitor RAD001 strongly inhibits adhesion and growth of renal cell carcinoma cells. *BMC Cancer.* 2009 May 27;9:161. PMID: 19473483.

Jones J, Juengel E, Mickuckyte A, **Hudak L**, Wedel S, Jonas D, Hintereder G, Blaheta RA. Valproic acid blocks adhesion of renal cell carcinoma cells to endothelium and extracellular matrix. *J Cell Mol Med.* 2009 Aug;13(8B):2342-52. PMID: 19067765.

Jones J, Bentas W, Blaheta RA, Makarevic J, **Hudak L**, Wedel S, Probst M, Jonas D, Juengel E. Modulation of adhesion and growth of colon and pancreatic cancer cells by the histone deacetylase inhibitor valproic acid. *Int J Mol Med.* 2008 Sep;22(3):293-9. PMID: 18698487.

Wedel SA, Mickuckyte A, Juengel E, Jones J, **Hudak L**, Jonas D, Blaheta RA. Preclinical studies on the influence of the tyrosine kinase inhibitor AEE788 on malignant properties of renal cell carcinoma cells. *Urologe A.* 2008 Sep;47(9):1175-81. PMID: 18688594.

Wedel SA, Sparatore A, Soldato PD, Al-Batran SE, Atmaca A, Juengel E, **Hudak L**, Jonas D, Blaheta RA. New histone deacetylase inhibitors as potential therapeutic tools for advanced prostate carcinoma. *J Cell Mol Med.* 2008 Dec;12(6A):2457-66. PMID: 18266964.

Die VDM Verlagsservicegesellschaft sucht für wissenschaftliche Verlage abgeschlossene und herausragende

Dissertationen, Habilitationen, Diplomarbeiten, Master Theses, Magisterarbeiten usw.

für die kostenlose Publikation als Fachbuch.

Sie verfügen über eine Arbeit, die hohen inhaltlichen und formalen Ansprüchen genügt, und haben Interesse an einer honorarvergüteten Publikation?

Dann senden Sie bitte erste Informationen über sich und Ihre Arbeit per Email an *info@vdm-vsg.de*.

Sie erhalten kurzfristig unser Feedback!

VDM Verlagsservicegesellschaft mbH
Dudweiler Landstr. 99
D - 66123 Saarbrücken

Telefon +49 681 3720 174
Fax   +49 681 3720 1749

www.vdm-vsg.de

Die VDM Verlagsservicegesellschaft mbH vertritt

Printed by Books on Demand GmbH, Norderstedt / Germany